創業心理學

車麗萍 編著

該書系統地描述了有關創業的基本心理學理論和實踐途徑，立足於讓讀者了解和掌握創業心理學的基礎知識與實踐技能，從而提升其創業能力，幫助其創業成功。

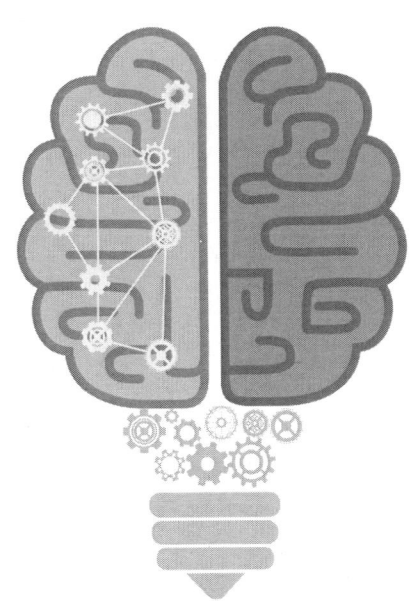

創業心理學

目錄

目錄

前 言

第一章 緒論

第一節 什麼是心理學 12
    一、心理學的概念 12
    二、心理學的發展簡史 14
    三、心理學的研究方式 17
    四、關於人的心理 19

第二節 何謂創業 22
    一、什麼是創業 22
    二、創業研究的歷史 24
    三、創業研究的現狀 26

第三節 創業心理學概述 30
    一、創業心理學的研究對象 30
    二、創業心理學研究的基本原則 32
    三、創業心理學的研究方法 33

第二章 創業意識

第一節 什麼是創業意識 41
    一、創業意識的概念 41
    二、創業意識的特徵 42
    三、當代大學生創業意識的影響因素 45
    四、創業者應具備的現代創業意識 48

第二節 創業意識的內容 51
    一、創業意識包含的具體內容 51
    二、當代大學生創業認識上的現狀 59
    三、培養大學生創業意識的方法 59

第三章 健康心理模式與積極心態修煉——自我認知訓練

第一節 健康心理模式修煉 ... 67
一、正確的價值觀 ... 68
二、積極的認知評價 ... 71
三、積極尋找社會支持 ... 74
四、心理調節技術 ... 78

第二節 自我認知訓練 ... 84
一、不同學派自我概念的經典理論 ... 85
二、WhoamI 活動 ... 88
三、界定自己 ... 90

第四章 創業個性心理特徵

第一節 什麼是個性 ... 97
一、個性的含義 ... 97
二、個性傾向性 ... 99
三、個性心理特徵 ... 101
四、個性與創業 ... 101

第二節 創業氣質 ... 102
一、氣質的含義 ... 102
二、關於氣質的學說 ... 103
三、氣質類型與職業選擇 ... 105
四、創業者的氣質 ... 107
五、氣質在創業中的實踐意義 ... 109

第三節 創業性格 ... 112
一、性格的定義 ... 112
二、性格的特徵 ... 112
三、性格的類型 ... 114
四、性格的形成與發展 ... 116

五、創業性格 117

　第四節 創業能力 120

　　一、何謂創業能力 120

　　二、能力的結構劃分 125

　　三、影響能力發展的因素 128

　　四、創業者如何提高創業能力 130

第五章 創業個性傾向性

　第一節 創業需要 137

　　一、需要的含義 137

　　二、需要的種類 138

　　三、需要的相關理論 139

　第二節 創業動機 143

　　一、動機的含義 143

　　二、動機的種類 144

　　三、動機的相關理論 147

　　四、常見的創業動機 152

　　五、動機與行為 155

　第三節 創業期望 157

　　一、期望的含義 157

　　二、期望理論 158

　　三、創業者的成長期望 160

　第四節 創業者的其他個性傾向性 161

　　一、興趣 161

　　二、信念、理想、世界觀與價值觀 163

第六章 創業者的情緒與意志力管理

　第一節 情緒及情緒管理概述 171

　　一、情緒 171

二、創業者的情緒發生原因 ……………………………… 172
　　三、情緒管理 …………………………………………… 173
　　四、團隊情商 …………………………………………… 176
　第二節 挫折與管理 ………………………………………… 178
　　一、挫折的內涵 ………………………………………… 178
　　二、挫折的行為表現 …………………………………… 180
　　三、挫折與創業管理 …………………………………… 182
　第三節 創業者的壓力管理 ………………………………… 185
　　一、壓力的表現形式 …………………………………… 186
　　二、壓力的概念 ………………………………………… 187
　　三、創業者的壓力 ……………………………………… 191
　　四、創業者的壓力管理 ………………………………… 194
　第四節 創業者的意志力管理 ……………………………… 199
　　一、意志力的表現 ……………………………………… 200
　　二、意志力的概念 ……………………………………… 201
　　三、創業者的意志力 …………………………………… 201
　　四、創業者的意志力管理 ……………………………… 202

第七章 創業中的激勵行為與決策行為

　第一節 激勵行為 …………………………………………… 213
　　一、激勵的一般概念與模式 …………………………… 213
　　二、創業者激勵自己的主要方式 ……………………… 218
　第二節 決策行為 …………………………………………… 233
　　一、決策行為的概念 …………………………………… 233
　　二、決策者應有的思維特徵 …………………………… 235
　　三、決策行為的思考方法 ……………………………… 237

第八章 創業的領導行為和群體心理

　第一節 創業領導行為 ……………………………………… 243

一、創業領導行為 243
　　二、創業領導者與管理者的區別 245
　　三、創業領導行為的理論 247
　　四、創業領導行為的表現形式 252
　　五、創業領導行為的有效性 254
　　六、創業領導行為的處事原則 256
　　七、培養良好的創業領導行為 258
　　八、創業領導行為的建設核心 260
　第二節 創業群體心理 263
　　一、群體心理的定義 263
　　二、創業群體心理的特徵 263
　　三、創業群體心理的類型 264
　　四、創業群體心理的形態 266
　第三節 有效人際關係的建立 268
　　一、人際關係的一般概念及其分類 268
　　二、人際關係的重要作用 269
　　三、影響人際關係的因素 270
　　四、改善創業群體人際關係的方法 272
　第四節 創業團隊精神 274
　　一、創業團隊精神的概念 274
　　二、創業團隊精神的作用 274
　　三、創業團隊精神的重要性 275
　　四、創業團隊精神的建設 276
　　五、學會在團隊中分享和分擔 278

附錄一 參考答案

附錄二

前 言

　　近幾年創業已成為一個全社會關注的熱點話題。但在當前背景下，究竟該如何創業？是否有一些創業規律可循？究竟如何才能創業成功並將成功持續下去？有哪些心理因素和規律值得創業者學習和借鑑？等等，這一系列創業心理學的相關問題，擺在研究者和實踐者的面前。創業是一個人的創造力在就業過程中的發揮，是其創新精神、冒險精神和工作熱情的集中體現。創業行為對人類社會和經濟發展都產生著重要影響。從某種意義上說，我們正面臨著一個創新創業的新時代。對於大學生而言，如何調動和提高自身的創業力，為社會做出貢獻的同時成就自己的輝煌，透過創業獲得生存基礎和社會認可，並體現人生的價值，成為每個即將創業和正在創業的大學生的追求目標和人生理想。本書就是在這樣的形勢下編著的。編著本書的目的在於為想要創業和正在創業的創業者們提供心理學方面的借鑑與參考，為他們形成一定的創業相關知識結構與能力提供幫助。本書適合作為大專院校相關專業的通識課教材，也可作為企事業單位的培訓教材。

　　編著者在數年的課題研究和具體教學實踐相結合的基礎上不斷探索的結果。希望這本書能夠幫助那些立志創業的讀者們開發創業潛質、激發創業正能量，從根本上增強其創業力，提高創業成功率，並最終插上創業的翅膀，早日實現創業夢想！

　　本書共分八章，具體從心理學和個體發展的角度，闡釋了人的心理，創業心理，創業意識的內容，創業自我認知訓練，創業者的需要、動機與期望，創業者的氣質、性格與能力，創業者的挫折與壓力管理，創業者的情緒管理及意志力，創業中的激勵與決策，創業群體心理及領導行為等。本書寫作風格力求通俗易懂、深入淺出，在敘述中結合了大量名言警句、古今中外著名人物的創業故事以及一些專業心理小測試，希望能夠帶給讀者清新的閱讀體驗，並進而身體力行、走上創業成功之路！希望透過創業心理學的學習，能夠讓讀者系統地瞭解並掌握成功創業的相關心理理論知識，充分調動個體創業的積極性，並能運用所學理論及規律具體分析自身在創業管理過程中存在

的各種心理現象，從而有效地提升自身成功創業的心理力量，切實提高在創業管理中發現問題、分析問題及解決問題的實際能力，從根本上提升創業競爭力、提高創業成功的機率和水準。

　　本書由我編著大綱並最後統稿。研究生謝偉東、卞國珺、張肇春、張麗霞、孫曉雲、夏炎、趙亞平、周憶如、梅琳、李沁芯協助我做了大量工作，謝偉東、卞國珺在統稿階段付出了辛苦的勞動。特別感謝出版社任志林編輯認真負責而卓有成效的工作。本書參考了國內外的許多研究成果，在此表示衷心感謝！由於編著者水準有限，尚有許多缺點和不足之處，懇請讀者給予批評指正，以便我們日後進一步修訂完善。最後，借用王國維的著名詩句與諸位準備創業、正在創業和已經創業成功的創業者們共勉：「昨夜西風凋碧樹，獨上高樓，望盡天涯路——尋找；衣帶漸寬終不悔，為伊消得人憔悴——拚搏；夢裡尋她千百度，驀然回首，那人卻在燈火闌珊處——昇華」！願所有創業者們都能在不斷地尋找、拚搏和昇華中夢想成真……

車麗萍

第一章 緒論

開篇小故事

成長的寓言：做一棵永遠成長的蘋果樹

一棵蘋果樹，終於結果了。第一年，它結了 10 個蘋果，9 個被拿走，自己得到 1 個。對此，蘋果樹憤憤不平，於是自斷經脈，拒絕成長。第二年，它結了 5 個蘋果，4 個被拿走，自己得到 1 個。「哈哈，去年我得到了 10%，今年得到 20%，翻了一倍！」這棵蘋果樹心理平衡了。

但是，它還可以這樣：繼續成長。譬如，第二年，它結了 100 個果子，被拿走 90 個，自己得到 10 個。很可能，它被拿走 99 個，自己得到 1 個。但沒關係，它還可以繼續成長，第三年結 1000 個果子……其實，得到多少果子不是最重要的。最重要的是，蘋果樹在成長！等蘋果樹長成參天大樹的時候，那些曾阻礙它成長的力量都會微弱到可以忽略。真的，不要太在乎果子，成長是最重要的。

心理評析

你是不是一個已自斷經脈的打工族或者是一個還沒走出校園的大學生？剛開始工作或者實習的時候，你才華橫溢，意氣風發，相信「天生我材必有用」。但現實很快敲了你幾個悶棍，或許，你為單位做了大貢獻沒人重視；或許，只得到口頭重視但卻得不到實惠；或許……總之，你覺得就像那棵蘋果樹，結出的果子自己只享受到了很小一部分，與你的期望相差甚遠。於是，你憤怒、懊惱、沮喪、牢騷滿腹……最終，你決定不再那麼努力，讓自己的付出去匹配自己的所得。幾年過去後，你一反省，發現現在的你，已經沒有剛工作時或者高中學習時的激情和才華了。反倒習慣了「老了，成熟了」這樣的自嘲。但實質是，你已停止成長了……

由一則寓言作為本書的開始，是想提醒你，這樣的故事，在我們身邊比比皆是。之所以犯這種錯誤，是因為我們忘記生命是一個歷程，是一個整體，我們覺得自己已經成長過了，現在是該結果子的時候了。我們太過於在乎一

時的得失，而忘記了成長才是最重要的。好在，這不是金庸小說裡的自斷經脈，我們隨時可以放棄這樣做，而繼續走向成長之路。切記：如果你是一個創業者，可能你不懂如何管理現在的創業項目，那麼，提醒自己一下，千萬不要因為激憤和滿腹牢騷而自斷經脈。如果你是準創業者，切記：你的奮鬥之路才剛剛開始，未來有很多的挑戰等著你，現在就要規劃好未來你要走哪一條路。但無論是創業者還是準創業者，不論遇到什麼事情，都要做一棵永遠成長的蘋果樹，因為你的成長永遠比每個月拿多少錢更重要。

學習和研究創業過程中人的心理活動及其行為規律能夠為創業者和準創業者的創業成功造成事半功倍的效果。《創業心理學》將在接下來的八章中為你在創業過程中的心理活動及其行為規律的種種問題做一一解答。

第一章緒論共分為三節，每一節將針對一個主題進行闡述和解答。第一節首先介紹了什麼是心理學，心理學的具體特徵及內容有哪些，究竟什麼是人的心理；第二節對什麼是創業進行了闡述；第三節介紹了創業心理學的研究內容和研究方法。希望透過本章的學習，能夠使創業者和準創業者們對創業心理學有更加清晰的認識，並為接下來各章的學習打下基礎。現在就讓我們一起開始《創業心理學》之旅吧！

馮特 (Wilhelm Wundt) 創立他的實驗室之前，心理學就像一個流浪的孩子，一會兒敲敲生理學的門，一會兒敲敲倫理學的門，一會兒敲敲認識論的門。1879 年，它才成為一門實驗科學，有了一個安置之處和名字。

——墨菲 (Murphy)

第一節 什麼是心理學

一、心理學的概念

提起心理學，大家都感覺這是一個非常熟悉的名詞，而且很多人也都從不同渠道接觸過心理學的知識。比如心理測試，像能力測驗、人格測驗、記憶測驗以及職業諮詢測驗等。可心理學就是心理測試嗎？到底什麼才是心理學呢？

圖1-1 赫爾巴特

　　心理學一詞來源於希臘文，意思是關於靈魂的科學。靈魂在希臘文中也有氣體或呼吸的意思，因為在古代人們認為生命依賴於呼吸，呼吸停止，生命就完結了。隨著科學的發展，心理學的對象由靈魂改為心靈。直到 19 世紀初葉，德國哲學家、教育學家赫爾巴特 (Johann Friedrich Herbart) 才首次提出心理學是一門科學。

　　人在生活實踐中與周圍事物相互作用，必然有這樣或那樣的主觀活動和行為表現，這就是人的心理現象，簡稱心理。具體地說，外界事物或體內的變化作用於人的機體或感官，經過神經系統 (nervous system) 和大腦 (brain) 的訊息加工，就產生了對事物的感覺和知覺、記憶和表象，進而進行分析和思考。另外人們在同客觀事物打交道時，總會對它們產生某種態度，形成某種情緒。人們還要透過行動去處理和變革周圍的事物，這就表現為意志活動。心理活動是人們在生活實踐中由客觀事物引起、在頭腦中產生的主觀活動。任何心理活動都是一種不斷變化的動態過程，可稱之為心理過程。

　　人們在認識和改造客觀世界的過程中，各自都具有不同於他人的特點，各人的心理過程都表現出或多或少的差異。這種差異既與個人的先天素質有關，又與他們的生活經驗和學習有關，這就是所謂的人格或個性。

心理過程和人格都是心理學研究的重要對象。心理學還研究個體的和社會的、正常的和異常的行為表現。在高度發展的人類社會中，人的心理獲得了充分的發展，使其得以攀登上動物進化階梯的頂峰。簡言之，心理學是研究心理現象和心理規律的一門科學。

二、心理學的發展簡史

1．從哲學的組成部分到獨立科學

心理學作為一門科學只有很短的歷史，但卻有一個漫長的過去。儘管心理學家對心理學的淵源有各種看法，但基本上達成了這樣的共識，即古希臘人首先系統地考慮到重要的心理學問題。

從 13 世紀末到 19 世紀中葉，人的心理特性一直是哲學家研究的對象，心理學是哲學 (philosophy) 的一部分。到了 19 世紀中葉，由於生產力的進一步發展，自然科學取得了長足進步，科學的威信在人們的頭腦中逐步生根。這時，作為心理學孿生科學的生理學也接近成熟，心理學開始擺脫哲學的一般討論而轉向於具體問題的研究。這種時代背景為心理學成為一門獨立的科學奠定了基礎。現代心理學是在 1879 年建立的，這一年，德國心理學家馮特在萊比錫建立了世界上第一個心理學實驗室，心理學從此宣告脫離哲學而成為獨立的科學。

2．心理學主要歷史人物及其貢獻

接下來讓我們透過一張表格來梳理心理學史上的主要人物及其貢獻，從而使大家能夠清晰地理清心理學的發展史。

表1-1 歷史人物及其貢獻表

人物及生卒年	重要事項
蘇格拉底(公元前469-公元前399)	西方最早提出認識自我的人
柏拉圖(公元前427-公元前347)	揭開歐洲心理學史的序幕
亞里士多德(公元前384-公元前322)	發表機能主義和聯想主義思想的雛形《論靈魂》
赫爾巴特(1776-1841)	最早宣稱心理學是一門科學
韋伯(1795-1878)	最早系統地用實驗證明閾限概念,提出心理學歷史上第一個定量法則-韋伯定律

續表

人物及生卒年	重要事項
費希納(1801-1887)	心理物理學的創始人，對韋伯定律有所補充，故又稱費希納定律
達爾文(1809-1882)	進化論創始者，《一個嬰兒的傳略》
高爾頓(1822-1911)	差異心理學之父，心理測量的著名先驅者
馮特(1832-1920)	實驗心理學的創始人，構造主義心理學派奠基者，心理學從哲學中分化出來成為一門獨立學科的創建者
詹姆斯(1842-1910)	美國機能主義心理學和實用主義哲學的先驅
霍爾(1844-1924)	美國教育心理學的先驅，美國心理學會的創立者，率先研究青少年和老年心理學
巴夫洛夫(1849-1936)	俄國偉大的生理學家，條件反射學說創始人，心理學領域之外對心理學發展影響最大的一個人
艾賓浩斯(1850-1909)	實驗學習心理學的創始人，提出著名的記憶規律學說
佛洛伊德(1856-1939)	奧地利著名精神病學家，精神分析學派創始人，1910年形成精神分析學派，精神分析學說成為心理學三大理論體系之一
比內(1857-1911)	法國心理學家，現代智力測驗之父，與西蒙編制《比內－西蒙量表》
杜威(1859-1952)	美國哲學家，機能主義學派心理學家
卡特爾(1860-1944)	美國機能主義心理學派的主要代表人物之一，將心理學研究結果計量化，提出著名的人格特徵學說
羅斯(1866-1951)	美國社會心理學家，開創社會學的社會心理學的研究取向
鐵欽納(1867-1927)	美國構造主義心理學派的創始者
阿德勒(1870-1937)	奧地利精神病學家，個體心理學的創始人，提出著名的補償學說理論
麥獨孤(1871-1938)	英國心理學家，開創心理學的社會心理學的研究取向
榮格(1875-1961)	瑞士精神病學家，分析心理學家創始人
華生(1878-1958)	美國心理學家，行為主義創始人，將傳統的主觀心理學引向客觀心理學道路的領導者，屬於心理學第一大勢力
韋特墨(1880-1943)	德國心理學家，完形心理學之父，即格式塔學派
霍妮(1885-1952)	德國精神病學家，美國新精神分析學派主要代表
托爾曼(1886-1959)	新代表主義的主要代表，提出中介變量的概念
勒溫(1890-1947)	德裔美國心理學家，提出著名的出場論

續表

人物及生卒年	重要事項
皮亞傑(1896-1980)	瑞士心理學家,日內瓦學派創始人
奧爾波特(1897-1967)	美國人本主義心理學創建者之一,人格特質理論的倡導者
羅杰斯(1902-1987)	美國人本主義心理學創始人之一,非指導式諮詢和受輔導中心治療法的創始人
艾瑞克森(1902-1994)	美籍丹麥裔心理學家,當代精神分析的理論家,心理社會發展論的創始人
斯金納(1904-1990)	美國新行為主義的主要代表,操作學習理論的創始人,斯金納箱的設計者,環境決定論者
馬斯洛(1908-1970)	美國人本主義心理學的主要創始者,提出著名的需要層次論
布魯納(1915-)	美國社會心理學家,認知心理學的先驅和代表之一
費斯廷格(1919-)	美國教育心理學家,認知失調理論的創建者之一
班度拉(1925-)	美國心理學家,新社會主義的主要代表,現代社會觀察學習理論的創始人
喬姆斯基(1928-)	美國心理語言學家,轉換生成語法理論的創始人

3．近現代中國心理學的發展

在中國,現代意義上的心理學開始於清代末年改革教育制度、創辦新式學校的時候。在當時的師範學校裡首先開設了心理學課程,用的教材多是從日本和西方翻譯過來的。1907 年王國維從英文版重譯丹麥霍夫丁所著的《心理學概論》。1918 年陳大齊著的《心理學大綱》出版,這是中國最早以心理學命名的書籍。1917 年北京大學建立了心理學實驗室,1920 年南京高等師範學校建立了中國第一個心理學系。

這時,構造心理學、行為主義心理學、格式塔心理學、精神分析等都被介紹到中國來,中國也開始有了自己的心理學研究。

三、心理學的研究方式

從不同的角度劃分,心理學的研究方式可以分為:

1．從研究時間的延續性上劃分

(1) 縱向研究 (longitudinal method)，也叫追蹤研究，它是在比較長的時間內，對人的心理發展進行系統、定期的研究。如：美國心理學家貝雷 (N.Bayley) 以 61 個初生嬰兒為對象，以智力發展為研究主題，從 1929 年開始了長達 36 年的追蹤觀察研究，取得了人類智力發展方面的許多重要成果，即著名的柏克成長研究 (Berkeley Growth Study)，這可謂歷時最長的縱向研究之一。

縱向研究在規定的時期內對同樣對象的心理活動及其特點進行反覆測查，因而能詳盡地瞭解其發展、變化過程，具有很高的連續性。但週期較長，易受社會環境的變動影響，被試樣本也易減少，且測量的數據也易因反覆測量而影響被試情緒，造成準確性下降。

(2) 橫向研究 (cross-sectional method)，也叫橫斷研究，它是在同一時間內對不同年齡組被試的心理發展進行測查並加以比較的研究。例如，要瞭解 10～16 歲兒童記憶發展的特點，可以同時對 10 歲、12 歲、14 歲、16 歲四個年齡組的個體進行測試，最後加以比較展開研究。這種研究類型省時間，但比較粗糙、不夠系統、不能全面反映問題。

(3) 縱橫研究，也有學者稱之為「動態」研究，它是將橫向研究和縱向研究靈活地結合起來的一種研究方式。

2．從研究對象的選取上劃分

(1) 個案研究 (case study method) 是對一個或少數幾個被試進行的研究，這種研究往往採取縱向的追蹤方式，如我國早期心理學家陳鶴琴對自己的孩子出生後 808 天的心理發展進行追蹤研究。有些個案研究並不採用追蹤方式，如著名心理學家皮亞傑的實驗研究。個案研究能夠對被試進行詳細、深入、全面的考察，但被試數量太少，從而影響了研究的代表性和典型性以及研究結果的推論。

(2) 成組研究 (group study method) 是對一批被試進行研究。從統計學的角度，一般以 30 名被試的小樣本組為下限。該研究取樣較多，可以做統計處理，科學性較強，代表性也較好，只是不便於對個別被試的深入研究。

(3) 個案 - 成組研究是將上述兩種研究類型結合起來的研究方式。

人的心理是心理學研究中最主要的部分。從漢語字面上解釋，人的心理就是心思、思想、感情等內心活動的總稱，包括心理過程和個性心理兩個組成部分。用現代心理學的語言解釋，即為人的心理是腦的機能，是客觀現實的反映，是感覺、知覺、記憶、思維、想像、注意、情感、意志、動機、興趣、能力、氣質、性格等心理現象的總稱。感覺是人腦對直接作用於感覺器官的客觀事物的個別屬性的反映。感覺包括視覺、聽覺、嗅覺、味覺、皮膚覺、運動覺、平衡覺和內臟覺等多種現象。如：人們見到顏色，聽到聲音，聞到氣味，用手觸摸物體時，感覺到是冷的、熱的、硬的、軟的等，這都是感覺現象。感覺是最簡單的心理現象，是認識活動的開端。

四、關於人的心理

人的感覺、知覺、思維、記憶、想像等，都是人們認識事物的過程中所產生的心理活動，統稱認識活動或認識過程。感知覺是簡單的初級認識過程；思維、想像則是人的複雜的高級認識過程。根據心理學研究，人的心理的內容結構如圖 1-2 所示：

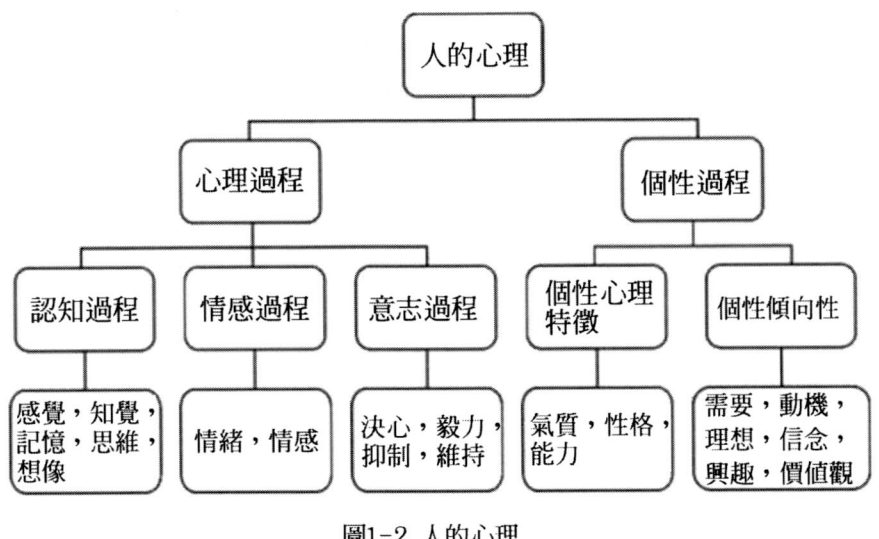

圖1-2 人的心理

1・心理過程

心理過程 (mental process) 可分為三個部分：

(1) 認知過程：是人們獲得知識或者運用知識的過程，或者是訊息加工的過程。這是人基本的心理現象，包括感覺、知覺、記憶、思維、想像等，注意則是伴隨心理過程的一種心理特徵。

(2) 情緒和情感過程：其過程是一個人在對客觀事物的認識過程中表現出來的態度體驗。例如，滿意、氣憤、悲傷等，它總是和一定的行為表現聯繫著。人在認識客觀事物時，不僅僅是認識它、感受它，同時還要改造它，這是人與動物的本質區別。

(3) 意志過程：包括決心、毅力、維持等內容。如為了改造客觀事物，一個人有意識地提出目標、制訂計劃、選擇方式方法、克服困難，以達到預期目的的內在心理活動過程即為意志過程。

這三個部分是心理學研究人的心理現象的主要方面。

2・個性心理

個性心理 (individual mind) 一般是指個人在社會活動中透過親身經歷和體驗表現出來的情感和意志等活動。人的心理過程和個性是相互密切聯繫的。一方面，個性是透過心理過程形成的，如果沒有對客觀事物的認識，沒有對客觀事物產生的情緒和情感，沒有對客觀事物的意志過程，個性是無法形成的。另一方面，已經形成的個性又會制約心理過程的進行，並在心理活動過程中得到表現，從而對心理過程產生重要影響，使之帶有獨特的個人色彩。

眾所周知，心理過程是人們共同具有的心理活動。但是，由於每個人的先天素質和後天環境不同，心理過程在產生時又總是帶有個人的特徵，從而形成了每個人不同的個性。個性心理結構主要包括：個性傾向性和個性心理特徵兩個方面。

個性傾向性是指一個人所具有的意識傾向，也就是人對客觀事物的穩定態度。它是個人從事活動的基本動力，決定著一個人行為的方向。其中主要包括：需要、動機、興趣、理想、信念和世界觀。個性心理特徵是一個人身上經常表現出來的、本質的、穩定的心理特點。例如：有的人有數學才能，有的人有寫作才能，有的人有音樂才能。因此，在各科成績上就有高低之分，這是能力方面的差異。在行為表現方面，有的人活潑好動，有的人沉默寡言，有的人熱情友善，有的人冷漠無情，這些都是氣質和性格方面的差異。能力、氣質和性格統稱為個性心理特徵。

小測試

公司發了五千元獎金，正好你想去買一件很需要的西裝，但是錢不夠；如果去買一雙不急用的運動鞋，則又多了數百元，你會怎麼做？

1. 自己添些錢把西裝買回來

2. 買了運動鞋後再去買些其他小東西

3. 什麼都不買先存起來

測試結果：1. 你的軟肋——面子

你的決斷力還算不錯，雖然有時會三心二意，猶豫徘徊，可是總是能夠在緊要關頭做出決定，比起普通人來說已經算是傑出的了。你最大的特色是做了決定不再反悔。別太高興，並不是因為你的決定都是正確的，而是因為你好面子，錯了也不願承認。

測試結果：2. 你的軟肋——自卑

你是標準的拿不定主意的人，做事沒有主見，處處要求別人給你意見，你很少自己做判斷，因為個性上你有些自卑，不能肯定自己，這種人曾經受過某些心理傷害，或者週遭的人物太優秀了，因此造成你老是有不如人的感覺。

測試結果：3. 你的軟肋——家

你對家的依賴性很高，若不到必要，你是不會離家獨居的，即使迫於無奈你仍和家庭保持密切的聯繫。你是個很顧家的人，紫羅蘭的花語是永恆，正是你心目中家的功能。

從上面這個測試可以看出，你選擇其中一種答案，你的心理傾向可能就側重那一種類型，也就是說心理學的研究對象就是心理現象，即我們非常熟悉，並隨時會接觸到、感受到的精神現象，又稱心理活動，簡稱心理 (mind)。

複習鞏固

1. 什麼是心理學？
2. 人的心理包含哪些內容？
3. 心理過程分為哪幾個部分？
4. 個性心理結構是怎樣的？

我永遠相信只要永不放棄，我們還是有機會的。最後，我們還是堅信一點，這世界上只要有夢想，只要不斷努力，只要不斷學習，不管你長得如何，不管是這樣，還是那樣，男人的長相往往和他的才華成反比。今天很殘酷，明天更殘酷，後天很美好，但絕大部分人是死在明天晚上，所以每個人都不要放棄今天。

——馬雲

第二節 何謂創業

一、什麼是創業

上面引用的是創業大師馬雲的一段話，創業很艱難，想要成功必須付出更多的努力。現在創業在社會上成為一種潮流，可是，什麼是創業，怎麼去創業，值得我們去學習。從概念上講，創業是創業者對自己擁有的資源或透過努力能夠擁有的資源進行優化整合，從而創造出更大經濟或社會價值的過程。同時，個人雖沒有創建企業，但為了獲取利潤而承擔風險，利用現有知

識技能、能力、資源從事商業經營的組織活動,本書則將其界定為「準創業」。眾所周知,創業是一種勞動方式,是一種需要創業者運營、組織、運用服務、技術、器物作業的思考、推理和判斷的行為。根據杰夫裡·提蒙斯 (Jeffry A.Timmons) 所著的創業教育領域的經典教科書《創業創造》(New Venture Creation) 的定義:創業是一種思考、推理結合運氣的行為方式,它為運氣帶來的機會所驅動,需要在方法上全盤考慮並擁有和諧的領導能力。創業作為一個商業領域,致力於理解創造新事物(新產品、新市場、新生產過程或原材料,組織現有技術的新方法)的機會如何出現並被特定個體發現或創造,以及這些人如何運用各種方法去利用和開發它們,然後產生各種結果。

從 20 世紀 80 年代至今,創業已經成為一個相對獨立的管理學分支,成為 MBA 的必修課程之一,在一些著名大學中已建立了創業學專業甚至創業學系。創業學在美國已成為近些年來其經濟強勁增長的重要動力。實際上,創業已成為 21 世紀全球經濟發展的原動力。創業活動的影響力遠不侷限於個體層面的成就感和滿足感——「公司的誕生並且壯大,宣告了暴力、宗教或者其他任何力量統治人類社會的歷史的結束。它的威力,不僅僅源於資本與智力在一種事先設計的體制內取得了結合,更深層的原因是托生起『公司』的是平等、自由、獨立、契約的精神——這是迄今為止最滿足、最張揚人類自身權利訴求的精神文明。」透過創業活動,能夠充分推動創新活動,使經濟增長建立在多層次的創新基礎之上,從而有力地推動社會轉型,造就社會公平,營造積極向上的競爭精神。可以說,創業活動蓬勃發展的社會意義甚至不亞於一次工業革命。

創業活動是一個複雜的社會現象。創業本身是心理學、社會學、管理學、經濟學等眾多學科的交叉領域,不同領域的學者都能夠借助其特有的學術視角來考察創業過程。從初始的識別機會到企業的成長管理,其間所涉及的管理技能和專業知識繁雜多樣。綜觀管理領域的眾多分支,很難再找得到像創業這麼一個具備高度多樣性和綜合性的領域。因此,作為一個新興學科,創業受到了越來越多學者們的關注。

聯合國教科文總部 1998 年 10 月召開的世界高等教育會議發表了《21世紀的高等教育：展望與行動世界宣言》，明確指出：培養學生的創業技能，應成為高等教育主要關心的問題。《關於深化教育改革，全面推進素質教育的決定》也強調了這一思想——「高等教育要重視培養大學生的創新能力、實踐能力和創業精神，普遍提高大學生的人文素養和科學素養。」這都是根據當今世界科學技術突飛猛進、知識經濟初露端倪、國力競爭日趨激烈以及教育在綜合國力形成中的重要作用，對造就和培養 21 世紀的創新人才提出的更高要求。21 世紀是創新的時代，創新時代呼喚創業教育。

對創業與創業教育的呼聲早已出現，但從學術角度對其概念進行界定並展開研究，還是隨著近幾年創業實踐的興起，開始從國外引入的。從以上的分析中我們可以看出，我國的創業教育及其研究還處於起步階段。

二、創業研究的歷史

創業研究有著悠久的歷史。自 12 世紀始，「Entrepreneur」一詞就已經在法語中出現了，但當時，歐洲盛行的封建主義體制阻礙了創業和創新的發展。直到 18 世紀，封建主義逐漸被消除，法律和制度發生了重大變化，創業和創新才逐漸繁榮。

一般認為，「企業家」概念最早是由法國銀行家理查德·坎蒂隆 (Richard Cotillon) 在其 1755 年的著作《商業概論》中提出的，他分析了經濟發展過程中企業家的角色。但在很長一段時期內，源於亞當·斯密的古典經濟學理論在經濟科學中占據著主導地位，這種理論並不強調經濟體系中的企業家功能。直到 19 世紀，有幾位傑出的經濟學家打破了這種趨勢，開始關注企業家的作用，包括英國倫理學家杰裡米·邊沁 (Jeremy Bentham) 和英國哲學家、經濟學家約翰斯圖亞特·米勒 (John Stuart Miller)。

19 世紀末美國逐步成長為一個強大的工業國，創業活動在新大陸上非常活躍，於是一些美國學者延續了源自歐洲的創業研究，到了 20 世紀初，人類步入工業社會。熊彼特 (Joseph Alois Schumpeter) 的理論大放光彩，他在歷史上第一次明確了創業者就是透過創新和提前行動製造變化與不均衡的

人。然而，隨著大型公司在工業社會中日益占據主導地位，創業理論沒能得到人們足夠的重視。與此同時，一些行為科學家、社會學家、人類學家也對創業產生了濃厚的興趣。

20 世紀 70 年代，世界經濟第一次顯示出大型企業不一定總是長盛不衰。兩次石油危機使許多大型公司被擊垮，失業成為西方社會的一個主要問題。大型企業被看作缺乏靈活性並且很難適應新的市場條件。結果，類似於創業、創新、產業動態性和就業創造的主題成為政治爭論的焦點，像美國的雷根總統和英國的柴契爾夫人都非常支持創業和開辦小企業。在這種背景下，許多學者投身到創業研究中去。隨著大量研究成果的紛紛湧現，創業成了一個獨立的研究領域。

21 世紀，科技革命和經濟全球化的影響逐漸加深，企業面對的市場競爭變得越發激烈。人們普遍認識到創業對於個人和公司來說，都是應對「極度競爭性」環境的一個基本工具。世界各國對於創業在塑造未來國家競爭力上的關鍵作用已經達成共識。在這個最後的時間段裡，人們對創業的研究亦日趨深入。

生活中的心理學

案例：創業故事之馬克·佐伯克

馬克·佐伯克，美國社交網站 Facebook 的創辦人，被人們冠以「蓋茲第二」的美譽。

馬克·佐伯克 (Mark Elliot Zuckerburg)，1984 年 5 月 14 日出生，在美國紐約州白原市長大。作為牙醫和心理醫生的兒子，佐伯克從小就受到了良好的教育。10 歲的時候他得到了第一臺電腦，從此將大把的時間都花在了上面。高中時，他為學校設計了一款 MP3 播放機。之後，很多業內公司都向他拋來了橄欖枝，包括微軟公司。但是佐伯克卻拒絕了年薪 95 萬美元的工作機會，而選擇去哈佛大學上學。在哈佛，主修心理學的他仍然痴迷電腦。在上哈佛的第二年，他侵入了學校的一個數據庫，將學生的照片拿來用在自己設計的網站上，供同班同學評估彼此的吸引力。

　　駭客事件之後不久，佐伯克就和兩位室友一起，用了一星期時間寫網站程式，建立了一個為哈佛同學提供互相聯繫平臺的網站，命名為 Facebook。Facebook 在 2004 年 2 月推出，即橫掃整個哈佛校園。2004 年底，Facebook 的註冊人數已突破一百萬，佐伯克 (Zuckerberg) 乾脆從哈佛退學，全職營運網站。

　　在 2010 年，《富比士》將他評選為世界上最年輕的億萬富翁，淨資產 40 億美元。2011 年 11 月，富比士 2011 權力人物榜：27 歲的社交網站「臉書」創始人馬克·佐伯克從 2010 年的第四十位升到第九位。2012 年富比士富豪榜，美國社交網絡 Facebook 創辦人馬克·佐伯克以 175 億美元名列第 36 位。這位 27 歲的大學輟學生成為富比士富豪榜有史以來最年輕的白手起家億萬富豪，以及造富最快的創業者。同時在 2012 年 3 月的胡潤髮布全球富豪榜，28 歲的 Facebook 創始人馬克·佐伯克以 260 億美元位列第八位。

　　一個青年人，用自己的智慧創造了成功，堪稱創業的典範。

三、創業研究的現狀

　　從目前的趨勢來看，創業學將繼續處於多學科參與研究的狀態，不同的學科和分析方法在研究創業的不同問題上有著各自的優勢。經濟學的方法就比較適合於研究環境對創業的影響和創業本身的微觀結果，以及創業對宏觀經濟的作用。而管理學則在研究創業的組織、流程和策略方面具有優勢。社會學則能站在宏觀的高度上看問題，考察創業與種族、文化和社會制度之間

的複雜互動。歷史學能夠幫助人們識別以往的機會是什麼，並為我們的研究提供一個縱向視角。心理學則能解釋為什麼一些人會進行創業並獲得成功而其他人不會。本書就是透過心理學的角度對創業加以研究，希望能夠為創業者和準創業者們提供一些切實的幫助和啟示。

創業心理學就是在這種複雜的多學科背景下產生的，在此之前學者們想統一創業研究的範式，並在整合所有這些研究方法的同時塑造自己獨立的理論構架，但這是一項相當艱巨的任務。近來，人們在建設創業研究的概念框架上取得了一項重要的進展，即透過機會分析的方法將創業研究歸結為 4 個問題：機會的存在問題，機會的發現問題，機會的開發利用問題，利用機會後的結果問題。該框架一經提出就在理論和實踐上產生了極大的影響，並且獲得了學者們的廣泛認可。不過儘管該框架被認為是最有前途的研究框架，但它並不能全面反映所有的創業研究領域，其本身也還存在一些亟須解決的問題，比如機會源於何處？機會如何測量？等等。因此，未來的研究趨勢應是：一方面進一步完善機會分析框架；另一方面對現有的框架進行拓展，以覆蓋創業研究的其他領域。這都需要學者們去探索新的理論來源。可見創業研究還有更長的路要走。

目前，大量的社會科學研究院所紛紛展開對創業現象的研究，與國外創業學術界的接觸和交流也日益增多。在經濟轉型和資訊化革命的時代背景下，創業活動十分繁榮，而區域之間在經濟、教育水準和文化、生活習慣上的差異，又使得創業機會的種類和創業企業的類型十分豐富。這就為創業心理研究既提出了大量的現實問題，又提供了廣泛的經驗借鑑。我們編著的這本《創業心理學》將在繼續引進國外先進成果的基礎上，結合實際情況以促進自身理論實踐的不斷發展與完善。希望透過這樣的探索與嘗試，能夠為大家提供有益的啟示與參考。

小測試

看看你自己是否具有創業潛質。

當你和朋友或其他人到一間飯店或餐館裡用餐，你點菜時通常是：

A. 不管別人，只點自己想吃的菜

B. 點和別人同樣的菜

C. 先說出自己想吃的東西

D. 先點好，再視周圍情形而變動

E. 猶猶豫豫，點菜慢吞吞的

F. 先請店員說明菜的情況後再點菜

選 A：你是個樂觀、完全不拘小節的人。做事果斷，容易跨出創業的第一步，但是否正確卻難說。先看價格後，迅速做出決定的人是合理型的；選擇自己想吃的人是享受型的；比較價格與內容才決定的人，為人吝嗇。

選 B：這種人多是順從型的，做事慎重，往往忽視了自我的存在。對自己的想法沒有自信，常立刻順從別人的意見，這種人是易受人影響的人，不適合創業。

選 C：性格直爽、胸襟開闊，難以啟齒的事也能輕而易舉、若無其事地說出來。

這種人待人不拘小節，可能是為人緣故，有時說話尖刻，也不會被人記恨，適合創業。

選 D：你是個小心謹慎，在工作和交友上易猶豫的人。此類型的人給人的印像是軟弱的。想像力豐富，但太拘泥於細節，缺乏掌握全局的意識，在創業中千萬不可猶豫不決。

選 E：做事一絲不苟，安全第一。但你的謹慎往往是因為過分考慮對方立場所致。你能夠真誠地聽取別人的勸說，但不應該忘掉自己的觀點，應該說比較有創業優勢。

選 F：你是個自尊心強的人，討厭別人的指揮，在做任何事之前，總是堅持自己的主張。做任何事都追求不同凡響。做事積極，在待人方面，重視雙方的面子。如能謙虛，將對創業更有幫助。

小知識：

創新工廠 CEO 李開復先生對創業者的幾點提醒，希望對創業者和潛在的創業者們有所幫助。

李開復說，「我知道有些創業者還不太明白，我要告訴他們的是，如果創業者無法避免以下十種易犯的錯誤，那他們和投資人的對話肯定很難超過 10 分鐘。」李開復提醒創業者易犯「十錯」：

(1) 僥倖心態

創業者堵投資人的門、向投資人群發 Email，認為投資人看到郵件就會投資。其實沒有這麼簡單，投資人每天要看數以百計的商業計劃書，然後再篩選並做深入調查，不可能讓你「僥倖」獲勝。

(2) 憑空想點子

不要認為憑空想出的點子就會拿到投資，好點子不值錢。

(3) 想問題沒有深度

創業者很浮躁，有個點子，馬上就寫商業計劃書、找投資；但見了面，幾個問題下來，創業者就被問倒了。

(4) 堆疊商業模式

有的創業者喜歡把一系列的「流行商業模式元素」做堆疊，但事實上這讓投資人很倒胃口。

(5) 偽需求

創業者喜歡把周邊人群的需求放大。例如「我老婆有這個需求，我朋友有這個需求」。但這些需求是偽需求，不是創業者從真正用戶那裡問來的。

(6) 過分偏執

極個別創業者為得到投資，以「我得了絕症，你不來看我，我就不活了」這樣的偏執話語威脅。這樣的情況，就算投資人來見你，但最終還是要看項目。

(7) 低估創業難度

創業難，難於上青天。今天即使你得到李開復的投資，進入創新工場孵化，要想成為騰訊、阿里巴巴這樣的企業的機率還不及千分之一。

(8) 故作神秘

創業者把「點子」當商業機密，與投資人談條件：「先給錢再說點子」。要知道，創業者是靠執行獲勝，不是靠秘密的點子。

(9) 不誠信

創業者「盜竊」他人項目的知識產權。

(10) 沒重點

「描述不清晰，講話沒重點」。投資人希望，創業者能用一句話概述項目情況、用戶、市場和團隊特色。不要浪費彼此時間。

複習鞏固

1. 什麼是創業？

2. 什麼是創業活動？

經驗、環境和遺傳造就了你的面貌，無論是好是壞，你都得耕耘自己的園地；無論是好是壞，你都得彈起生命中的琴弦。

——戴爾·卡內基 (Dale Carnegie)

第三節 創業心理學概述

一、創業心理學的研究對象

每門學科都有其自身特定的研究對象，以區別於其他學科，從而反映本學科獨立存在的意義。作為一門獨立的交叉學科，創業心理學也不例外。我們學習創業心理學，首先要弄清創業心理學的研究對像是什麼。

本章前面已經提到，心理學是關於人的心理現象發生、發展過程的一般規律的科學，主要研究人的心理現象的一般本質和心理發展的一般規律。創業是創業者對自己擁有的資源或透過努力能夠擁有的資源進行優化整合，從而創造出更大經濟或社會價值的過程。那麼創業心理學的研究對像是什麼呢？創業心理學是研究創業過程中人的心理活動及其行為規律的科學。它是用科學方法改進創業管理效益和創業管理效率的一門綜合性應用學科。簡單地說，就是運用心理學的一般規律去解決創業過程中人的心理問題，並使之在創業領域具體化。它主要研究一定創業時期中人的心理和行為規律，從而提高創業者預測、引導、協調自身心理和行為的能力，以更為有效地實現預期目標。

舉一個例子來說，調動創業者的積極性是創業心理學中的一個重要問題，而要調動創業者的積極性，不能簡單地分析創業之後成功所帶來的各種收益，而要運用心理學的一般規律，具體分析一定時期創業者不同的個性特徵和創業能力，分析產生積極行為的一般心理過程，研究哪些因素最能在創業者心理上造成激勵作用，如何保持和加強創業者的積極行為等。這些就是創業心理學所要研究的問題。再如，決策也是創業過程中的一個重要問題。所謂決策，從心理學角度來看，實際上就是人的思維過程和意志過程。創業者在做出某項決策之前，首先要對自身的各方面情況進行去粗取精、去偽存真的加工處理；然後，在此基礎上制定出幾種可供選擇的決策方案，並在這些方案中選出最佳方案。只有這樣，才能做出正確的決策。而這個過程實質上就是思維過程，也就是人的高級認識過程。同時，創業者在做出正確而又及時的決策時，還需要具備當機立斷的意志品質。否則，創業者優柔寡斷，議而不決，決而不行，缺乏堅強的意志品質，這也是不能及時做出正確決策的。創業時期的各種心理活動以及準創業者的心理活動需要正確的引導和釋放，如果不能及時有效地處理可能會對創業成功產生很大的影響。所以，創業心理學就是把心理學的一般規律運用於實際創業中去，以解決創業中的具體問題的一門科學。

由此可見，心理學是創業心理學的基礎，創業心理學是心理學規律在創業過程中的具體應用。二者是一般與特殊、主幹與分支的關係。

二、創業心理學研究的基本原則

1．客觀性原則

所謂客觀性原則，就是對任何創業心理現象必須按它的本來面貌加以研究和考察，不附加任何主觀意願的原則。人的心理雖是在頭腦裡進行的活動，但它是客觀現實的反映，一切心理活動都是由內外刺激引起的，並透過一系列的生理變化，在人的外部活動中表現出來。研究人的心理，就是要從這些可以觀察到的，可以進行檢查的活動中去研究。人的心理活動無論如何複雜或做出何種假象與掩飾，都會在行動中表現出來或在內部的神經生理過程中反映出來。因此，在心理學的研究中切忌採取主觀臆測和單純內省的方法，應根據客觀事實來探討人的心理活動規律。

2．聯繫性原則

人生活在極其複雜的自然環境和社會環境之中，人的任何心理現象的產生都要受自然和社會諸多因素的影響和制約，人們對某種刺激的反映，在不同的時間、環境和主體狀況下，反應往往不同。因此，在對人的創業心理現象研究和實驗中，要嚴格控制條件。不僅要考慮與之相聯繫的其他因素的影響，而且要在聯繫和關係中探討心理活動的真正規律。

3．發展性原則

世界上一切事物都是運動、變化和發展的。心理現象也是如此。這就要求創業心理學的研究也要從心理史前發展、意識發展、個性心理發展以及環境和教育條件變化等不同方面，揭示人的心理髮生和發展的規律。

4．分析與綜合的原則

把複雜事物分解為簡單的組成部分和把各部分聯合成為統一的整體，是任何科學深入認識其研究對象的有力手段。在創業心理學研究中貫徹分析與綜合的原則，至少包括以下兩層意思：其一，創業心理、創業意識雖然是很複雜的現象，但可以透過剖析將其分解為各種形式，進行專門的考察研究，而後再透過綜合將其看成有機聯繫的整體加以理解；其二，在研究創業心理形式與現實條件的依存關係時，也可以分別地考察某一條件在其中所起的作

用，而後再將其揭示的各種規律加以綜合運用。綜合的觀點在心理學中也可以稱之為系統論的觀點，因此這個原則也被叫做系統性原則。

三、創業心理學的研究方法

創業心理學是一門實踐性較強的應用性學科，它的研究對像是有思想、有感情的人，這就決定了它的研究方法有其自身的特點，既具有多樣性和綜合性的特點，又有研究的客觀性和研究者的主觀能動性特徵。創業心理學研究方法是研究創業心理學問題所採用的各種具體途徑和手段，包括儀器和工具的使用。創業心理學的研究方法主要有：

1．觀察法

觀察法是研究者有目的、有計劃地在自然條件下，透過感官或借助於一定的科學儀器，對創業者行為的各種資料的蒐集過程。從觀察的時間上劃分，可以分為長期觀察和定期觀察；從觀察的內容上劃分，可以分為全面觀察和重點觀察，前者是觀察創業者在一定時期內全部的心理表現，後者是重點觀察創業者某一方面的心理表現；從觀察者身份上劃分，可以分為參與性觀察和非參與性觀察，前者是觀察者主動參與被試活動，以被試身份進行觀察，後者是觀察者不參與被試活動，以旁觀者身份進行觀察；從觀察的場所上劃分，又可分為自然場所的現場觀察和人為場所的情境觀察。

觀察法的優點是保持了人的心理活動的自然性和客觀性，獲得的資料比較真實。不足之處是觀察者往往處於被動的地位，帶有被動性。另外，觀察法得到的結果有時可能是一種表面現象，不能精確地確定心理活動產生和變化的真實原因。為了克服觀察法的弱點，就出現了有控制的觀察，即實驗法。

2．調查法

調查法是一類研究方法的總稱，可以分為書面調查和口頭調查兩種。具體又包括談話法和問卷法。

(1) 談話法

研究者根據一定的研究目的和計劃直接詢問研究對象的看法、態度；或讓他們做一個簡單演示，並說明為什麼這樣做，以瞭解他們的內心想法，從中分析創業者創業心理的特點。

(2) 問卷法

根據研究目的，以書面形式將要收集的材料列成明確的問題，讓被試 (即被研究的對象) 回答。更為常用的形式是將一個問題回答範圍的各種可能性都列在問捲上，讓被試圈定，研究者根據被試的回答，分析整理結果。

調查法的主要特點是，以問題的方式要求被調查者針對問題進行陳述的方法。根據研究的需要，可以向被調查者本人作調查，也可以向熟悉被調查者的人作調查。

3．測驗法

就是採用標準化的心理測驗量表或精密的測驗儀器，來測量被試有關的心理品質的研究方法。常用的心理測驗有：能力測驗、品格測驗、智力測驗、個體測驗、團體測驗等。在管理心理學中的研究中，心理測驗常常被作為人員考核、員工選拔、人事安置的一種工具。創業心理學傾向於使用心理測驗的方法對創業者的心理進行分析。

4．案例分析法

案例分析法就是對某一個體或群體組織在較長時間內連續進行調查、瞭解、收集全面的資料，從而研究其創業心理發展變化的全過程的方法。或者引用成功創業的經典案例分析創業者的心理特徵，以幫助準創業者成功創業。

在具體的創業心理學研究中，應根據具體的研究情況和實際，適時選用一種或多種研究方法綜合加以使用。

小測試

無論是剛從學校畢業進入就業市場的年輕人，還是在社會上打拚多年的上班族，許多人都希望擁有一份屬於自己的事業。當老闆可不是一件容易的

事，你是否適合創業？自己擁有多少創業潛力？ 下列測驗也許可以幫助你決定自己是否要加入老闆的行列。

1. 你是否曾經為了某個理想而設下兩年以上的長期計劃，並且按計劃進行直到完成？

2. 在學校和家庭生活中，你是否能在沒有父母及師長的督促下，就可以自動地完成分派的工作？

3. 你是否喜歡獨自完成自己的工作，並且做得很好？

4. 當你與朋友們在一起時，你的朋友是否常尋求你的指引和建議？你是否曾被推舉為領導者？

5. 求學時期，你有沒有賺錢的經驗？你喜歡儲蓄嗎？

6. 你是否能夠專注地投入個人興趣連續十小時以上？

7. 你是否有習慣保存重要資料，並且井井有條條地整理，以備需要時可以隨時提取查閱？

8. 在平時生活中，你是否熱衷於社區服務工作？你關心別人的需要嗎？

9. 不論成績如何，你是否喜歡音樂、藝術、體育以及童軍活動課程？

10. 在求學期間，你是否曾經帶動同學，完成一項由你領導的大型活動，譬如運動會、歌唱比賽、畫海報宣傳活動等等？

11. 你喜歡在競賽中，看到自己表現良好嗎？

12. 當你為別人工作時，發現其管理方式不當，你是否會想出適當的管理方式並建議改進？

13. 當你需要別人幫助時，是否能充滿自信地要求，並且能說服別人來幫助你？

14. 當你需要經濟支援，是否也能說服別人掏錢給你幫助？你在募款或義賣時，是不是充滿自信而不害羞的？

15. 當你要完成一項重要的工作時，總是給自己足夠時間仔細完成，而絕不會讓時間虛度，在匆忙中草率完成？

以上答案答「是」得 1 分，答「否」則不計分，請統計你所得的分數，並參考以下答案和解釋。

0 至 3 分表示你目前並不適合自行創業，應當訓練自己為別人工作的技術與專業。

3 至 6 分表示你需要在旁人的指導下去創業，才有創業成功的機會。

7 至 10 分表示你非常適合自己創業，但是在所有「否」的答案中，你必須分析出自己的問題加以糾正。

11 至 15 分表示你個性中的特質，足以使你從小事業慢慢開始，並從妥善管理中獲得經驗，成為成功的創業者。

複習鞏固

1. 簡述創業心理學研究的基本原則。

2. 創業心理學的研究方法有哪些？

要點小結

什麼是心理學

1. 心理學是研究人和動物心理活動和行為表現的一門科學。心理學一詞來源於希臘文，意思是關於靈魂的科學。靈魂在希臘文中也有氣體或呼吸的意思，因為古代人們認為生命依賴於呼吸，呼吸停止，生命就完結了。隨著科學的發展，心理學的對象由靈魂改為心靈。直到 19 世紀初葉，德國哲學家、教育學家赫爾巴特才首次提出心理學是一門科學。

2. 現代心理學是在 1879 年建立的。這一年，德國心理學家馮特在萊比錫建立了世界上第一個心理學實驗室，心理學從此宣告脫離哲學而成為獨立的學科。

3. 人的心理就是心思、思想、感情等內心活動的總稱，包括心理過程和個性心理兩部分。用現代心理學的語言解釋，人的心理是腦的機能，是客觀現實的反映，是感覺、知覺、記憶、思維、想像、注意、情感、意志、動機、興趣、能力、氣質、性格等心理現象的總稱。

4. 人的心理過程的三個部分：

(1) 認知過程：是人們獲得知識或者運用知識的過程，或訊息加工的過程。這是人的基本的心理現象。包括感覺、直覺、記憶、思維、想像等，注意則是伴隨心理過程的一種心理特徵。

(2) 情緒和情感過程：其過程是一個人在對客觀事物的認識過程中表現出來的態度體驗。例如，滿意、氣憤、悲傷等，它總是和一定的行為表現聯繫著。人在認識客觀事物時，不僅僅是認識它、感受它，同時還要改造它，這是人與動物的本質區別。

(3) 意志過程：包括決心、毅力、維持等內容。如為了改造客觀事物，一個人有意識地提出目標、制訂計劃、選擇方式方法、克服困難，以達到預期目的的內在心理活動過程即為意志過程。

5. 個性心理是指個人在社會活動中透過親身經歷和體驗表現出的情感和意志等活動。

什麼是創業

1. 創業是創業者對自己擁有的資源或透過努力能夠擁有的資源進行優化整合，從而創造出更大經濟或社會價值的過程。同時，個人雖沒有創建企業，但為了獲取利潤而承擔風險，利用現有知識技能、能力、資源從事商業經營的組織活動，本書將其界定為「準創業」。

2. 創業的意義就是透過創業活動，能夠充分推動創新活動，使經濟增長建立在多層次的創新基礎之上，從而有力地推動社會轉型，造就社會公平，營造積極向上的競爭精神。創業活動蓬勃發展的社會意義甚至不亞於一次工業革命。

創業心理學

第一章 緒論

創業心理學概述

1. 創業心理學是研究創業過程中人的心理活動及其行為規律的科學。它是用科學方法改進管理效益和管理效率的一門綜合性應用學科。簡單地說，就是運用心理學的一般規律去解決創業過程中人的心理問題，並使之在創業領域具體化。它主要研究一定創業時期中人的心理和行為規律，從而提高創業者預測、引導、協調自身心理和行為的能力，以更為有效地實現預期目標。

2. 創業心理學研究的基本原則：

(1) 客觀性原則

(2) 聯繫性原則

(3) 發展性原則

(4) 分析與綜合的原則。

關鍵術語

心理學 (Psychology)

心理過程 (Mental Processes)

個性心理 (Personality Psychology)

創業 (Entreprenenrship)

創業心理 (Entrepreneurial Psychology)

選擇題

1. ( ) 首次提出心理學是一門科學。

a. 赫爾巴特 b. 馮特 c. 弗洛伊德 d. 馬斯洛

2. 人的心理是腦的機能，是客觀現實的反映，除了感覺、知覺、記憶、思維、想像、還包括 ( )。

a. 意志、動機 b. 興趣、能力 c. 氣質、性格 d. 注意、情感

3. 人的心理過程包括（　）。

a. 認知過程 b. 情緒和情感過程

c. 意志過程 d. 決策過程

4. 創業心理學研究的基本原則（　）。

a. 客觀性原則 b. 聯繫性原則

c. 發展性原則 d. 分析與綜合的原則

5. 創業心理學研究方法有（　）。

a. 觀察法 b. 調查法 c. 測驗法 d. 案例分析法

第二章 創業意識

第二章 創業意識

　　創業意識是創業的先導，它構成創業者的創業動力，由創業需要、動機、意向、志願、抱負、信念、價值觀、世界觀等多方面組成，是人們從事創業活動的強大內驅力，也是人們進行創業活動的能動性的源泉。正是它激勵著個體以某種方式進行活動，向自己提出某種目的併力圖達到和實現之，從而表現出個體的精神面貌。本章擬從理論和案例相結合來介紹創業意識的特徵、內容。

　　最敏捷的，未必贏得競賽；最強大的，未必贏得戰爭；時間與機會才是主人。

——所羅門 (Solomon)

第一節 什麼是創業意識

一、創業意識的概念

　　心理反應具有不同的形式，人的心理是人腦對客觀現實的主觀反映。意識是心理反應的最高形式，是人所特有的心理現象，它是在勞動中，用語言與他人交往的過程中，在社會歷史條件下形成的。概括地說，意識是一個多維度、多層次的心理系統，具有複雜的結構，為人類所特有。例如，我們承認動物也有心理，它們能看、能聽，甚至也有一定的情緒表現，高等動物如猿猴還會有簡單的思維活動，但是它們沒有意識。因為它們沒有語言，無法進行抽象思維，不能進行有目的、有計劃的複雜活動。意識一經產生，它又反作用於客觀現實，在人的實際生活中起著特殊的重要作用。

　　創業意識是創業的先導，它構成創業者的創業動力，由創業需要、動機、意向、志願、抱負、信念、價值觀、世界觀等幾方面組成，是人們從事創業活動的強大內驅力，也是人們進行活動的能動性的源泉。正是它激勵著人們以某種方式進行活動，向自己提出某種目的併力圖達到和實現之，從而表現出一個人的精神面貌。創業意識具體是指一個人根據社會和個體發展的需要，

引發的創業動機。創業意識是人們從事創業活動的出發點與內驅力，是創業思維和創業行為的前提。需要和動機構成創業意識的基本要素。

1．創業需要

指創業者對現有條件的不滿足，並由此產生的最新的要求、願望和意識，是創業實踐活動賴以展開的最初誘因和最初動力。但僅有創業需要，不一定有創業行為，想入非非者大有人在，只有創業需要上升為創業動機時，創業行為才有可能發生。

2．創業動機

創業意識的形成，不是一時的衝動或憑空想像出來的，它源於人的一種強烈的內在需要，當需要上升為創業動機時，就形成了心理動力。創業動機對創業行為產生促進、推動作用，有了創業動機標誌著創業實踐活動即將開始。

二、創業意識的特徵

1．可強化性

創業意識是創業行為的必要準備。因此，對於每一個希望創業的人，都必須首先強化創業意識。在某大學的一項關於大學生創業意識的調研中，研究者對多所大學的 540 名全日制大學生進行了問卷調查。統計結果顯示，當代大學生的創業意識表現為激情與理性並存，77.6% 的大學生表示會考慮創業，在大學生創業的最大困難方面，35.9% 的學生認為資金是大學生創業的最大困難；28.9% 的學生認為最大的困難是「社會關係不夠寬廣、不利於開展工作」；19.1% 的學生認為最難的是兼顧學業，畢竟時間、精力有限。多數大學生缺乏創業方面的經驗，他們在大學期間除了從事過家教外，只有一些簡單的兼職經歷，如發廣告傳單、產品推銷與發放調查問卷等。在創業方式的選擇上，8.4% 的學生選擇獨立創辦自己的工作室，71.1% 的學生選擇與志同道合的朋友成立小公司，而有 19.5% 的學生選擇招募社會上有才幹的人共同創業。在投資領域的選擇上，18.7% 的學生選擇 IT 行業，20.4% 的

學生選擇公共或居民服務業，選擇交通運輸、郵電通信、文化教育及廣播電視等行業的人幾乎沒有。

研究者在對某大學生創業意識的調查與研究中發現，約有 70% 以上的大學生表示可能會選擇創業，在「大學生創業的最大困難」方面，34.9% 的學生認為是「資金不足」，而 40.0% 的學生認為是「經驗不足，缺乏社會關係」。2006 年 12 月在對大學生創業意識調查中發現，60.4% 的學生在大學四年裡或畢業後有創業打算。可以看出，隨著大學各種創業計劃大賽的舉行，大學生們的創業意識正逐步增強；而鼓勵大學生創業的政策，則更使得部分畢業生躍躍欲試，期待畢業之後馬上創立自己的企業。另外，創業者協會曾進行了一次「大學生創業精神」調查，調查結果顯示，半數以上的大學生有自我創業意願。可見自我創業精神已逐漸滲透到大學生的意識之中了。

2．綜合效應性

創業意識中的需要、動機、意向、志願、抱負、世界觀等屬於非智力因素範疇。在實際的創業活動中，一個人的創業意識與他的興趣、愛好、感情、意志等非智力因素相關聯而發揮綜合作用與效應。若個體對某一現象或領域並無興趣或愛好，那就很難激起創業意識。同時，創業意識還是意志的一種表現，是情緒情感的一種昇華。

3．協調性

創業意識的協調性是指創業動機與創業效果二者的一致性。創業動機應以創業效果為歸宿，而創業效果又體現並反映出創業動機。堅持創業動機與創業效果的協調性，首先要求講究社會效益，其次才能追求經濟效益。協調性還說明兩者之間保持一定的數量關係。動機過程的強弱會引起效果的相應變化。這種關係可由美國心理學家耶克斯—多德森 (Yerkes R.M. & Dodson J.D.) 定律予以揭示。效果與動機強度有密切關係。你可能設想，如果動機強度不斷增強，有機體的活動就會高漲，活動的效果也就越佳。但事實並非如此。活動動機很低對工作持漠然態度，工作效果固然是不好的。然而當動機過強時有機體處於高度的緊張狀態，其注意和知覺的範圍變得過於狹窄，進而限制了正常活動，從而使工作效果降低。例如，在複習考試中做了充分準

備的學生一心想考出好成績，可是往往在考試中不能充分發揮實力，甚至不及格；就是因為動機過強，反而降低了考試效果。因此，為了使活動卓有成效，就應避免動機強度過高或過低。

在各種活動中都有一個動機最佳水準問題。動機最佳水準因課題的性質不同而不同。在比較容易的課題中，工作效果有隨動機提高而呈上升的趨勢；而在比較困難的課題中，動機最佳水準有逐漸下降的趨勢。這種現象，是耶克斯和多德森透過動物實驗發現的。如圖 2-1 所示，隨著課題難度的增加，動機最佳水準有逐漸下降的趨勢，這種現象稱為耶克斯—多德森定律。該定律說明了動機與效果的協調性，即任何動機都有一個限度，若動機超過這個極限，效果就會下降。

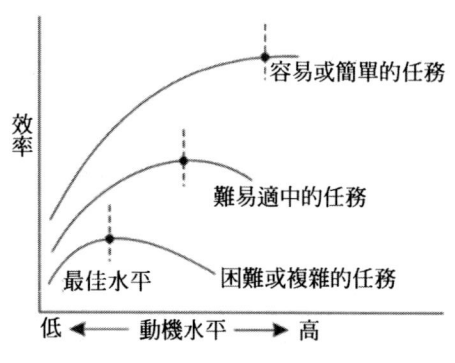

圖2-1 耶克斯-多德森定律示意圖

4．社會歷史制約性

創業意識是以提高物質和精神生活的需要為出發點的。這種需要在很大程度上取決於具體的社會歷史條件。因此，人的創業意識的激發、產生受歷史條件的制約，具有社會歷史制約性。科學家對人類大腦的研究表明，不同人的大腦潛能幾乎是相同的，人人具有創業潛能，這是它的自然屬性。但是社會實踐領域中我們發現，人與人創業能力的差異卻相當大，究其原因，是各種社會因素、歷史條件作用的結果，如是否具有創業的社會歷史環境、鼓勵和激發創業的教育方式與文化形態，以及相應的創業機制等。當今社會，隨著科學技術進步和勞動生產效率的提高，經濟增長對就業的吸納能力將會

不斷下降，就業缺口也會不斷擴大。鼓勵大學生自主創業，既能解決大學生自身就業難的問題，還能為社會拓展就業渠道，更重要的是能滿足大學生自我實現的需要。因此，現代大學生應強化創業意識，主動適應社會與時代發展的歷史需要。

誠然，創業道路是艱辛的，其原因主要是難以發現和把握商機以及資金和自身能力不足等。但是沒有一位大學生認為自己完全不具備素質。只有少數大學生因受傳統思想影響，不願走自主創業之路，把找工作寄託在父母及親友身上。另外，調查研究還發現，雖然大學生表現出較高的創業意願，但最終能下定決心走上這條路的卻不足2%，即使走上自主創業之路，在不少學生的身上也顯示出被動性、片面性和盲目性等缺陷。他們最初的創業動機多數來源於大眾傳媒的影響，存在著「創業泡沫」現象，還是缺乏主動創業意識。

教育實踐證明，意識是可以強化的，而注意進行早期創業意識的強化工作對創造力開發及增強創業能力均會產生良好的催化劑作用。強化創業意識，一般透過組織創業計劃競賽活動，褒獎發明創造，形成鼓勵獨創性的風氣，鼓勵和培養創業者的創業精神，以及講授創業技能，實施創業教育等途徑，可收到明顯效果。

三、當代大學生創業意識的影響因素

近年來，隨著觀念的轉變和社會競爭的加劇，大學生的創業意識也在不斷增強，大學普遍開展的創新創業教育，以及大學生「挑戰杯」計劃大賽等為龍頭的創新創業活動，對激活大學生的創業意識也造成了推動的作用。據最近一項在校大學生調查顯示：有80.2%的大學生認為大學應該鼓勵大學生創業，有55.4%的在校大學生有後創業打算，但實際結果卻有很大的差異，大學畢業生有自主創業意向的比例僅為15.8%，有3.3%的學生選擇「不知道幹啥」，1.4%的學生選擇「其他」，而真正能夠堅持下來並成功創業的僅為2%～3%，而先進國家大學畢業生的創業率在20%以上，並且成功率較高，為什麼會有如此大的差異呢？其深層次的原因主要有以下幾個方面：

1. 社會文化方面，引導大學生自主創業的社會文化氛圍尚未形成。創業在亞洲各國來說，仍屬於一個新生事物，其中有諸多不確定因素，全社會還沒有形成一種崇尚創新、鼓勵創業的良好氛圍。作為一個文化傳統相對保守的國度來說，我國的國民創新、創業意識還亟待提升。創業對在校大學生來說既滿懷憧憬又飽含艱辛，在某種程度上來說是風險投入。一方面，要投入大量的時間、精力和資金等；另一方面，很可能會顧此失彼，除了留下經驗和教訓，其他方面輸得很慘。所以，很多人一開始就不看好在校大學生創業，在校大學生創業，這其中主要的壓力來自大學生家長和親友。在他們看來，花錢甚至是借錢讓子女上大學是為了將來找個好工作，要創業就沒必要上大學，更何況創業風險較大，即使要創業那也是以後的事情。

同樣，大學生創業也會有來自學校的壓力。近年來，政府和大學都在呼籲大學生轉變就業觀念，增強創業意識，主要是從學生的可持續發展、提高大學生畢業就業率以及維護社會穩定出發的，不少大學對大學生創業雖有一些鼓勵政策，但雷聲大雨點小，大多停留在允許學生休學創業、提供辦公場所上，還缺乏支持大學生創業的實質性措施，如抵算學分、擔保融資、校內孵化等，其真實想法還是希望大學生畢業後創業，而非在校期間創業，導致大學生創業大多處在自生自滅狀態。由於大學生創業起點較低，科技含量不高，還可能與所學專業沒有太大關係，因此在不少人眼裡仍屬於不務正業的「瞎折騰」，大學生在校期間創業自然是困難重重、捉襟見肘。特別是在創業與學業發生衝突時，領導、教師、同學就會出來做工作，使創業的學生處在一種不利的輿論氛圍和壓力之中，進而使創業更加艱難。

2. 政府政策方面，社會扶持仍顯不足。各國家為鼓勵和支持大學生創業，推出了相關政策，但各國很多優惠政策的實施細則不清晰，實際操作很難展開。到目前為止，還沒有一個專門針對大學生創業的政策，政府部門雖然推出了不少的優惠政策，但這些政策大多分散在各個地區和部門的文件中，並且主要是針對畢業後創業的大學生，而且政府部門主動地宣傳、服務力度還不夠，有些政策的主體和職責不明確，可操作性差，有將近 70% 大學生幾乎不瞭解這些政策，即使畢業後創業的大學生也很少清楚和享受這些優惠政策，對在校大學生就更難得到其實惠了。

3. 創業教育方面，大學創業教育氛圍不足，創業意識是需要在實踐中不斷積累和增強的。創業教育及創業指導是創業的先導，廣泛的認同和紮實的基礎是創業不斷前行的重要條件。就目前各大學開展的創業教育和創業指導的情況來看，形勢不容樂觀。調查顯示，大學生對大學創業教育和管理基本滿意的僅有 37.9%，不瞭解的占 30.8%，不滿意的占 19.7%。可見，大學生對大學創業教育和管理的認知度和滿意度不高，也從側面反映出大學創業資源仍未得到合理的配置。首先，大學對大學生創新創業教育的目標定位大多還不夠清晰，多數大學沒有獨立的創新創業教育學科，沒有專門的創業教育方面的教學大綱和固定的教材，開設的創業類課程不繫統，與專業結合度低，並且課程的隨意性較大，用創業活動代替創業教育的現象較為普遍；不少大學往往較看重少數學生的創業競賽成績和學生創辦公司的數量，而忽視對大多數學生系統的創業精神的培養。因為，在校創業並且能獲得成功的畢竟是極少數，投入和產出不成正比，在教育資源相對緊張的情況下，大學的創業教育和創業指導帶有功利性就不足為奇了，真正意義上的創業教育和創業指導還沒能很好地落到實處，沒有形成大學生創業教育的大氛圍。其次，大學的創業教育和創業指導本身也處於一個尷尬局面，一方面，由於學科地位的不確定，導致資金投入受限，影響創業教育的快速發展；另一方面，創業教育和創業指導的師資隊伍也存在諸多問題，專職教師少或根本就沒有專職教師的情況還較為普遍，並且教師素質參差不齊，既有創業教育理論，又有創業實踐經驗的教師更是鳳毛麟角，難以滿足學生創業的求知需求，一些不切實際的指導甚至會誤導學生。在這種格局下，學生的創業往往比較盲目，中途夭折或誤入歧途(傳銷、灰色中介、倒賣車票等)的情況時有發生，這些都應該引起大學及社會有關部門的高度重視，對作為思想啟蒙和文化引領者的大學來說，其創業教育和創業指導更顯得任重道遠。

4. 大學生自身的侷限性，制約了大學生創業的發展。創業對大學生是一個全面的挑戰和艱難的考驗，它對創業者(團隊)的綜合素質有較高的要求，如敏銳的眼光、過人的膽識、新穎的理念、獨特的項目、優秀的團隊等。然而，當代大學生大多是從學校到學校，所擁有的主要是書本知識，還缺乏實踐鍛鍊，社會閱歷淺，人脈關係少，管理能力弱，對創業的艱巨性和複雜性缺乏

必要的思想準備和心理準備等,是創業大學生存在的通病。好的項目是成功創業的關鍵,「人無我有,人有我優」是創業項目選擇的著眼點,這在很大程度上取決於大學生的創新思維、創新能力及其運作能力,如有出其不意的好點子,有擁有知識產權的好項目等,然而這一塊目前還是創業大學生的軟肋。不少大學生的創業還停留在低層次、低水準,不能做大做強的原因就在於此。團隊是影響和制約創業成敗的另一個重要因素,團隊成員追求的一致性、氣質和性格的相容性、知識結構互補性都直接影響團隊合作的效果,這對身為獨生子女的當代大學生也是一個不小的考驗。此外,社會認可程度低,也是大學生創業發展艱難的重要制約因素。目前,大學生創業還處在起步階段,一方面由於宣傳不到位,以及相應的政策法規不健全,使得不少單位和個人對大學生創業存在的合理性、合法性以及它所能承擔的社會責任持懷疑態度,因而,大多數不願意和學生公司打交道,認為可信度低、風險大,學生公司(學生創業)只能在夾縫中生存;另一方面由於社會上誠信意識的缺失,殃及大學生創業,再加上機制的不健全以及大學生創業鮮有成功的先例,大學生創業難以得到風險投資的青睞,也使得大學生創業舉步維艱。

四、創業者應具備的現代創業意識

創業是艱難的事業,將人力資源的潛能最大地發揮了出來,使普通的人成了創業的主體。這種創業的主體意識、主體地位、主體觀念,就會成為創業者在風險浪尖上拚搏的巨大力量。這種力量會鼓舞他們抓住機遇,迎戰風險,拚命地去實現自身的價值,同時也會使他們承受更多的壓力和困難。

因此,這種創業主體意識的確立,就成了創業者在創業中必須具有的、十分寶貴的內在要素。我們只有理解了這一點,抓住了這一點,培育了這一點,提升了這一點,才能深切地意識到:創業是人生路上的一個轉折點,是知識增量、能力提升的極好機會。只要你抓住了重新崛起的支點,燦爛的明天、美好的未來,就會走向你。

1．迎戰風險的意識

風險經營意識是企業在國際接軌中應著重增強的一種現代經營意識。也是創業企業和創業者急需培養和增強的一種重要的創業意識。創業是充滿風險的。創業者對可能出現和遇到的風險準備和認知不足，是當前群體創業活動中的普遍現象。這種創業風險意識的缺位，突出體現在以下四個方面：

(1) 在心理準備上，表現為：對創業可能出現和可能遇到的困難準備不足；

(2) 在決策上，表現為：不敢決策，盲目決策，隨意決策；

(3) 在管理上，表現為：不抓管理，無序管理，不敢管理；

(4) 在經營上，表現為：盲目進入市場，隨意接觸客戶，輕率簽訂商務合約。

這種沒有風險經營意識的做法，恰恰是創業者無正確風險經營意識的典型表現。正確做法是要從害怕風險、不敢邁步之中解放出來，既敢於去市場經濟的大潮中劈風斬浪，又要敢於在經受商海的歷練和鍛打中，善於規避風險，化解風險。使自己在迎戰風險的過程中站起來，成熟起來，成為商海的精英和棟樑。

2．知識更新意識

創業者創業後面對的第一個，也是最普遍的問題就是發生了知識恐慌。原有的知識底蘊和勞動技能，已經不足以支持他們應對企業中大量的新情況和新問題，這就需要面對知識更新的繁重任務。

因此，創業者應該隨時注意進行知識的更新，才能適應和滿足繁重的創業需求。現代創業，不僅要進行常規的科學文化知識和營銷管理理念的學習，還應走訊息化創業之路。

3．資源整合意識

整合理念是現代行銷學中的嶄新概念，是在全球經濟一體化的新形勢下，跨國集團尋求企業最大利潤空間的一種策略能力。任何一個創業者也不可能把一切創業資源都備足。這裡關鍵的一點在於要學會進行資源整合。資源整

合不僅是創業設計中的一個重要原則,也是在創業中借勢發展,巧用資源,優勢互補,實現雙贏的重要方法。

創業者剛剛開始創業,資金不足,資源缺乏,沒有經驗,不會經營。在這種情況下,給他們一座金山,不如給他們一種能力,使他們放眼看到現代企業的發展趨勢,並以此為武器,去進行各種最佳創業要素的整合以開拓自己的未來之路。

4.進行戰略策劃意識

市場的競爭在某種意義上說,就是經營戰略的競爭。策劃是一種智力引進,是一種思維的科學。它是用辯證的、動態的、發散的思維來整合行為主體的各種資源行動,使其達到效益或效果最佳化的一個智力集聚的過程,大到企業發展戰略,小到一句廣告語,都要經過策劃的過程。

從本質上講,策劃就是對其進行戰略設計的過程,也是對每一個具體事件進行戰略的思索過程。可是,相當多的創業者,習慣於兩眼一睜,忙到三更,卻不善於研究企業發展戰略,進行市場策劃。而另一些創業企業能夠快速崛起,一個十分重要的原因就是他們十分注重策劃。

5.樹立尋找和抓住創新點的意識

創業者創業就想掙錢,但是,相當多的人卻不知道怎麼去掙錢。這一點突出地表現為經營中抓不住創新點。創收點是企業的獲利點。現代商業中知識的含量,科技的含量越來越高,已經成為重要的獲利點。創業者一定要認識到:商機是商業模式設計的著眼點,創新是經營運作的落腳點。好的創業模式都必須能夠最大限度地創造商業價值才行。

因此,每一個創業者在創業模式設計中不僅要找準創新點,而且要緊緊圍繞實現創新點進行商業運作和拚搏。這些重要的現代營銷學的觀點,一定要成為創業者心目中的一盞明燈。

複習鞏固

1. 什麼是創業意識?

2. 創業意識的特徵有哪些？

企業發展就是要發展一批狼。

狼有三大特性：

一是敏銳的嗅覺，

二是不屈不撓、

奮不顧身的進攻精神，

三是群體奮鬥的意識。

——任正非

第二節 創業意識的內容

一、創業意識包含的具體內容

1．確定的人生目標

俗話說「只有想不到的，沒有做不到的」。增強創業意識，首先要提升個體的創業價值理念。要培養個體的創業意識，就要有明確的人生目標，人生目標屬於創業的價值理念，只有明確了人生的價值及意義，才能儘早確立個體的追求目標，最大限度地發揮個人創業的積極主動性。美國哈佛大學一位資深人生諮詢專家兼心理學教授認為選擇決定命運，他指出確定的目標、前沿的思考和平衡的心態是事業成功的要素，其中把明確的目標排在事業成功的首位。

擴展閱讀

案例：麥當勞風靡世界的秘密

你知道家喻戶曉的麥當勞是如何起家的嗎？麥當勞能真正走向世界並非快餐店的創始人馬克和狄克—麥克唐納兄弟的功勞，而應歸功於雷·克洛。在麥氏兄弟開快餐店時，克洛在一家經銷混乳機的小公司工作。混乳機是一種

第二章 創業意識

能同時混合拌勻 5 種麥乳的機器。有一天,麥氏兄弟要買 8 架機器。沒人一次買過那麼多混乳機,克洛決定親自去看看麥氏兄弟的工作。結果他驚訝地發現,客人們站著排隊搶購 15 美分的牛肉餅。於是克洛便問麥氏兄弟為什麼不多開幾家餐館。狄克搖搖頭,指著附近的山坡說,「看到上面那棟房子了嗎?那就是我們的家,我們喜歡那兒。如果開了連鎖餐館,我們就永遠沒有閒暇回家了!」克洛馬上意識到難得的機會來了,並決定立刻把握住。結果,麥氏兄弟很快便答應給他在全國各地開分店的經銷權,條件是抽取 5% 的利潤。克洛專心致志地做了起來,他擁有的第一家麥氏餐館很快便在芝加哥郊區開張。之後是第二家、第三家,後來增設分店的速度越來越快,差不多以每年 200 家的速度增長。再後來,克洛以 270 萬美元向麥氏兄弟買下了主權—包括名號、商標、版權以及烹飪處方。此後,他與這兩位兄弟彼此很少聯繫。

麥當勞的故事告訴我們,本來機會完全在麥氏兄弟一邊,可他們主動選擇了「放棄」,而克洛則抓住了這千載難逢的機會,果斷地選擇了「創業」。不同的目標導致了不同的選擇,也導致了完全不同的兩種命運:克洛獲得了巨大成功,而麥氏兄弟卻碌碌無為。

對於人生和創業而言,確定的目標是至關重要的一步!確定的人生目標是一切成就的起點,更是創業的始發站。其實,人人都能偉大,只是多數人選擇了平凡,根本原因就在於你所確立的人生目標究竟是偉大還是平凡。如果你選擇了平凡,就注定只能是平凡。世界掌握在你的手裡,你想多偉大,你的世界就有多偉大。要及早設定長期目標,爭取每天接近一點,因為人若沒有目標就永遠不會前進,但若想法太多,過於分散的目標則又會成為你永久的負擔。

同樣是進行創業活動,有的創業者是為了展現並提高自己的才華和能力,有的則為了積累物質財富,還有的希望改變自然或社會面貌。創業作為一種社會實踐活動,是在一定的意識和目的支配下進行的。不同的創業目標與價值理念,體現了不同的人生目的,也體現了不同的創業人生價值。人的自我價值反映了個人在實現人生價值過程中所持的態度和看法,只有保持積極向

上的個人價值觀,將自我價值與社會價值和諧統一起來,才能體現真正的創業人生價值。

人的價值判斷是以個體的需要為依據的,需要是有機體內部的某種缺乏或不平衡狀態,它表現出有機體的生存和發展對於客觀條件的依賴性,是有機體活動的積極性源泉。人本主義心理學家馬斯洛 (A.H.Maslow) 的需要層次理論 (Maslow shierarchy of needs) 認為,人類價值體系中存在不同的需要,人的基本需要可以歸納為五類,其強弱和先後出現的次序是:生理需要,如對於食物、水、氧氣、排洩和休息等的需要。這些需要在所有需要中占絕對優勢。具有自我與種族生存的意義,以飢、渴為主,是人類個體為了生存而必不可少的需要。安全需要,如對於穩定安全、秩序、受保護、免受恐嚇、焦躁和混亂的折磨等的需要。如果生理需要相對充分地得到了滿足,就會出現安全需要。歸屬和愛的需要,如需要朋友、愛人或孩子,渴望成為群體的一員、在團體中與同事間有深厚的關係等。如果生理需要和安全需要都很好地得到了滿足,歸屬和愛的需要就會產生。尊重的需要,即渴望成就、名譽和地位等,希望維護自尊 (self-esteem)、贏得他人的尊敬並尊重別人。自我實現的需要,就是促使自己的潛能得以充分發揮和實現的趨勢。這種趨勢是越來越希望自己成為所希望的人物,完成與自己的能力相稱的一切。例如,音樂家必須演奏音樂,畫家必須繪畫,這樣他們才能感到最大的快樂。自我實現的需要是人類基本需要中最高層次的需要,但不是每一個成熟的成年人都能自我實現。

因此,確定的人生目標,對自我價值實現的追求應成為創業意識的首要內容。馬斯洛就十分重視人的潛能和價值,認為自我實現的人是人類中潛能得到充分發揮的最好典範,是最有價值的人。在社會主義制度的條件下,個人的人生目標與自我實現不僅應當而且必須與社會的需要結合起來,才是最有價值的。真正的自我實現者,只有在與社會、他人的和諧共處中才能得以實現自我。如著名的實業家田家炳、邵逸夫等熱衷於教育和公益事業,美國國際數據集團總裁麥戈文資助希望小學等,都是在個人創業的同時追求對社會、對他人有所貢獻,達到了實現自我價值與社會價值的統一。事實上,也只有把自我價值與社會價值統一起來的創業者,才能獲得創大業的機遇和成

功。確定的人生目標是積極實現創業的人生價值的前提,特別是處於訊息化時代的創業者更應首先明確人生的意義和價值、早日確立創業目標。因此,只是空泛地說「我要創業、我要成功」是沒有用的,你必須確定你追求的成功的具體評價標準。那麼,怎樣確定創業的人生目標呢?如果你以前從未設定目標的話,建議你先從具體的短期目標開始。選擇一天的短期目標,完成後逐漸拓展為一週、一個月、一季度、一年、五年、十年⋯⋯我們每個人必須有確定的目標,可以無限延伸的目標。因為只有確定的創業人生目標才會時時在潛意識中提醒我們前進與努力的方向,使我們能夠「看到」目標完成時的情景,從而促使我們把這一目標內化為自己強烈的願望,並督促我們不再拖延觀望而是付諸行動,這才是真正意義上的創業意識。

2・敏銳的商業意識

創業者創辦一個新的企業必然要考慮企業的未來定位,不過只有意識的超前,才能使創辦的企業在未來有一個合理的定位。因此,創業者需要有前瞻性意識。正是因為具有前瞻性意識才能使創業者具有創造性或創新性,才能與眾不同,才能使新創企業具有其他企業所不具備的新意,才能使創業者創業成功。創業者的前瞻性意識集中表現為敏銳的商業意識。商業意識是人們在經營實踐中,在獲取訊息的基礎上,把握市場趨向的一種思維活動方式。商業意識的形成及培養,對創業者捕捉商機有著至關重要的作用,也是創業者創業的必要條件之一。商業意識既指經營者在經營活動中要按照商品經濟的運行規律來辦事的思想觀念,也指經營者尋找、創造商業機會的思維活動。其形成和發展,需要一定的主、客觀條件。客觀條件主要是指人存在和活動的社會歷史條件與客觀環境,即一定的社會政治、經濟制度、社會生產力和經濟發展的狀況,科學文化、教育發展的水準,國家的路線、方針、政策等。社會經濟活動是按商品經濟和市場經濟的運行機制來進行的。任何生產經營活動都要講求經濟效益,在這樣的環境中當然會有強烈的商業意識。

因此,市場經濟和商品經濟的運行機制是人們商業意識產生的客觀條件。主觀條件主要是指個人對商業活動的關注,並有志於從事生產經營活動以及具備相關的經濟知識。這是商業意識形成的主導因素。例如,一個人有豐富

的經濟知識和商業知識,但僅停留在理論研究上,並不想去創業、去經商,因而也不會形成商業意識。因此,個體應正確認識並充分利用自身優勢,發揮主觀能動性,積極創造條件,克服不利條件,選準創業與奮鬥目標,充分發揮個人的聰明才智,以堅韌不拔的毅力,頑強拚搏,克服困難和挫折,創造優異成績,還要學會分析自己周圍的環境,善於學習他人的長處,不斷充實自己,增長才幹。商業意識需要後天的培養與鍛鍊,既可以透過耳聞目睹及書本知識的學習來逐步樹立,亦可在具體的實踐中不斷發展和深化。

那麼,具體該怎樣培養商業意識呢?首先,要用心鑽研有關知識。只有把注意力集中到所要追求的目標和方向上,意識的形成才會更快、更深。其次,要善於觀察和思考。客觀事物是不斷發展變化的,只有善於觀察分析,善於收集和利用訊息,善於思考,才能真正把握事物的本質,發現「無限商機」。商業訊息是經營決策的重要依據,其中隱含了大量的商業機遇,是經營者取勝的重要「武器」。對訊息的收集、把握和利用程度,也是一個創業者和經營者商業意識程度的反映。可以說,創業者掌握了重要的商業訊息就能先人一步地打開創業局面。機會對每個人都是公平地、平等地存在著,就看你能否透過觀察分析和思考去感知、去把握。

生活中的心理學

案例:女富豪的成功之路

英國時裝設計師喬安娜·多尼戈就是個善於捕捉商機的人。有一次,她的朋友要出席皇家宴會,卻沒有合適的晚裝,急得團團轉。這使她醒悟到,女士們遇到這種困境是很普遍的。英國社會很注重禮儀,各種社交活動很多。但大多數人收入不高,買不起華貴的服裝。假如花較少的錢便能穿上名貴時裝出席高層次的活動,那確實是件既省錢又光彩的事,也是多數人的共同心願。喬安娜意識到這一商業機會後,便確定了開展晚裝租賃業務的經營目標。她籌借資金,買回各種款式的歐美名師設計的晚禮服,每套價格數百美元到數千美元不等。並開價每套服裝一夜租金為 75～300 美元,另加收 200 美元的保證金。結果不出所料,她的租賃生意十分興旺,業務越做越大,最終成為有名的女富豪。

最後，要積極主動地尋找和創造商業機會。只有積極主動的創業者，才能在實踐中不斷豐富思想，深化商業意識。大量事實表明，等來的機遇遠遠少於主動尋找到的機遇。會不會尋找商機，能否創造商機，也是創業者商業意識的一種體現。但是，人對於機遇的認識和把握卻各有不同，法國科學家巴斯德說過，「機遇只偏愛那些有準備的頭腦」。所以，機遇的有無很多時候在於是否去主動創造、積極尋找。

案例：「鴿子事件」

美國有家公司新建了一幢 52 層的大樓，部分樓層擬出租，公司老闆正在考慮如何發佈這一消息。而在此時，一群鴿子飛進了新大樓，頓時鴿子糞、羽毛把房間搞得一團糟。老闆很生氣，但一轉念便想出了一條妙計。他馬上撥通了「動物保護協會」的電話，請協會迅速派人來協助處理這件保護動物的「大事」。接著又電告各新聞媒體，在新大樓將發生一件有趣而有意義的捕捉鴿子「事件」。於是電視臺、報社等新聞媒體紛紛派出記者現場採訪並作報導，結果新大樓隨「鴿子事件」而名聲遠颺，房子很快便租售一空。這一主動尋找、善於利用條件創造機遇的水準可謂達到了頂點，也充分體現了該公司老闆深刻獨到的商業意識。

3．科學的經濟頭腦

以較小或最小的投入獲取較大或最大的成果與產出是科學經濟頭腦的集中反映，經濟頭腦是創業者必須具備的創業素質和創業意識之一。在資源條件和市場條件相同的情況下，有的創業者具有豐碩成果，而有的創業者可能只有較小成果，甚至血本無歸。造成這種差異的重要原因之一就是創業者是否具有科學的經濟頭腦。

所謂經濟頭腦是指人們根據經濟運行趨勢和經濟活動規律，對自己所擁有的經濟資源進行投入，以期獲得更大的成果並對自己的經濟行為能否創造優異效果所做出的分析、判斷和決策的一種思維能力。這一概念有著豐富的內涵。具有科學經濟頭腦的人，不只對經濟的局部問題有獨到見解，而且對經濟的整體運行也能做出大體正確的判斷，並能提供有價值的決策參考意見；不僅具有戰略眼光，能在某一經濟領域或範圍內對事物之間的聯繫進行分

析判斷，而且能運用所擁有的資源在經濟活動中創造和增加價值，實現預定的經濟目標；一般不太注重一時的利益得失，而是將眼前利益和長遠利益結合起來加以考慮，更注重長期利益。尤其是在收益與風險並存的情況下，對某種經濟利益的放棄或追求更是科學的經濟頭腦的具體表現。科學的經濟頭腦還包括對某項經濟活動事前所做的預測與估算，即對經濟活動中投入與產出的較強核算能力。有了這樣的經濟頭腦，創業者就能夠根據自身情況與市場情況，對所要進行的經濟活動能否產生經濟效益進行較為準確的預測，從而決定是否進入市場，何時進入市場，進入何種市場領域等，它強調的是對市場前景的分析能力，也是從微觀的角度去認識行業經濟對經濟主體的利益影響，側重於對資金的使用。我們認為，對創業而言，這一點至關重要。

生活中的心理學

案例：黎小蘭的經濟頭腦

專科畢業的黎小蘭當初不顧家人反對，隻身踏上了開往外地的長途汽車。幾經周折，她最終才透過老鄉介紹進了一家小飾品公司做業務員。

一天，公司安排她到大城市國際禮品城送貨，細心的她發現二樓一個櫃臺上擺放的手機吊飾特別引人注目。後經打聽，她終於知道，現在昆蟲手機吊飾非常流行，銷售十分火暴。黎小蘭眼前一亮，工作之餘何不購進一些產品推銷試試？

她幾經周折找到手機吊飾銷售商後才得知，該廠生產的手機吊飾由外商投資，產品全部出口，當地銷售的多為次級品。黎小蘭死纏爛打最後總拿到了 300 條，她喜出望外地回到大城市，馬上到一些手機店推銷。沒想到小小的手機掛飾居然吸引了很多年輕人的目光，300 條手機吊飾 2 天時間就銷售一空。而這次「小試牛刀」，也讓她獲得了 2600 元的利潤，多於她在公司幾個月的工資總和。初戰告捷的黎小蘭見這一行業大有前途，於是乾脆辭掉工作，專跑手機吊飾業務。由於她進貨頻繁，辦事誠信，工廠索性把全部的次品都留下來批發給她。這樣一年下來，黎小蘭淨賺好幾萬！隨著收入的不斷增加，黎小蘭開始轉變思路，一個大膽的想法在她的腦海中慢慢浮現：想

辦法偷師學藝，自己投資辦廠，批量生產銷售昆蟲琥珀手機吊飾。經過周詳的籌備和市場調查，黎小蘭回到家鄉廣西，聘請幾名專業技術人員，引進先進的機械設備，「昆蟲之戀」工藝品廠由此誕生。在大學化學專家、技術人員的聯合協助下，新產品終於開發出來，質量明顯優於原來那個廠家的產品。產品研製出來了，銷路就成為關鍵。為了加速進程，黎小蘭親自招聘幾個業務精英一同奔赴外地的大小城市，專門上門拓展業務，除了在手機櫃臺擺放玻臺外，還將其產品打進精品店、服裝店、旅遊景點、小型超市等場所。目前，僅一個城市就有數百個昆蟲手機吊飾銷售⊠據點，同時，外圍的小鄉鎮市場也相繼打開，月銷售額達十幾萬元。

成功之後的黎小蘭，事業順風順水。一幅經營藍圖由此展開。

有人說黎小蘭的成功屬於偶然，無心插柳的運氣因素占了很大比重。這種說法未必完全沒有道理，但運氣畢竟是可遇而不可求的，其實黎小蘭無意之中走了一條創業捷徑─利用成熟市場的衍生市場，這條道路往往很容易走向成功。接近成功還是需要一定的方法，例如：首先，細緻觀察當前社會上的熱門行業和熱門產業。其次，在市場調查的基礎上預測產業規模以及行業成熟度。再次，尋找該產業或行業市場空白點，尋找其中顧客未滿足的產品或需求。最後，一旦發現市場空白點，抓住機遇，立即行動。

創業者經濟頭腦的具體表現，就是在實際經濟活動中對經濟知識的正確和靈活使用。正確使用是指在運用經濟知識分析經濟、市場情況時，要根據基本的經濟理論知識，採用科學的分析方法。比如，分析宏觀經濟形勢就需要運用宏觀經濟學知識；要找出本企業某一時期產品銷售的變動特點和規律就需要應用對比方法；要分析微觀情況就要運用微觀經濟學方面的知識，在什麼情況下資源得到最佳利用，產量多少時成本最小而利潤最大等。靈活使用是指根據實際市場和經濟變化情況，打破常規、當機立斷，及時調整經營策略，使不利的經濟形勢向有利的經濟形勢轉變。比如價格策略的使用，在供大於求的情況下，多數商家往往採用降價來達到促銷目的，而個別企業卻反其道而行之，結果銷量大大增加。總之，科學經濟頭腦的形成，除了深厚淵博的經濟知識以外，市場實踐活動也是其形成的重要途徑。

二、當代大學生創業認識上的現狀

自主創業是勞動者依靠自己的資源、訊息、技術、經驗及其他因素創辦實業，依靠自己的力量解決就業問題，實現自身價值的行為和過程。創業意識則指在創業實踐活動中對創業群體起動力作用的個性意識傾向，它決定著人們的創業行為和態度。但是，由於我國大學生自主創業的步伐才剛起步，目前創業觀念還無法在更深的層次上被接受，大學生無法從思想和行為上真正理解創業。主要問題可歸納為以下幾點：

1．有創業熱情，缺乏創業行動

據調查，在選擇自主創業的人群中，技職院校畢業生遠多於大學畢業生，他們多是迫於激烈的就業競爭才走上創業之路的。相反，綜合素質較高的大學畢業生極少會選擇畢業後自主創業。這一現象可以看出，創業意識在深層次上尚未得到大學生的廣泛接受。

2.缺乏對創業的認識和理解

許多大學生對專業知識的缺乏，對創業的形式、領域、合作夥伴的正確選擇認識不足。有些同學認為只有高科技、高投入的事業才是創業；有些同學認為只有找不到工作的人才會選擇創業。由於種種對創業不成熟的看法，很多大學生不願選擇創業。

3. 對創業政策和條件不瞭解

近年來，為了鼓勵大學生自主創業，各國政府相繼祭出了很多優惠政策，包括：簡化創業手續、放寬融資條件、稅收優惠、創業培訓等，但只有極少數人瞭解並主動諮詢。

三、培養大學生創業意識的方法

1．變革高等教育觀念，真正落實創業心理教育

為促進大學生創業綜合素質的提高，一些學者提出增設創業教育的系統課程體系來實現，但實際上這並不是當代大學生所最缺乏的，事實上各大大學都提供了許多有助於大學生創業素質提高的諸如「演講與口才」、「公共

關係」、「市場行銷」等選修課,但成效不大。所以系統的課程設置並不是關鍵,關鍵在於以下兩方面:

(1) 改變高等教育過分偏重理論的現狀,加強實踐教育

高等教育在課程內容傳授上存在著「重視知識性、輕視實踐性、忽視創造性」的現象,致使大學生普遍不太瞭解創新的意義,不能體會創造的樂趣,更不清楚創業所需要的心理素質和思想品質,必將影響大學生創造性人格的培養。特別是近年來,由於大學規模擴大,大學在校生人數已超出了自身的承受能力,教學設施和師資力量的緊缺僅能滿足理論教學任務的完成,至於實踐教學、實踐活動不得不擱置在一邊,甚至被取消,這使得大學生本來就少得可憐的實踐學習機會再次被壓縮。正如我們前述證明的,引導大學生參加社會實踐是培養大學生創業意識的最好途徑。因此,改變高等教育現狀,加強創業心理教育的實踐教學迫在眉睫。

(2) 改變教育的評鑑體系

大學的評鑑模式在很大程度上承襲了中學的以學科成績為準繩的應試教育模式,這種教育中成長的學生不容易樹立創造、創新、創業觀念。創業能力的培養依賴創造能力的培養,而創造的源泉和基礎是人的個性化,自由個性的培養首先需要確立多元化的質量觀。每一個個體在先天的潛能、性格、愛好、志向、才能等方面存在很大的差異。多元化質量觀要求用一種靈活的教育教學體系保護和發展學生的差異和個性,對於學生的不同能力給予同樣的重視,允許學生在某些能力上有特殊的發展,只有這樣,才能使學生成為具有特色、特長的創新創造型人才。

2.大學要加強創業意識培養,提高創業心理教育水準

創業教育被稱為學習的「第三本護照」,和學術教育、職業教育具有同等重要的地位。應加強對大學生進行系統的創業心理教育、創業訓練,培養他們的創業能力、創業素質、創業意識和基本的創業技能以及正確的選擇創業項目的能力,從而減少大學生創業行為的盲目性。

(1) 改變高等教育過分偏重理論的現狀,加強實踐教育

創業教育師資水準直接影響著大學生創業意識的培養。要採取多種途徑加強師資隊伍建設，要對進行創業教育的教師進行培訓。造就一批創業的帶頭人和領路者，進一步推動大學自主創業教育工作，不斷加大創業教育的宣傳力度，提升大學生創業培訓基地教師的創業指導能力。只有創業教育教師的水準提高了，才能促進創業意識的培養。

(2) 加強創業教材建立，把創業教育納入教學計劃中

高等院校要加強創業教材建立，要根據本地的實際情況編寫專門的創業教材。大學要對原有的課程設置進行改革，不僅要透過報告講座方式進行創業教育，更要系統地開設創業教育課程。把創業教育納入教學計劃中，這樣才能更好地培養學生的創業意識、創業精神。大學可以透過多種形式，如邀請大學生創新創業典型、創業校友等來校，幫助大學生解讀創業政策，激發創業意識。

(3) 強化創業實踐環節，增強合作意識

創業實踐是大學生增強創業意識的重要途徑。學校要構建創業實踐基地，如創業見習基地、創業實習基地和創業園等，實現產、學、研一體化；對建設創業實踐基地應給予人力、物力、財力上的保障。還要積極開展創業計劃大賽等創業實踐活動，以提高學生創業實踐，鍛鍊學生的創業能力。鼓勵大學生多參加社會實踐。讓學生們在社會實踐、創業實踐等活動過程中將所學的知識與實踐相結合，在正確認識社會的基礎上瞭解社會的需要，積累創業經驗，逐漸形成自主創業意識。

(4) 深化心理素質教育，培養創業心理品質

良好的心理素質也是大學生進行創業的一個必要條件。創業活動是一項面臨嚴峻挑戰和壓力的創造性事業，必須具備良好的創業心理素質。人只有情緒穩定、性格開朗、人際關係協調，才能以極大的熱情投身於事業中，才能充分發揮主觀能動性，使潛能得以有效發揮。創業是一個複雜而又艱巨的過程，它對創業者的綜合素質要求很高，要求具備一定的管理知識，商務、

稅務、投資、法律知識，創業知識和專業知識等。另外，還必須培養大學生獨特的創業素質，包括自立、自強、進取、意志、創新等。

(5) 把創業心理教育納入大學人才培養評估體系中

當前的評估評價方案經過反覆研究和討論，抓住了影響教育工作的一些主要參數，制訂出指標體系，從教學狀態、條件、效果等方面選擇觀察點，評價學校，具有很強的指導性。當前的評估指標中沒有把創業教育納入其中。如果把創業心理教育水準納入大學評估中，將會促進大學的創業教育的發展，有利於大學生創業意識的形成。

3．積極創造各種條件，全社會形成良好的創業環境

大學生創業意識的形成，除了學校外，全社會都應該透過各種方式和途徑鼓勵大學生自我創業，形成良好的社會創業環境。

(1) 政府扶持，拓寬籌資渠道

大學生創業需要政策、資金等社會環境的支持，而目前社會上大學生創業優惠政策缺乏向大學的滲透和傾斜，因此需要各級政府改善創業環境，透過制定一系列的政策、法規來優化創業環境，指導和支持大學畢業生自主創業。政府要為有創業願望並具備創業條件的大學生提供創業培訓、開業指導、項目開發、小額貸款、辦公場地、辦公設備、跟蹤扶持等「一條龍」服務，為大學生創業在申請、登記、註冊等方面提供「綠色通道」服務，做好後續幫扶工作。政府部門要充分利用訊息優勢和行政職能傳遞國內外創業訊息，推進和督促創業教育有序、有效地進行，以支持大學生創業和促進大學生創業意識的形成。

(2) 社會其他力量支持

大學生創業剛剛起步時，大學生自我創業意識比較弱，需要全社會來支持和幫助。政府、社會和學校的指導、支持和保護等服務應貫穿大學生自主創業的全過程。銀行要開闢管道，為大學生創業提供金融支持。自主創業面臨的最大困難往往是資金的缺乏，畢業生跨出校門進行自主創業時他們根本沒有任何資金積累，這就需要銀行部門為大學生創業提供資金支持。銀行可

以為創業的大學生提供低息貸款、小額貸款，讓剛踏上社會沒有經驗和資本積累的年輕人積極創業。

保險公司可以增加專門針對大學生創業的險種。創業保險的作用在於保障大學生企業在遭受自然災害、意外事故或經營不善時，能夠及時獲得保險補償，從而迅速恢復生產。同時，為防止因災害事故發生而導致營業中斷造成預期利潤受損，大學生企業還可購買企業業務中斷保險或利潤損失保險等險種予以預防，以保障企業的經濟生命得到延續，生產得以正常進行。此外，大學生企業還可用參加保險的方法，將其對社會公眾的責任轉嫁給保險人，也可透過僱主責任險或員工意外傷害保險、團體保險等手段，將對僱員的責任轉由保險人承擔從而降低創業風險。

新聞媒體要完善工作機制，提高工作水準，大力宣傳大學生創業典型事跡。大學生創業還是新生事物，要著力宣傳中央和省、市促進大學生創業的政策措施，特別是鼓勵大學生自我創業的優惠政策，引導各有關職能部門認真執行好各項政策，積極為大學生創業排憂解難。

家長、其他社會成員要轉變傳統觀念。大學生創業是一項開拓性的事業，需要來自各個方面的支持，尤其是來自家庭、社會等方面的幫助。因此我們要打破那些認為「學而優則仕」，去大公司、政府機關才是找了一份好工作的觀念，鼓勵大學生自主創業。在創業者遇到暫時的挫折時，要以寬容的心態對待他們，不以一時的成敗論英雄。

4．大學生自身要培養創新意識和創業意識

大學生要不斷學習，樹立創新意識。大學生創業本身就是一種創新。創新思維是創新意識的核心內容，是大學生創業的源泉。大學生創業通常應至少具備3種創新思維：

一是突破性思維，即從舊的事物開始，有對舊的事物突破和超越。

二是新穎性思維，即歷史上從未有過的，產生新穎性的成果。

三是獨立性思維，就是不迷信、不盲從、不人云亦云、不滿足現成的方法和答案，而是經過自己的獨立思考，形成自己的觀點、見解。

大學生要想樹立創新意識必須不斷學習,擁有多方面的知識和能力。大學生創業者需要有合理的能力結構,包括實踐能力、開拓創新、組織領導、協調協作和溝通能力、創業能力、創造能力和社會交往等能力。

大學生自己要主動培養創業意識。外因是條件,內因是根據。無論創業環境好壞,最終走上創業道路的是大學生自己。大學生創業中必然會遇到許多矛盾和困難,需要大學生有堅韌不拔的毅力、敢冒風險的果斷性和勝不驕敗不餒的自制性,如果無好的意志品質、不懈追求的精神,就不會取得成功。

21世紀是知識經濟時代,知識成為一種新的社會生產的資源,知識資本化將成為獨立的更具影響的經濟增長要素,知識擁有者將成為社會發展和經濟增長的主要潛在力量。在西方發達國家,大學生創業相當普遍,在美國已高達20%～23%,很多大學畢業生從學校畢業後就直接走上創業之路。例如,有「矽谷之父」之稱的威廉·休萊特,從史丹福大學工學院一畢業,就向銀行貸款1000美元成立了惠普公司,比爾·蓋茨甚至大學沒讀完就走上了創業之路。我們相信,隨著社會經濟的發展、法制的完善,大學生一定可以憑藉其擁有的生產要素中最重要的無形資本——知識,來實現創業,他們必將是知識資本擁有者,也會成為知識資本的運營者。

複習鞏固

1. 創業意識的內容有哪些?

2. 怎樣培養創業意識?

要點小結

什麼是創業意識

1. 創業意識是創業的先導,它構成創業者的創業動力,由創業需要、動機、意向、志願、抱負、信念、價值觀、世界觀等幾方面組成,是人們從事創業活動的強大內驅力,也是人進行活動的能動性的源泉。正是它激勵著人以某種方式進行活動,向自己提出某種目的併力圖達到和實現之,從而表現出一個人的精神面貌。創業意識具體是指一個人根據社會和個體發展的需要

引發的創業動機。創業意識是人們從事創業活動的出發點與內驅力，是創業思維和創業行為的前提。需要和動機構成創業意識的基本要素。

2. 創業意識的特徵有可強化性、綜合效應性、協調性、社會歷史制約性。

創業意識的內容

1. 創業意識的內容有確定的人生目標、敏銳的商業意識、科學的經濟頭腦。

2. 培養商業意識要用心鑽研有關知識、要善於觀察和思考、要積極主動地尋找和創造商業機會。

關鍵術語

創業意識 (Entrepreneurial Awareness)

需要層次理論 (Maslow』s Hierarchy of Needs)

商業意識 (Business Sense)

經濟頭腦 (Economic Minds)

選擇題

1. 創業意識是（　）。

a. 創業的先導，構成創業者的創業動力

b. 人們從事創業活動的強大內驅力

c. 人進行活動的能動性的源泉

d. 創業思維和創業行為的前提

2. 創業意識的特徵（　）。

a. 可強化性

b. 綜合效應性

c. 協調性

d. 社會歷史制約性

3. 創業意識的內容有（　）。

a. 確定的人生目標

b. 敏銳的商業意識

c. 科學的經濟頭腦

d. 迎戰風險的意識

4. 培養商業意識的方法（　）。

a. 用心鑽研有關知識

b. 善於觀察和思考

c. 積極主動地尋找和創造商業機會

d. 掌握創業知識和能力

5. 科學的經濟頭腦（　）。

a. 是創業者必須具備的創業素質和創業意識之一

b. 對經濟活動中投入與產出的較強核算能力

c. 集中反映為以較小或最小的投入獲取較大或最大的成果與產出

d. 使創業者具有創造性或創新性

第三章 健康心理模式與積極心態修煉——自我認知訓練

良好的心理素質是適應社會競爭的必備素質,也是創業必備的條件。如何培養健康的心理模式,修煉積極心態,是每個創業者都應積極關心的問題。本章主要講述了創業者或準創業者應具備的正確價值觀、積極的認知評價以及如何進行自我認知訓練,自我的相關概念等方面,同時進一步闡述了究竟什麼是創業者應具備的成功心理素質。

快樂的微笑是保持生命健康的唯一藥石,它的價值千萬,卻不要花費一毛錢。

——奈斯比特 (John Naisbitt)

第一節 健康心理模式修煉

一只蝴蝶在巴西搧動翅膀,可能在美國的德州引起一場龍捲風。究竟是什麼因素左右了我們的未來? 是不是每個人的生命中都有類似的「蝴蝶效應」呢?一個微不足道的動作,或許會改變人的一生,有的時候人的收穫看似偶然,實則必然,他下意識的動作出自一貫的養成,來源於他長期的積極實踐和積累。正如美國著名的心理學家威廉·詹姆士所說:播下一個動作,你將收穫一種習慣;播下一種習慣,你將收穫一種性格;播下一種性格,你將收穫一種命運。

健康的心理模式來自哪裡?來自於個體正確的價值觀、積極的認知評價、掌握與運用心理調節技術等幾方面的不斷綜合修煉,使其內化到自己的潛意識中去,成為自動化或習慣化了的思維及行為模式,讓它不由自主地支配你的創業心理及行為。

創業心理學

第三章 健康心理模式與積極心態修煉——自我認知訓練

一、正確的價值觀

價值觀是指人們關於事、物、人的基本價值的信念、信仰、理想系統。是表明人們究竟「相信什麼，想要什麼，堅持追求和實現什麼」，是人們在認知的基礎上進行價值選擇的內心定位、定向系統。價值觀最重要的功能就是成為人們心目中的評價標準系統。有關研究表明，價值觀決定行為選擇的心理機制，在對事件的認知過程中起過濾的作用，它能夠制約人的情緒性質及其變化，是認知成分中的核心內容。正確認識和處理個人與社會的關係，客觀評價自我並對創業有了理性認識的基礎上，力求實現自身需要並與社會的發展相適應，這就是我們所要倡導的正確的創業價值觀。它對創業者或準創業者的認識和實踐活動具有明確的指向性或導向性。而我們認識和瞭解正確的價值觀，主要是透過通識類課程，如思想教育、心理教育等具體課程加以實施和體現。實踐證明，心理教育以及思想教育對於創業者或準創業者正確創業價值觀的樹立具有引導的作用。在思想政治教育活動中，思想政治教育者要求聯繫創業者或準創業者的實際，立足於創業者或準創業者的實際需求，引導我們正確認識自我，把個人的創業理想和社會的需要相統一，將個人的主觀願望和客觀需要跟國家、社會的實際有機結合起來，引導我們樹立正確的創業價值觀。價值觀念不是一朝一夕形成的，需要長期、反覆的教育和引導。同時對於已經樹立了正確創業價值觀的創業者或準創業者，也要透過教育實踐加以鞏固，確保價值觀不發生動搖和改變。由於人們追求的價值不同，表現出的態度也不一樣。不同的態度產生不同性質的情緒，不同性質的情緒產生不同的心理與行為活動，因此，正確的價值取向是健康心理的基本保證。如何引導創業者或準創業者樹立起正確的價值觀呢？我們認為學校教育應該從以下兩方面進行：

1．強化健康向上的主流價值導向

在當前拜金主義、享樂主義思潮有所抬頭的形勢下，幫助創業者或準創業者樹立正確的價值觀顯得尤為重要。引導創業者或準創業者正確處理個人、集體、國家之間的關係，以對社會、對人類的貢獻作為衡量自身價值的標準，

使創業者或準創業者能夠在對社會、對國家的付出和貢獻之中，不斷地完善自我，實現自我價值。

尤其是大學生創業者正處於大學階段的創業萌芽時期，大學階段是學生的世界觀、人生觀、價值觀形成的重要時期，學生的可塑性大，只要加強引導，一定能促使他們正確地選擇和定向，形成正確的價值取向，為創業打好紮實的心理基礎。

2．形成適度的自我價值感

所謂自我價值感是個體對自我重要性價值的主觀感受，它反映一個人對自己的悅納程度，以及是否有積極健康的自我。

從個體自我意識發展的歷程看，個體自我意識的發展一般要經歷籠統、分化、矛盾、統一的過程。在大學階段，由於生活的重大轉折和生理心理的發展變化，創業者或準創業者的自我意識發展出現了明顯的自我分化，出現了「主我」、「客我」，由此也產生了這兩者之間的矛盾鬥爭。兩種自我如不能統一，自我形象不能確立，自我概念不能形成，往往會造成個體內心激烈的衝突，導致痛苦和焦慮。一方面，個體對自我不一致的經驗持否認、迴避、拒絕的態度，形成與本人實際相脫離的自我概念，缺乏自我認同和自我肯定，這種過低地估計自己和過度地自我拒絕，導致自我價值感的缺失或自我價值感過低，形成消極的自我，出現自卑、虛榮、嫉妒等心理問題。另一方面，個體過高地估計自己，過度地自我接受，過高地自我評價和過強的自我肯定，則會導致過高地、不適當的自我價值感，表現為自高自大、自負和自戀，一旦遭遇挫折，就會一蹶不振、消沉甚至頹廢。

心理學研究表明，凡是對自己的認識和評價與本人的實際情況越接近，自我防禦行為就越少，社會適應能力就越強。一般而言，個體的自我概念與本人的實際相符合，就能夠在自己能動的實踐中揚長避短或揚長補短，就容易取得成功，從而喜歡自己，肯定自己的價值，產生適度的自我價值感，形成積極的自我。可見，自我價值感對於創業者或準創業者都是十分重要的。

第三章 健康心理模式與積極心態修煉——自我認知訓練

小測試

你的價值觀是什麼？

下面有 16 個題目，根據每一個題目對你的重要性程度，按照從 0（不重要）到 10（非常重要）的評分方法給每個題目打分。把分數寫在每一道題目後面的括號裡。

(1) 一個令人快樂、滿意的工作。（　）

(2) 高收入的工作。（　）

(3) 美滿幸福的婚姻。（　）

(4) 結識新人，社會事件。（　）

(5) 參加社區組織的活動。（　）

(6) 自己的宗教信仰。（　）

(7) 鍛鍊，參加體育運動。（　）

(8) 智力開發。（　）

(9) 具有挑戰機會的職業。（　）

(10) 好車、衣服、房子等。（　）

(11) 與家人共度時光。（　）

(12) 有幾個親密的朋友。（　）

(13) 自願為一些非營利性組織工作，像紅十字協會。（　）

(14) 沉思，安靜地思考問題，祈禱等等。（　）

(15) 健康，平衡的飲食。（　）

(16) 教育讀物，電視，自我提高計劃等。（　）

評價：將這 16 道題目的得分按照標明的題號填入適當位置，然後縱向彙總每

兩項的得分。

專業	財務	家庭	社會
(1)	(2)	(3)	(4)
(9)	(10)	(11)	(12)

總分：

社區	精神	身體	智力
(5)	(6)	(7)	(8)
(13)	(14)	(15)	(16)

總分：

　　哪一項得分較高，說明你比較看重這個維度，若八個項目得分都較高且比較接近，那說明你是一個比較完善的人。

二、積極的認知評價

　　人每天都遇到很多刺激，包括自然方面、社會方面與自身方面的各種刺激。正是由於不同的認知評價，可使同一個人在不同時期對同一刺激也可能產生不同的心理反應。不同的人，對同一環境中的同一刺激，常常引起不同的心理與心理反應。例如，有的人對噪聲刺激很厭惡，情緒煩躁，心神不定，甚至心慌、出汗、頭疼，工作效率明顯下降。有的人對這同一個的噪聲刺激物，則能坦然對待，情緒鎮靜，工作順利進行。為什麼不同的人對同一刺激物能產生不同的心理與心理反應呢？這主要是因為人對刺激的認知評價不同。認知評價的不同與以下的因素有關。

1．個體的思維靈活性

　　思維彈性是指人們能從多種不同的角度考慮與評價問題。既能從負面角度來看問題，也能從正面及中性的角度來看問題；既能用靜止的眼光看問題，也能用發展的、辯證的觀點看問題，從而形成正確的認知方式或改變已扭曲

的認知方式,增加思維的靈活性。在面對同一種境況要有多種考慮和選擇,即使已經有了定論的問題,也可以重新下結論,找出解決問題的新方法。例如,大學應屆畢業生小李同學一時沒有找到工作,他自認為是自己太笨、能力低下、老天對他不公平。如果他僅僅強調這些,就很可能產生猶豫或一蹶不振等消極的負面情緒,根本無法再積極尋找其他工作,即使是找到了也不一定能勝任工作。倘若小李這樣想:一時找不到工作的人也不止我一個,因為社會競爭太激烈、人才的供給大於需求;也許是自己的要求過高,要麼先找個工作做,一邊積累經驗,一邊再尋找機會。這樣換個角度看問題,相信「人生不止一個端點」,心情也許是另一番天地。正所謂問題本身不是問題,怎麼樣看待問題才是問題。

心理學家阿倫·貝克認為,當不合理的「自動思考」一旦產生,便會引出不良情緒和不良行為。不合理的「自動思考」主要有以下幾種:

(1) 極端思考:看問題喜歡走極端,非此即彼,時好時壞,非白即黑。

(2) 任意推斷:在根據不充分、事實不清楚的情況下草率做結論。

(3) 過度引申:由一個偶爾發生的事端,引出一般規律的結論。

(4) 無限擴大:發生了一件小事、把它看作一件了不起的大事。

(5) 消極選擇:對事物不能全面分析,任何事情都有積極與消極兩個方面,消極選擇往往不關注積極面,而關注消極的一面,並把這一面看得很重。

(6) 經驗定式:用以往經歷過的痛苦經驗來推斷當前發生的事端。

(7) 過分自責:明明不是自己的責任,在內心深處內疚不安,認為自己罪不可赦。

(8) 無端共鳴:在別人身上發生的不幸事件,當作發生在自己身上,焦慮不安。

2·個體的個性特徵

與個性特徵密切相關的因素有神經類型、性格特徵、生活態度、社會適應性等品質。首先,與個體的神經類型有關。神經類型屬強型的人,能夠經

受環境中一些較強刺激,而神經類型屬弱型的人,對環境中的較強刺激易引起緊張的生理心理反應,易患身心疾病;神經類型屬靈活型的人,對環境與社會的適應性強。人的性格特徵是在其生活實踐過程中,在主客觀條件的相互作用下逐步形成的。良好的性格特徵包括穩定、廣泛而有中心的興趣;較高而全面的社會適應能力;穩定而協調的情緒以及自信而不狂妄、熱情而不輕浮、堅韌而不固執、禮貌而不虛偽,始終保持堅強的一致,誠實、正直、謙虛、開朗、接納、助人、勤奮、認真等品質。其次是要有積極樂觀的生活態度。學會用微笑的目光、平常的心態去看待一切,始終保持一顆可貴的平常心與平民心,建立健康、愉快、豐富的生活模式。在大多數情況下,人對某人、某事的失望可能是自己的問題,是自己不切實際的期望或態度,給自己帶來的情緒後果。積極樂觀的生活態度不是天生的,而是後天養成的,是個體主動學習形成的。積極樂觀的生活態度能激發你的潛能,使你愉快地接受各種任務,悅納自己想不到的變化,寬容想不到的冒犯,做想做又不敢做的事,獲得比他人更多的發展機遇,你自然也就會超越他人。接受不可改變的現實和改變能夠改變的現狀。

　　接受不可改變的現實是成功人生的重要基礎,它可以使人正確認識客觀條件和自我,量力而行,積極適應社會,避免心理衝突和自卑、恐慌、焦慮等消極情緒的產生,創造並壯大理想的自我;改變能夠改變的現狀,既要改變不滿的現狀,又能確立並實現切實可行的新的學習、工作與生活目標。正所謂你不能控制別人,但你可以掌握自己;你不能選擇容貌,但你可以展現笑容;你不能左右生活,你可以改變心情。再者是要不斷地學習,完善和充實自己。處在知識爆炸的訊息時代,如果不及時充電,無疑要被時代淘汰。人們應該把環境的變化看成是迎接挑戰和再學習的機遇,面對瞬息萬變的事物,就不至於驚慌失措、愁眉不展。最後是要有寬闊的胸懷。要學會以寬容的態度正視現實,既要寬容別人,也要寬容自己。有了寬容的胸懷,你不會被名利羈絆,不會被紛爭、算計困擾,不會小肚雞腸地看人,不會為雞毛蒜皮而耿耿於懷。它能使你平和豁達、坦蕩磊落、從容灑脫,不刻薄、不猜疑、不氣惱。法國作家大仲馬說:「人生是用一串無數的小煩惱組成的念珠,樂觀的人是笑著數完這串念珠的。」最後是解除世俗的束縛。人們有時總是一

遍又一遍地重複著一些陳詞濫調或傳統習慣。如果你不衝破外界因素的控制，或者總是拘泥於傳統，將不會有所創新。勤於思考，積極行動的個性特徵能夠使人發揮出驚人的潛力與創造力。

三、積極尋找社會支持

積極適應環境的改變，加強心理素質的自助功能，積極尋找社會支持，進而使創業者獲得更好的創業環境。

1．積極適應環境的改變

對於一般人來講，不可能永遠總生活在一種環境中。對於創業者來說更是如此，從小學到大學，環境的改變是一個客觀現實，但這並不意味著我們的認識也能迅速跟上發展變化的環境。

創業者適應新環境的關鍵是要瞭解環境有哪些變化，明確新環境對自己的新要求，逐漸從過去熟悉的環境中解脫出來，縮短轉變所需要的適應期，掌握生活的主動權，形成積極向上的生活態度，在生活方式、思維方式、行為方式上做出調整和改變，為整個創業階段的發展奠定良好的基礎。

儘管個體在適應環境的幅度和難度上存在明顯差異，但所有的創業者必須在以下幾個方面完成適應過程，才能真正適應創業生活。

第一，重新認識自我。創業者要在創業環境中不斷適應環境的變化，在社會的坐標系中重新認識自我，重新找到自己的位置，重新估價自己，主動接納自己，重新確立正確的自我形象。

第二，學習掌握人際溝通的技巧。面對來自各個地方不同的創業者或者合作夥伴，如何建立起協調、友好的人際關係，需要學習與掌握人際溝通的方法與技巧。

第三，不斷尋找有利的環境支持。顯而易見，對於一個人來說，一種環境極有可能比另一種環境更有利於他的發展。好的環境就是那種能夠最大限度地釋放潛能，滿足自我發展需要的環境就是那種能夠最大限度地釋放潛能，滿足自我發展需要的環境。當今社會的變革，社會的流動為人才的流動提供

了可能。俗話說「人挪活，樹挪死」，透過合理流動，我們常常可以找到更適合自己發展的環境。一般而言，社會環境越好越容易自我實現。環境的好壞應該從多種因素來考慮，最主要的是周圍人的知識結構、身體條件、年齡、人際關係；還有法制環境、交通環境等等。環境越是惡劣，就越是難以自我發展與自我實現。但是，在惡劣環境下，如果有鍥而不捨的毅力和良好的人格特徵，人們也能夠在一定程度上發揮自己的潛能。

生活中的心理學

案例：馬雲的創業故事

馬雲，中國電子商務網站的開拓者，阿里巴巴網站創始人兼 CEO。

馬雲和他的創業經歷，與其他互聯網精英相比，顯得特別不同。「我自己覺得，算，算不過人家，說，說不過人家，但是我創業成功了。如果馬雲能夠創業成功，我相信 80% 的年輕人創業能夠成功。」

大學畢業後，馬雲在杭州電子工業學院教英語。1991 年，馬雲初涉商海，和朋友成立海博翻譯社。結果第一個月收入 700 元，房租 2000 元，遭到一致譏諷。

「我一直的理念，就是真正想賺錢的人必須把錢看輕，如果你腦子裡老是錢的話，一定不可能賺錢的。」初次下海的經歷，給馬雲留下了深刻的體會。

1994 年底，馬雲首次聽說互聯網。1995 年初，他偶然去美國，首次接觸到互聯網。對電腦一竅不通的馬雲，在朋友的幫助和介紹下開始認識互聯網。當時網上沒有任何關於中國的資料，出於好奇的馬雲請人做了一個自己翻譯社的網頁，沒想到，3 個小時就收到了 4 封郵件。

敏感的馬雲意識到：互聯網必將改變世界！

「其實最大的決心並不是我對互聯網有很大的信心，而是我覺得做一件事，無論失敗與成功，經歷就是一種成功，你去闖一闖，不行你還可以掉頭；但是你如果不做，就像晚上想想千條路，早上起來走原路，一樣的道理。」

第三章 健康心理模式與積極心態修煉——自我認知訓練

1995 年 4 月，馬雲和妻子再加上一個朋友，湊了兩萬塊錢，專門給企業做主頁的「海博網絡」公司就這樣開張了，網站取名「中國黃頁」，成為中國最早的互聯網公司之一。不到 3 年，馬雲就輕輕鬆鬆賺了 500 萬元人民幣利潤，並在大陸打開了知名度。

1999 年初，馬雲決定介入電子商務領域。採用什麼模式？當時全球互聯網所做的電子商務，基本上是為全球頂尖的 15% 大企業服務。但馬雲生長在私營中小企業發達的浙江，從最底層的市場滾打過來，深知中小企業的困境。他毅然做出決斷，棄鯨魚而抓蝦米，放棄那 15% 的大企業，只做 85% 中小企業的生意。就這樣，1999 年 9 月，馬雲的阿里巴巴網站橫空出世，立志成為中小企業敲開財富之門的引路人。當時國內正是互聯網熱潮湧動的時刻，但無論是投資商還是公眾，注意力始終放在門戶網站上。馬雲在這個時候建立電子商務網站，在國內是一個逆勢而為的舉動，在整個互聯網界開創了一種嶄新的模式，被國際媒體稱為繼雅虎、亞馬遜、易貝之後的第四種互聯網模式。阿里巴巴所採用的獨特 B2B 模式，即便今天在美國，也難覓一個成功範例。

1999 年底，馬雲以 6 分鐘的講述獲得有「網絡風向球」之稱的軟銀老總孫正義的賞識。兩人進行了 3 分鐘的單獨談判後，馬雲獲得了孫正義 3500 萬美元的投資。事實證明，無論是高盛還是孫正義，對馬雲的判斷都是準確的。在電子商務領域，馬雲顯示了自己的獨特視角和預見性：創業當年，阿里巴巴的會員就達到 8.9 萬個，2000 年達到 50 萬，2014 年 9 月赴美上市，使得馬雲成為了大陸身價超過 1500 億的富豪。

總之，創業者的發展是受環境制約的，在同等的客觀環境下，社會環境更是重要。例如，愛因斯坦在他的晚年是一個高度專業化的科學家，愛因斯坦之所以成為愛因斯坦，是因為有好的妻子、有普林斯頓、有他的朋友們等等。如果把他拋到荒島上，他也許還能有戈爾茲坦意義上的自我實現，即「在環境容許的條件下盡他的所能」。但是，無論如何，這不是愛因斯坦已經達到的那種專門化的自我實現。或許在那種情況下，自我實現根本就不可能，

他或者早就死了，或者由於自己的無能而深感懊惱和自卑，或者退到匱乏性需要滿足的水準上。

這段話，清楚地表明了人的發展與環境的關係，當人在追求自我實現需要滿足的時候，他的其他需要並沒有消失，而是處於一種維持狀態。愛因斯坦之所以能夠把精力放在滿足自我實現需要上，是因為這些需要的滿足已經不成為問題，他已經建立了滿足自我實現需要的支持系統。而人滿足實現自我的最重要的支持系統就是社會環境和人際關係。

人和人的情況有所不同，很難設想有一種環境會適合所有人的自我發展與自我實現。但是，失去了社會環境的支持，幾乎所有的人都難以自我實現。

2．加強心理素質的自助功能

應激源是客觀存在的，是不以人們的意志為轉移的，人的大部分心理失衡是要靠自己解決的。

對於一個主體來講，能不能在同樣的應激源作用下應付自如，就看自身的心理素質水準，它取決於個體主觀能動性的發揮程度，即「心理自助」的努力程度。因為「心理自助」是個體能夠被自己控制的，具有較強的自我操作性。成功教育的理念倡導教育的最高境界是形成教育者的自我教育能力，即「教是為了不教」，所以，心理素質的自我教育是形成良好心理素質的重要環節。正如蘇聯教育家蘇霍姆林斯基所說：「沒有自我教育，就沒有真正的教育」。一旦個體能將外部教育轉化為內部的自我教育，也就為他自身的發展發揮了最為重要的主觀能動作用。也正如蘇聯心理學家所說：「自我教育開闢了人的發展的可能性」。開始進行自我修養的個人，不僅成為教育的客體，而且成為教育的主體，即個人不僅接受教育，而且自己努力教育自己。

自身素質提高了，就更有助於健康效率模式的形成，更有助於智力功能的發揮與提高，更有助於身心健康和自身發展。

3. 積極尋找社會支持

對於個體來講，尋找社會支持包括：

(1) 尋找社會支持來源。在應激源的作用下，應尋找家人、親友、同伴、合夥人，或者其他社會專業機構的專業人員，如心理諮詢師等。

(2) 尋找社會支持內容。主要有情緒的、認知的、實質的、陪伴性的以及評估性的支持等等。

(3) 尋找信心。瞭解有關應激源產生的多方面原因及發展態勢，清楚自身各方面的情況。

一般來說，人際關係好者，容易受到朋友、親戚和家庭成員的高度支持。人際關係差者，受到親戚、朋友和家庭成員的支持較低。故個體應該積極改善人際關係，增加社會交往，培養多方面的興趣愛好，為創業做好準備。

四、心理調節技術

認知是指認識活動或認識過程，即個體接受和評估訊息的過程，產生應對和處理問題方法的過程，預測和估計結果的過程。

1．認知過程的特點

認知過程具有多維性、相對性、聯想性、發展性和定勢性等特點。

(1) 認知的多維性。從不同角度看同一事物會有不同的認識。個體認知的產生總有一定的侷限性和片面性，要真正認識事物的全貌和本質，必須考慮事物的整體性和多維性。

(2) 認知的相對性。世界上本來就沒有絕對的東西，因此人的認識也做不到絕對化，事實上多數人有這種傾向。相對看問題，才能避免很多不必要的問題。

(3) 認知的聯想性。人的經濟、文化水準、需求等因素都與人的認知有關，影響人們的認知水準。

(4) 認知的發展性。事物是不斷發展變化的，人們對於事物的認知也是在不斷地發展變化。

(5) 認知的定勢性。人們對於後來事物的認知深受先前人們對事物認知的心理準備狀態的影響。

2．非理性信念

美國心理學家阿爾伯特·艾利斯 (Albert Ellis) 的觀點認為，人既有理性的一面，又有非理性的一面。常見的非理性信念有 10 種：人應該得到生活中所有對自己重要的人的喜愛和讚許；有價值的人應該在各方面都比別人強；任何事都應按照自己的意願發展，否則就會很糟糕；一個人應該擔心隨時可能發生的災禍；情緒由外界控制，自己無能為力；已經定下的事情是無法改變的；一個人碰到的種種問題，總應該有一個正確、完美的答案，如果一個人無法找到它，便是不能容忍的事；對不好的人應該給予嚴厲的懲罰和制裁；逃避困難、挑戰與責任要比正視他們容易得多；要有一個比自己強的人做後盾才行等等。

分析這些非理性信念往往有以下三個明顯特徵：

(1) 絕對化的要求

在各種非理性的信念中，它是最常見的，即指人們以自己的意願為出發點，對某一事物懷有必定會發生或必定不會發生的信念。

(2) 過分概括化

它是以一概十、以偏概全的不合理思維方式的表現。過分概括化表現為人們對自身的不合理的評價，如遭遇一點挫折便概括為自己無用、是失敗者；一遇到不幸便認為自己前途渺茫。這種以一兩件事來評價自己的得失或成敗，其結果自然會導致自責、自卑或盲目自大、驕傲自滿的心理。

(3) 糟糕透頂

它表現為一旦遇到挫折，便認為一切都完了，被「非常糟糕」、「非常可怕」、「非常不幸」等信念所控制，易導致個體陷入恥辱、自責、焦慮、悲觀等消極情緒的惡性循環狀態之中。

3．認知過程各階段

第三章 健康心理模式與積極心態修煉——自我認知訓練

(1) 認知過程的歪曲

認識過程的歪曲或扭曲在人們的日常生活中經常可以看到。心理學家貝克 (A.Beck) 將認知過程的歪曲概括為三種形式：任意推斷，即在缺乏證據或面對相互矛盾的證據時，武斷地做出結論；選擇性提取，指從某些單個的細節中做出整體推斷；個人化，表現為不考慮事件之間的聯繫，對自我或他人做出不正確的歸因。

(2) 認知的調整

心理的紊亂，以對現實的歪曲理解為基礎。從一個片面的角度去判斷現實與推測未來，就會導致社會適應不良。發現並調整錯誤的思維方式，是重返心理健康的有效途徑。

人的認知理念和認知方式對他的心理和行為起著支配與調節作用。許多人的心理問題大多是由於其錯誤的認知方式而造成的，或者是由於其錯誤的認知方式而加劇的。認知調整的重點就是在於分析自己的思維活動過程，改變自己的不合理思考和自我挫敗行為。由於情緒和行為來自思考，所以改變情緒或行為要從改變思考著手。透過調整已經產生的或潛在的非理性信念，最終獲得理性的生活哲學。

艾利斯認為，人生來就具有以理性信念對抗非理性信念的潛能，但又常常為非理性信念所幹擾，即任何人都或多或少地具有非理性的信念或不合理要求，而那些具有嚴重障礙的人，這種傾向則更為強烈。人們應學會擴大自己的理性思考、合理的信念，減少不合理的信念，經常地、習慣性地從以下幾方面思考：無論做什麼事情，不但要有成功的打算，也要有失敗的心理準備；一旦遇到挫折，切不可自暴自棄，悲觀失望，要積極積累經驗；只要開始，永遠不晚，不能總杞人憂天，只是發感慨而不行動，應從今天、從自我、從身邊小事做起，做行動的巨人；無論幹什麼都要有計劃、有目標而且更重要的是要持之以恆，朝著既定目標前進，不達目標，誓不罷休；貴有自知之明，認清自己的能力和侷限，從實際出發，給自己制定切實可行的目標。

學會正確的歸因。影響人們成功或失敗的因素有很多，諸如基於他人的幫助、任務的難度等，他們是外部的，是不可控制的；而個體的心境、能力、努力等，他們是內部的，是可以控制的。

用發展的、客觀的、辯證的觀點看待周圍的一切事物，樹立正確的真假、美醜的是非觀，增強辨別是非和評價事物的能力等等，則大部分的困擾或心理問題就可以得到緩解或消除。

(3) 放鬆訓練技術

放鬆訓練是行為矯正經常使用的一種技術，放鬆是指身體或精神由緊張狀態過渡到鬆弛狀態的過程。放鬆訓練主要是消除肌肉緊張。在人的所有生理系統中，只有肌肉系統是我們可以直接控制的。當壓力出現時，沉重的負擔不斷積累、個人的壓力增大時，需要進行放鬆訓練。雖然我們有時用游泳、做操、聽音樂等方式放鬆，可以造成一定的放鬆作用，但透過專業的放鬆訓練的效果是不一樣的。

某個人是否需要放鬆，何時放鬆為好，一方面可以透過壓力量表測出來，另一方面也可以從生活方面瞭解獲得，如飲食是否正常、營養是否充分、睡眠是否充足、有無適當的運動等。如果肯定的回答多於否定的回答，說明你的生活比較輕鬆，反之則需要借助放鬆的技巧和方法，排除干擾與減輕壓力。

放鬆訓練又稱鬆弛反應訓練或自我調整療法，是一種透過機體的主動放鬆來增強對體內的自我控制能力的方法。它是需要在安靜的環境中按一定的要求完成某種特定的動作程序，透過反覆的訓練使人學會有意識地控制自身的心理生理活動，從而達到身心輕鬆、防病治病的作用。

放鬆訓練的核心在「靜」與「鬆」。所謂「靜」是指環境要安靜，身心要平靜；「鬆」是指在意念的支配下，使情緒輕鬆、肌肉放鬆。放鬆訓練有多種，我們在此介紹一種可以由自己操作的簡便易行的放鬆訓練，可以用早上醒來或晚上睡覺前的時間練習。

第一，做好放鬆前的準備工作。

第二，找一個安靜或不受干擾的地方，光線柔和。

第三，有一個活動自如的空間。

第四，留意自己的姿勢，檢查是否坐得舒服。

第五，練習開始。

當你舒舒服服地做好準備之後，可以開始做深呼吸，慢慢吸入然後呼出，每當你呼氣的時候在心中默念「放鬆」，當你感覺呼吸平穩、有規律的時候，暫時不用說「放鬆」，將你的注意力集中到右手上，慢慢將右手握緊、握緊成拳頭，再用點勁、緊緊握拳，你會感覺到整個右手由拳頭到肩膀變得硬直，然後從 1 數到 10；慢慢將右手放鬆、放鬆，你感到僵直的右臂逐漸由肩膀—手肘—手腕—手心—手指慢慢地鬆弛下來，放鬆、繼續放鬆、放鬆整個右手，跟著注意力集中在呼吸上，每當你呼吸時，心裡輕輕默念「放鬆」，重複三次；再次將注意力集中在你的左手上，重複以上練習；然後，將注意力集中在整個右腳，將右腳伸得僵直、收緊，將腳趾「拉」向頭部方向，你會感覺小腿部分酸硬，從 1 數到 10，再將腳趾向頭部方向，從 1 數到 10，放鬆整個右腳、放鬆，當你的腳完全放鬆時，它會自然地略向外傾。然後將注意力集中在呼吸上，讓自己放鬆；最後，再將注意力集中在左腳上，重複以上練習。

(4) 疏洩療法

疏洩療法是利用或創造某種情景，把壓抑的情緒抒發宣洩出來，以減輕或消除心理壓力，避免引起精神崩潰，從而適應社會環境的心理治療方法。常用的疏洩技術有：

① 談話性疏洩。出現不良情緒時，可以透過找老師、朋友、同學等盡情地將心中的鬱悶暢所欲言，一吐為快。

② 書寫性疏洩。透過寫信、寫文章、作詩等方式，將內心的消極情緒疏洩出來，其好處在於，可以把那些因各種原因而不能直接對人表露的消極情緒排解出來。

③ 運動性疏洩。透過跑步、做體能等劇烈活動，可以把體內積聚的「能量」釋放出來，使鬱積的怒氣和其他不愉快的情緒得到發洩，從而改變消極的情緒狀態。

④ 哭泣性疏洩。哭泣性疏洩是透過號啕大哭或偷偷流淚將消極情緒疏洩出來。研究表明，流淚能將人體內導致情緒壓抑的化學物質排除，從而使不愉快的情緒一掃而空，消除心理上的壓力。當然，哭泣應注意時間和場合。但是，從疏洩消極情緒的程度來講，痛快的、毫無顧忌的哭泣，一般比有節制的、偷偷的哭泣效果要好。

⑤ 其他形式的疏洩。例如，「議會沙袋」，專供議員們發洩憤怒情緒時使用。議員們常為國事爭吵得面紅耳赤，情緒激昂，可又不能大打出手，於是就把氣撒在沙包上，回來後心平氣和再議國事。

「宣洩靶場」，人們在那兒可以對著「模擬仇敵」連連射擊。在對其拳打腳踢後又可以心平氣和地去工作。「宣洩電話」，許多人在電話上訴說不幸和煩惱，之後便覺得心情舒暢多了。

要特別注意的是，不論採取哪種宣洩方式，都要以「合理」和「理智」為前提，不能損害他人、集體、國家的利益，不能違反社會的倫理道德。另外必須注意宣洩的對象、方式和場合，不可無端遷怒他人，把別人當作出氣筒或代罪羔羊。

擴展閱讀

老子與一老翁的對話

據說老子騎青牛越過函谷關的時候，被函谷府衙關令尹喜大人發現，而答應府尹去作洋洋五千言的《道德經》，正在老子努力寫《道德經》的時候，一位年逾百歲卻鶴髮童顏的老翁前來府衙找他。這位老翁對老子略略施禮後對老子說道：「老朽聽說先生您博學多才，故特來向您請教一個問題。我今年已經 106 歲了，然而與我同齡的人都紛紛作古而去了。你看他們，耗盡心血所追求的榮華富貴卻不能享受這種富貴，努力建設好四捨屋宇卻落身荒野孤墳，而費盡心力開墾出來的沃田死後也只能得一席之地。對我來說是什麼

情況呢,我從出生到現在,一直都能輕鬆度日。雖然不懂種植莊稼,但是我依然能吃上五穀雜糧;儘管我不置單磚片瓦,可我仍然能夠居於華麗的房舍中。因此,我的問題是:現在我是不是可以嘲笑他們徒勞一生,而只能落到一個不能享受生活的地步呢?」聽了老翁這番話,老子微微一笑,然後對身邊的道童說道:「你去找一塊木頭和一塊石頭來。」當木頭和石頭拿來時,老子問道:「如果木頭和石頭只能擇一個,您是選擇木頭還是石頭呢?」「當然是木頭。」老翁得意地拿起木頭說道。「為什麼?」老子撫鬚笑問。「因為這石頭還沒有打磨,所以它沒棱沒角的,我取它何用?而木頭多少還能有點用處。」老翁指著石頭回答。「那麼大家是取石頭還是取木頭呢?」老子這時向身邊的人詢問道。眾人都回答取木頭而不取石頭,理由和老翁一樣。聽明白眾人的回答後,老子回過頭來問老翁:「是石頭壽命長還是木頭壽命長呢?」老翁猶豫了一下說:「自然是石頭。」於是老子釋然而笑道:「石頭壽命長而人們卻不擇它,木頭壽命短而人們卻擇它,只是因為它們一個對人們有用而一個對人們沒用罷了。」

複習鞏固

1. 健康的心理模式來自哪裡?

2. 與個體個性特徵密切相關的因素有哪些?

3. 什麼是認知?

目標是什麼不重要,目標能產生什麼樣的效果才重要。我們演活什麼人,便成為什麼人。

——尼莫伊(Leonard Nimoy)

第二節 自我認知訓練

心理素質是個人綜合素質的組成部分,良好的心理素質是適應社會競爭,協調人際關係,解決各類問題與保障身心健康的主觀條件。心理素質是個體在成長與發展過程中形成的比較穩定的心理機能,是心理品質和心理能力的統一體。良好的心理素質取決於不斷的養成訓練。心理素質的提高是人才素

質提高的重要手段，當代創業者或準創業者要適應現代社會，就要掌握優化心理素質的基本途徑和主要的方法，在日常的生活和學習實踐中揚長避短，發揮自身優勢，開發自己的潛能，成為競爭社會的強者。這就要求認清自己，即自我認知。

「認識你自己」，這是一句刻在古希臘阿波羅神殿上的箴言，蘇格拉底把這句話視為哲學的任務。在認識別人之前，先認識你自己；在認識世界之前，先認識你自己，這樣你才能更好地把握自己的人生。

自我概念一直以來都是心理學研究中的一個熱門話題，因為它直指心理學的根本問題。真正心理學意義上的自我概念研究是從詹姆斯 (William James) 開始的。詹姆斯指出「思想本身就是思想者」，意味著人們開始認識到自我與意識活動的關係，並把自我從意識活動中區分出來。自詹姆斯 1890 年把自我概念引入心理學至今，心理學對自我概念的研究曾幾度興衰。在行為主義出現之前，心理學對自我概念的研究興趣濃厚，但隨著行為主義的興起，自我概念的研究逐漸被忽視。後來人本主義的出現，特別是羅杰斯對自我概念又進行了深入的研究。20 世紀 80 年代後，認知學派對自我概念的研究也很重視。自我概念得到人們廣泛的關注，對其研究、應用得到普及。在研究自我概念時，由於認識、方法、人性觀及研究取向上的差異，不同學派的心理學者之間同中有異，側重點有所區別。

一、不同學派自我概念的經典理論

1．詹姆斯的經驗自我和純粹自我

詹姆斯是美國心理學家，是美國實用主義哲學家的先驅。他是自我概念的創始人，在其著作《心理學原理》、《徹底的經驗主義》中，對自我概念進行了詳盡的闡述。詹姆斯認為自我是個體所擁有的身體、特質、能力、抱負、家庭、工作、財產、朋友等的總和，把自我分為經驗自我和純粹自我。

經驗自我 (the empirical self) 指人們可能經驗到的一種對象，即與世界的其他對象共存的存在物。詹姆斯認為：每個人的經驗自我，就是他試圖用「我」來稱呼的一切。

詹姆斯認為「我」與「我的」很難區分。他反對將從屬於我的東西與真正的我區別開，自我與世界之間沒有明顯的界線，我的身體、服飾、妻子兒女及財產都是自我本身的各種關係，參與了自我的構成。

經驗自我又分為物質自我 (material self)、社會自我 (social self) 和精神自我 (spiritual self) 三種成分。社會自我高於物質自我，精神自我又高於社會自我。詹姆斯認為物質自我的核心部分是身體，因為人一生中總是透過身體與周圍的事物發生關係，並依據身體提出各種需求。社會自我指一個人從同伴那裡得到的承認，即他在別人心目中的形象，最特殊的社會自我是他的戀人的態度。精神自我就它屬於「經驗的自我」而言，意味著一個人內心的或主觀的存在。具體地說，指他的心理能力或性情。

純粹自我指一個人知曉一切東西，包括自我的那些東西，所以又稱為能動自我或主動自我。詹姆斯在論述純粹自我時，是以個人同一性 (personalidentity) 理論為依據的。個人同一性就是現在的自我與它想起的那些過去的自我相同。純粹自我是由不斷更迭和傳遞其內容的當下思想所構成。詹姆斯把作為對象的個人稱為經驗自我，把當下思想看成是純粹自我。他認為純粹自我接受不同的感覺並影響感覺所喚起的動作；它是興奮的中心，接受不同情緒的震盪；它是努力和意志的來源，意志似乎由此發出命令。

2．弗洛伊德的本我、自我和超我

精神分析學派的創始人弗洛伊德 (Sigmund Freud) 在他的本我心理學中闡述了他的自我概念。弗洛伊德認為，人格由本我、自我、超我組成。

本我來自人的本能，在社會生活中表現出追求各種個人慾望的滿足和追求個人利益實現的特徵；本我是人的生物性本能，只知快樂，活動盲目。超我，來自社會文化，是個體在成長經歷中已經內化為自身價值觀念的種種文化信念，其中以道德、信仰為主要內容，超我是人內化了的社會道德原則。這些社會文化與道德信念對個體的要求，往往以犧牲個人服從整體為主，甚至要求個體行為完全道德化，因而與本我相對立。自我是人的理性部分，往往處於社會生活的現實要求、超我的道德追求與本我的利益追求之間，按照現實原則協調矛盾，儘可能地尋找權宜之計，是個體最終行為表現的決策者。

3．羅杰斯的現實自我和理想自我

最初，羅杰斯 (C.R.Rogers) 也不重視自我概念，但他在臨床上發現他的患者傾向於用自我來敘述，所以才重視自我概念。

羅杰斯認為自我概念是個人現象場中與個人自身有關的內容，是個人自我知覺的組織系統和看待自身的方式。羅杰斯繼承了詹姆斯的觀點，認為自我包括主格我 (I) 和賓格我 (me) 兩個方面。他認為賓格我是自我意識的對象，同時也是自我意識的本體，它是透過接受別人 (社會) 對自我的有意識的態度系統而形成的；主格我是自我的動力部分，是自我活動的過程，雖然它在賓格我的框架範圍內活動，但它具有面向未來的特徵，使人可能超出現有的賓格我的框架，使人的行為具有自由意志性、創造性和新異性。

羅杰斯還根據臨床實踐，提出了與現實自我 (real self) 相對應的理想自我 (ideal self)。理想自我代表個體最希望擁有的自我概念、理想概念，即他人為我們設定的或我們為自己設定的特徵。它包括潛在的與自我有關的且被個人高度評價的感知和意義。而現實自我包括對自己存在的感知、對自己意識流的意識。透過對自己體驗的無偏見的反映及對自我的客觀觀察和評價，個人可以認識現實自我。羅杰斯認為，對於一個人的個性和行為具有重要意義的是他的自我概念，而不只是現實自我。他在臨床實踐中發現，現實自我和理想自我之間的不一致是導致神經症的原因之一。

總的來說，羅杰斯認為自我的認知方面、情感方面以及意識和潛意識方面都重要。他既強調自我一致性的需要又強調正向關注自我的需要。

4．米德的客我和主我

米德 (G.H.Mead) 把自己的心理學體系稱為社會行為主義。他指出：自我是一種社會實體，自我本質上是一種社會存在，個體的自我只有透過社會及其中不斷進行的互動過程才能產生和存在。他把自我分為：客我和主我。這兩者共同構成整體的自我。這種整體統一的共同歸屬是社會，因為從實質上說，自我就是一個社會過程，它借助於這兩個可以區分的方面而不斷進行下去。

作為客體的自我，是客我。客我是內化了的共同體的態度，是概化了的他人和團體規範的總和，是從他人的立場上評價和預測自我的反思方面。客我是作為自己審視和評價對象的自我，是組織化的他人的態度，是社會價值觀的影射，因而是確定化的和制度化的。

與客我相對的是主我，它是有機體對其他人的態度做出的反應，它以主體姿態出現。主我是個體在社會情境中對照自己的行為舉止所做出的行動，它只有在個體完成了某種活動之後，才進入他的經驗，因而，主我是不確定的。主我具有主動性和創造性，它不斷地對他人、對群體、對自然環境做出反應，調整自己。作為社會實體的自我的產生依賴於三個條件：語言——有意義的符號、玩耍、遊戲。個體自我發展經歷了三個階段：玩耍階段、遊戲階段和概化他人階段。

5．馬卡斯的自我圖式理論

馬卡斯 (Markus) 認為人們形成自我的認知結構，這些認知結構被稱為自我圖式 (self-scheme)。自我圖式是關於自我認知的內化，來自過去的經驗，它組織、指導與自我有關的訊息加工過程。一個自我圖式是一個關於自我的某一特性的概念。自我概念是被動的、客觀的、靜態的，而自我圖式則是主動的、動態的。自我概念可以被視為關於一個人特徵的所有特殊圖式的集合體。

馬卡斯還提出可能自我 (possibleselves) 的概念，它是指人們認為他們將來可能成為什麼，願意成為什麼或害怕成為什麼的自我。可能自我不僅有助於組織訊息，還具有強大的動機影響，它指導我們成為某種類型的人。可能自我是現在和將來的心理橋樑。它指使一個人為了更好或更壞而如何去做。

總之，自我的社會認知學派既強調自我的結構方面，又強調自我概念影響進一步訊息加工的方式。

二、WhoamI 活動

目的：強化自我認識，促進自我接納

操作：

1. 寫出 20 句「我是怎樣的人」，要求儘量選擇一些能反映個人風格的語句，避免出現類似「我是一個女生」這樣的句子。

  (1) 我是一個　　　的人。

  (2) 我是一個　　　的人。

  (3) 我是一個　　　的人。

  (4) 我是一個　　　的人。

  (5) 我是一個　　　的人。

  (6) 我是一個　　　的人。

  (7) 我是一個　　　的人。

  (8) 我是一個　　　的人。

  (9) 我是一個　　　的人。

  (10) 我是一個　　　的人。

  (11) 我是一個　　　的人。

  (12) 我是一個　　　的人。

  (13) 我是一個　　　的人。

  (14) 我是一個　　　的人。

  (15) 我是一個　　　的人。

  (16) 我是一個　　　的人。

  (17) 我是一個　　　的人。

  (18) 我是一個　　　的人。

  (19) 我是一個　　　的人。

  (20) 我是一個　　　的人。

2. 將陳述的 20 項內容做下列歸類：

A：身體狀況 (屬於你的體貌特徵,如年齡、身高、體型等)

編號：

B：情緒狀況 (你常持有的情緒情感,如：樂觀開朗、振奮人心、煩惱沮喪等)。

編號：

C：才智狀況 (你的智力、能力情況：聰明、靈活、遲鈍、能幹等)。

編號：

D：社會關係狀況 (與他人的關係、如何和別人應對進退、對他人常持有的態度、原則,如：樂於助人的、愛交朋友的、坦誠的、孤獨的等等)。

編號：

3. 接著評估一下你對自己的陳述是積極的還是消極的。在你列出的每句話的後面加上加號 (+) 或者減號 (-)。加號表示「這句話表達了你對自己肯定滿意的態度」,減號的意義則相反,表示「這句話表達了你對自己不滿意、否定的態度」。看看你的減號與加號的數量各是多少。如果你的加號的數量大於減號的,說明你的自我接納狀況良好。相反,你的減號將近一半甚至超過一半,這顯示你不能很好地接納自己,你的自尊程度較低,這時你需要內省一番,尋找問題的根源,比如你是否過低地評價了自己？是什麼原因使你成為這樣？有沒有改善的可能？

三、界定自己

1．資料庫

持積極自我觀念的人具備如下特徵：

對自己處理問題的能力充滿自信；

面對困境,他們不是迴避,而是尋求解決問題的方法；

覺得自己與他人是平等的，有自尊的；

面對讚揚，他們不卑不亢，坦然致謝；

承認自己的情感、行為和慾望中有部分能得到社會的認可，有的則不能；能夠恰如其分地評價自我；

保持適度的敏感，以便及時地發現自己的缺點，並設法去改變；

就算經歷錯誤與失敗，也能成功地處理，並從中積累寶貴的生存智慧。

2．活動

目的：幫助個人具體界定自己的長處和限制，學習接納自己和欣賞自己，同時，肯定自己是一個獨特的人。

操作：請認真地自行填寫下表。

我的長處	我的限制
當我再一次看清楚自己的長處和限制之後，我感到：	

在這個活動中，假如你所填的長處太少時，說明你是一個自我概念比較低、自我形象貧弱的人，同時你肯定也是一個不能接納自己的人。接下來所要做的就是設法具體地發掘、界定你的長處，對自己做出肯定。下面要做的就是：邀請你的家人或者熟悉你的同學、朋友(起碼要有兩位)參與進來，讓他們根據對你的瞭解，分別寫出他們認為你擁有的長處，然後你把包括你自己在內的三種(或更多)回答比對一下，看看其中有多少項是你沒有發現，而別人卻一致的看法。遇到這些項目時，你還可以和參評人做些討論，瞭解自己在他人眼中是一個什麼樣子的人。在經驗中，經過別人的幫助和誘發後，

第三章 健康心理模式與積極心態修煉——自我認知訓練

你的表格中往往是長處多過限制。此時，這個活動很可能為你帶來一個新的、積極的自我形象，逐漸增強自信和自愛。

這項活動接下來還可以進一步深入地進行一些探討：在限制方面，按「不能改變的限制和可以改變的限制」進行分類。先分好類，在探討之後，還可以制訂出改進的計劃和方法。

擴展閱讀

生命的價值

有一個生長在孤兒院中的男孩，常常悲觀地問院長：「像我這樣沒人要的孩子，活著究竟有什麼意思呢？」院長總是笑而不答。

有一天，院長交給男孩一塊石頭，說：「明天早上，你拿這塊石頭到市場去賣，但不是『真賣』，記住不論別人出多少錢，絕對不能賣。」第二天，男孩蹲在市場角落，意外地有好多人要向他買那塊石頭，並且價錢越出越高。回到院內，男孩興奮地向院長報告，院長笑笑，要他明天拿到黃金市場上去叫賣。在黃金市場，竟然有人出比昨天還高十倍的價錢要買那塊石頭。最後，院長叫男孩把石頭拿到寶石市場上去展示。結果石頭的身價較昨天又漲了十倍，更由於男孩怎麼都不賣，竟被傳揚成「稀世珍寶」。

男孩興沖沖地捧著石頭回到孤兒院，將這一切稟報院長。院長看著男孩，徐徐說道：「生命的價值就像這塊石頭一樣，在不同的環境下就會有不同的意義。一塊不起眼的石頭，由於你的珍惜、惜售而提升了它的價值，被說成稀世珍寶。你不就像這塊石頭一樣嗎？只要自己看重自己，自我珍惜，生命就有意義、有價值。」

如果你自己把自己不當回事，那別人更瞧不起你，生命的價值首先取決於你自己的態度。「每個人應當從小就看重自己，在別人肯定你之前，你先得肯定你自己。」珍惜獨一無二的你自己，珍惜這短暫的幾十年光陰，然後再去不斷充實自己，最後世界才會認同你的價值。

複習鞏固

1. 什麼是自我概念？

2. 請簡述自我概念的經典理論。

要點小結

健康心理模式與積極心態修煉

1. 如何樹立正確的價值觀：強化健康向上的主流價值導向，形成適度的自我價值感。

2. 健康心理模式的來源：正確的價值觀，積極的認知評價，社會支持，運用心理調節技術。

3. 個性特徵相關因素：神經類型，性格特徵，生活態度，社會適應性。

自我認知訓練

1. 自我概念的發展歷程：1890年，詹姆斯將自我概念引入心理學，隨後羅杰斯對自我概念進行了深入研究，

20世紀80年代，認知學派對自我概念的研究很重視。

2. 自我概念的經典理論：

(1) 詹姆斯的理論：將自我分為經驗自我和純粹自我。

(2) 弗洛伊德的理論：本我、超我、自我。

(3) 羅杰斯的理論：自我包括主格我和賓格我

(4) 米德的理論：客我和主我

(5) 馬卡斯的理論：自我圖式和可能自我

關鍵術語

自我 (Self)

創業心理學

第三章 健康心理模式與積極心態修煉——自我認知訓練

心理模式 (Mental model)

價值觀 (Values)

認知 (Cognition)

選擇題

1. 健康心理模式的來源有（　）。

a. 正確的價值觀 b. 積極的認知評價

c. 社會支持 d. 運用心理調節技術

2. 與個體密切相關的因素有（　）。

a. 神經類型 b. 性格特徵

c. 生活態度 d. 社會適應性

3. 以下哪些是非理性信念的特質？（　）

a. 絕對化的要求 b. 過分概括化

c. 糟糕透頂 d. 消極應對

4. 誰最早提出自我的概念？（　）

a. 詹姆斯 b. 弗洛伊德

c. 米德 d. 馬卡斯

5. 自我概念的經典理論有哪些？（　）

a. 詹姆斯 b. 馬卡斯

c. 弗洛伊德 d. 米德

e. 羅杰斯

6. 行為改變的技術有哪些？（　）

a. 觀察或模仿學習 b. 改變行為的計劃

c.放鬆訓練技術 d.疏洩療法

第四章 創業個性心理特徵

第四章 創業個性心理特徵

　　創業者在強烈的責任心和堅定意志力的推動下十分努力地工作。他們是樂觀主義者，他們誠實正直，他們渴望競爭，他們從失敗中吸取教訓，他們充分相信能對企業最終的成敗產生至關重要的影響。

　　風險企業居高不下的失敗率證明了創業的艱辛。創業失敗的主要原因在於缺乏管理經驗和管理能力。事實證明，創業者的個性心理特徵與其創業成功及其開創企業持續的久暫息息相關。本章就創業者的個性心理特徵展開分析和論述，並針對其個性心理特徵的氣質、性格與能力三方面逐個加以剖析，從而闡述創業者的個性心理特徵與創業的內在關係。

　　一棵樹上很難找到兩片葉子形狀完全一樣，一千個人之中也很難找到兩個人在思想情感上完全協調。

——歌德 (J.W.V.Goethe)

▌第一節 什麼是個性

一、個性的含義

　　個性一詞最初來源於拉丁語「Persona」，開始是指演員所戴的面具，後來指演員——一個具有特殊性格的人。現在人們更多的理解是：個性是指個別性、個人性，就是一個人在思想、性格、品質、意志、情感、態度等方面不同於其他人的特質，這個特質表現於外就是他的言語方式、行為方式和情感方式等等，任何人都是有個性的，也只能是一種個性化的存在，個性化是人的存在方式。而在心理學中，個性的解釋是：一個區別於他人的，在不同環境中顯現出來的，相對穩定的，影響人的外顯和內隱行為模式的心理特徵的總和。

　　由於個性結構較為複雜，因此，許多心理學者從自己研究的角度提出個性的定義。

美國心理學家阿爾波特 (G.W.Allport) 曾綜述過 50 多個不同的定義，如美國心理學家武德沃斯 (R.S.Woodworth) 認為：「人格是個體行為的全部品質。」美國人格心理學家卡特爾 (R.B.Cattell) 認為：「人格是一種傾向，可藉以預測一個人在給定的環境中的所作所為，它是與個體的外顯與內隱行為聯繫在一起的。」就目前西方心理學界研究的情況來看，按照內容和形式主要有下面五種定義：

第一，列舉個人特徵的定義，認為個性是個人品格的各個方面，如智慧、氣質、技能和德行。

第二，強調個性總體性的定義，認為個性可以解釋為「一個特殊個體對其所作所為的總和。」

第三，強調對社會適應、保持平衡的定義，認為個性是「個體與環境發生關係時身心屬性的緊急綜合。」

第四，強調個人獨特性的定義，認為個性是「個人所以有別於他人的行為。」

第五，對個人行為系列的整個機能的定義，這個定義是由美國著名的個性心理學家阿爾波特提出來的，認為「個性是決定人的獨特的行為和思想的個人內部的身心系統的動力組織。」

目前，西方心理學界一般認為阿爾波特的個性定義比較全面地概括了個性研究的各個方面。首先，他把個性作為身心傾向、特性和反應的統一；其次，提出了個性不是固定不變的，而是不斷變化和發展的；最後，強調了個性不單純是行為和理想，而且是制約著各種活動傾向的動力系統。阿爾波特關於個性的上述定義至今仍被西方的許多心理學教科書所採用。

由於個性的複雜性，心理學界對個性的概念和定義尚未有一致的看法。第一部大型心理學詞典──《心理學大詞典》中的個性定義反映了多數學者的看法，即：「個性，也可稱人格。指一個人的整個精神面貌，即具有一定傾向性的心理特徵的總和。個性結構是多層次、多側面的，由複雜的心理特徵的獨特結合構成的整體。這些層次有：

第一，完成某種活動的潛在可能性的特徵，即能力；

第二，心理活動的動力特徵，即氣質；

第三，完成活動任務的態度和行為方式的特徵，即性格；

第四，活動傾向方面的特徵，如動機、興趣、理想、信念等。這些特徵不是孤立地存在的，是錯綜複雜、相互聯繫、有機結合的一個整體，對人的行為進行調節和控制。」

由於每個人的先天因素不同，生活條件不同，所受的教育、影響不同，所從事的實踐活動不同，因此，心理過程在每個人身上產生時總是帶有個人的特徵，這就形成了每個人的氣質、性格、能力的不同。譬如：人的觀察力、注意力、記憶力、想像力、思考力不同，有的能力高，有的能力低；人的情感體驗的深淺度、表現的強弱、克服困難的決心和毅力的大小不同。所有這些都是個性的不同特點。人的心理現象中的氣質、性格和能力，就是人的個性心理特徵。

二、個性傾向性

個性傾向性是指人對社會環境的態度和行為的積極特徵，包括需要、動機、期望、興趣、理想、信念、價值觀、世界觀。個性傾向性是人的個性結構中最活躍的因素，它是一個人進行活動的基本動力，決定著人對現實的態度，決定著人對認識活動的對象的趨向和選擇。個性傾向性是個性系統的動力結構。它較少受生理、遺傳等先天因素的影響，主要是在後天的培養和社會化過程中形成的。個性傾向性中的各個成分並非孤立存在的，而是互相聯繫、互相影響和互相制約的。

1．需要

需要是有機體感到某種缺乏而力求獲得滿足的心理傾向，它是有機體自身和外部生活條件的要求在頭腦中的反映。

亞伯拉罕·馬斯洛 (A.H.Maslow) 認為人的需求由以下五個等級構成：

第四章 創業個性心理特徵

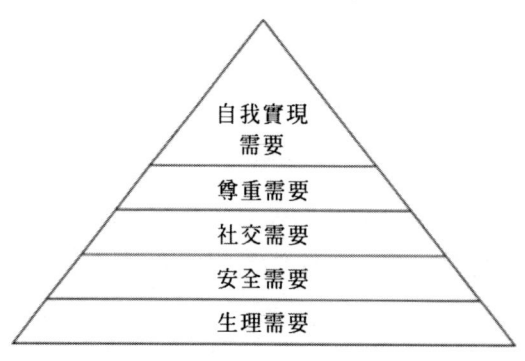

```
         自我實現
          需要
        尊重需要
       社交需要
      安全需要
     生理需要
```

圖4-1 馬斯洛需要層次模型

馬斯洛認為這五種需要都是人的最基本的需要。這些需要都是天生的、與生俱來的，它們構成不同的等級或水準，並成為激勵和指引個體行為的力量。並且需要的層次越低，它的力量越強，潛力越大。隨著需要層次的上升，需要的力量相應減弱。在高級需要出現之前，必須先滿足低級需要。

2．動機

動機是推動人從事某種活動，並朝一個方向前進的內部動力。是為實現一定目的而行動的原因。動機是個體的內在過程，行為是這種內在過程的表現。

3．價值觀

價值觀是社會成員用來評價行為、事物以及從各種可能的目標中選擇自己合意目標的準則。價值觀透過人們的行為取向及對事物的評價、態度反映出來，是世界觀的核心，是驅使人們行為的內部動力。它支配和調節一切社會行為，涉及社會生活的各個領域。

價值觀取決於人生觀和世界觀。一個人的價值觀是從出生開始，在家庭和社會的影響下，逐步形成的。一個人所處的社會生產方式及其所處的經濟地位，對其價值觀的形成有決定性的影響。當然，報刊、電視和廣播等宣傳的觀點以及父母、老師、朋友和公眾名人的觀點與行為，對一個人的價值觀也有不可忽視的影響。

三、個性心理特徵

個性心理特徵是指人的多種心理特點的一種獨特結合。其中包括心理活動的動力特徵，即氣質；對現實環境和完成活動的態度上的特徵，即性格；完成某種活動的潛在可能性的特徵，即能力。個性心理特徵是個性系統的特徵結構。

氣質、性格、能力這些特徵影響著個人的言行舉止，反映個人的基本精神面貌和意識傾向，集中地體現了個人心理活動的獨特性。比如，有的人善於觀察事物的細節，有的人卻易忽略細節；有人思考問題細緻，有人卻粗心大意，這是能力在認識上的差異體現。此外，每個人都能產生情緒活動，但情緒產生的速度和強度卻因人而異，有人脾氣暴躁，一觸即發；有人卻是慢性子，不易發脾氣，這是氣質上的不同所致。再者，不同的人在活動中做什麼、怎麼做也表現出各不相同的心理特性，有人好公忘私、助人為樂，有人損公肥私，以個人利益為重；有人勤勞、勇敢，有人懶惰、怯懦，這是性格上的差異。個性心理特徵作為個性結構中比較穩定的成分，反映著個人展開的心理活動和行為。但是，它並非孤立存在的，它和個性的其他組成部分相互聯繫著，受其他方面的制約。個性心理特徵是在心理過程中形成的，它又反過來影響心理過程的進行。個性心理特徵是以一定的素質為前提，在後天生活實踐中形成和發展起來的。

四、個性與創業

在創業者身上，應該有一些特別的東西，至少是個性突出的人。他要滿足三個基本條件：

第一，有明確的目標，人生追求遠大。

第二，具備自律的品質，能夠有效地利用時間。

第三，勇於冒險和承擔責任，堅韌而敢於面對失敗。

在各行各業中，有些人擅長戰略規劃而不善執行，有些人擅長執行但不擅長作秀(包括演講，推銷，包裝等)，有些人果斷，有些人細緻考慮周到，

有些人溫和，有些人嚴厲。這些都可能決定了他們適合走什麼樣的道路。具備任何一種個性心理特徵的人都只適合成為職業人，而真正能夠自己創業並且成功的人大多是同時具備所有優秀個性心理特徵的人。

個性貫穿著人的一生，能影響創業者的一生。正是創業者個性傾向性中所包含的需要、動機和理想、信念、世界觀，指引他們創業人生的方向、目標和道路；正是創業者的個性心理特徵中所包含的氣質、性格和能力，影響並決定其創業人生的風貌、前景和命運。

複習鞏固

1. 什麼是個性？

2. 如何理解個性與創業？

我們不必羨慕他人的才能，也不須悲嘆自己的平庸；各人都有他的個性魅力。最重要的，就是認識自己的個性，而加以發展。

——松下幸之助 (Matsushita Kōnosuke)

第二節 創業氣質

一、氣質的含義

「氣質」這個詞在口語中說得不多，平常講的「性情」、「脾氣」與它的含義相當接近。氣質是個人心理活動穩定的動力特徵，是根據人的姿態、長相、穿著、性格、行為等元素結合起來給別人的一種心理感覺。

氣質 (temperament) 是表現在心理活動的強度、速度、靈活性與指向性等方面的一種穩定的心理特徵。人的氣質差異是先天形成的，受神經系統活動過程的特性所制約。孩子剛一出生時，最先表現出來的差異就是氣質差異，如有的孩子愛哭好動，有的孩子平穩安靜。

氣質是人的天性，無好壞之分。它只給人們的言行塗上某種色彩，但不能決定人的社會價值，也不直接具有社會道德評價含義。一個人的活潑與穩

重不能決定他為人處世的方向，任何一種氣質類型的人既可以成為品德高尚，有益於社會的人，也可以成為道德敗壞、有害於社會的人。

氣質是人的個性心理特徵之一，它是指在人的認識、情感、言語、行動中，心理活動發生時力量的強弱、變化的快慢和均衡程度等穩定的動力特徵。主要表現在情緒體驗的快慢、強弱、表現的隱顯，以及動作的靈敏或遲鈍方面，因而它為人的全部心理活動表現染上了一層濃厚的色彩。

氣質不能決定一個人的成就，任何氣質的人只要經過自己的努力都能在不同實踐領域中取得成就，也可能成為平庸無為的人。

人的氣質具有穩定性的特點。俗話說「江山易改，本性難移」，這裡說的本性指的就是氣質。這種穩定性與人的神經系統先天性的特點密切相關，即使後天受到環境和教育的影響，氣質也很難發生顯著的變化。但這並不意味著氣質是完全不可改變的。事實上，如果在早期教育、學校教育和社會實踐中，經常進行自我教育來發揚氣質的優點、克服其弊端，氣質也可以發生改變，只是這種改變較為困難、緩慢、幅度較小而已。

二、關於氣質的學說

人的氣質是有明顯差異的，人們很早就注意到了這種現象，並尋求解釋，不斷地提出了很多氣質學說，如中國古代的陰陽五行說、古希臘的體液學說、日本心理學家古川竹二 (Takeji Furukawa) 的氣質血型說、德國克瑞奇米爾 (E.Kretschmer) 的氣質體型說、俄國巴夫洛夫 (Ivan.P. Pavlov) 的氣質高級神經活動類型說等。其中影響較大的是氣質的體液說和氣質的高級神經活動類型說。

1．氣質的體液說

古希臘醫生希波克拉底 (Hippokrates of Kos) (公元前 460 —公元前 377 年) 觀察到人有不同的氣質，他認為人體內有四種體液：血液、黏液、黃膽汁和黑膽汁。希波克拉底根據人體內的這四種體液的不同配合比例，將人的氣質劃分為四種不同類型：

表4-1 體液與氣質類型

體內占優勢的體液	氣質類型
血液	多血質
黏液	黏液質
黃膽汁	膽汁質
黑膽汁	抑鬱質

希波克拉底所創立的氣質學說用體液解釋氣質類型雖然缺乏科學根據，但人們在日常生活中確實能觀察到這四種氣質類型的典型代表。活潑、好動、敏感、反應迅速、喜歡與人交往、注意力容易轉移、興趣容易變換等等，是多血質的特徵。直率、熱情、精力旺盛、情緒易於衝動、心境變換劇烈等等，是膽汁質的特徵。安靜、穩重、反應緩慢、沉默寡言、情緒不易外露，注意穩定但又難於轉移，善於忍耐等等，是黏液質的特徵。孤僻、行動遲緩、體驗深刻、善於覺察別人不易覺察到的細小事物等等，是抑鬱質的特徵。因此，這四種氣質類型的名稱曾被許多學者所採納，並一直沿用至今。

2．高級神經活動類型說

巴夫洛夫認為有四種典型的高級神經活動類型，即活潑的、安靜的、不可抑制的、弱的，分別與希波克拉底的四種氣質類型相對應，四種氣質類型即四種典型的高級神經活動類型的行為表現。除這四種典型的類型外，還有許多中間類型。巴夫洛夫學派的觀點得到後繼者的進一步發展，如捷普洛夫(Teplov.B.M)等主張研究神經系統的各種特性及其判定指標；梅爾林(Mep.Bo.BB.Coolc)主張探討神經系統特性與氣質的關係，強調神經系統的幾種特性的組織是氣質產生的基礎。還有人將氣質歸因於體質、內分泌腺或血型的差異，但氣質的生理基礎仍無法確定。

表4-2 高級神經活動類型與氣質類型的對應

氣質類型	神經系統的基本特點	高級神經活動類型
多血質	強、平衡、靈活	活潑型
膽汁質	強、不平衡	興奮型
黏液質	強、平衡、不靈活	安靜型
抑鬱質	弱	抑制型

　　四種神經類型的具體特點如下：強、平衡、靈活型。興奮與抑制都較強，兩種過程易轉化，以反應靈活、外表活潑，容易適應環境為特徵，這種類型稱之為「活潑型」，與之相對應的氣質類型是多血質。

　　強而不平衡類型。興奮與抑制占優勢，以易激動、奔放不羈為特點，巴氏稱之為「不可遏制型」，即興奮型，與之相對應的氣質類型是膽汁質。

　　強、平衡、不靈活型。興奮和抑制都較強，兩種不易轉化，以沉穩、堅毅、行動遲緩為特徵，這種類型稱之為「安靜型」，與之相對應的氣質類型是黏液質。

　　弱型。興奮和抑制都很弱，但抑制過程占優勢，以膽小、經不起衝擊、消極防禦為特徵，這種類型稱之為「抑制型」，與之相對應的氣質類型是抑鬱質。

　　巴夫洛夫認為，人的高級神經活動類型是人的氣質的生理基礎，氣質則是高級神經活動類型在人的心理活動和行為動作中的表現，是心理現象。巴夫洛夫的研究，為氣質類型與高級神經活動類型的關係勾畫了一個輪廓，對氣質的實質做了科學的解釋。

三、氣質類型與職業選擇

　　四種典型的氣質類型有其獨特的心理特徵與行為表現，不同的氣質類型心理特徵的人，在對待同一件事情的表現是各不相同。因此不同氣質類型特徵的人在對待職業工作特性的選擇上有各自相應的優勢和劣勢。創業者如何

選擇合適自己氣質類型特徵的行業進行創業非常重要。如果選擇恰當，成功創業就會事半功倍、高效達成；如果選擇不當，就會消耗太多的時間、精力，造成事倍功半，甚至一事無成。

氣質類型特徵與職業的適應相關可以參考以下分類：

1．多血質

多血質的主要特徵是靈活性高，易於適應環境變化，善於交際，在工作、學習中精力充沛而且效率高；對什麼都感興趣，但情感興趣易於變化；有些投機取巧，易驕傲，受不了一成不變的生活。通常適合於出頭露面、交際方面的職業，如記者、律師、公關人員、秘書、藝術工作者等。

2．膽汁質

膽汁質的基本特徵是情緒易激動，反應迅速，行動敏捷，暴躁而有力；性急，有一種強烈而迅速燃燒的熱情，不能自制；在克服困難上有堅韌不拔的勁頭，但不善於考慮能否做到，工作有明顯的週期性，能以極大的熱情投身於事業，也準備克服且正在克服通向目標的重重困難和障礙，但當精力消耗殆盡時，便失去信心，情緒頓時轉為沮喪而一事無成。通常傾向選擇且適合於競爭激烈、冒險性和風險性強的職業或社會服務型的職業，如運動員、改革者、探險者等，甚至到偏遠及開放地區從業。

3．黏液質

黏液質的主要特徵是反應比較緩慢，堅持而穩健地辛勤工作；動作緩慢而沉著，能克制衝動，嚴格恪守既定的工作制度和生活秩序；情緒不易激動，也不易流露感情；自制力強，不愛顯露自己的才能；固定性有餘而靈活性不足。一般適合於醫務、圖書管理、情報翻譯、教員、營業員等工作。

4．抑鬱質

抑鬱質的典型特徵是高度的情緒易感性，主觀上把很弱的刺激當作強作用來感受，常為微不足道的原因而動感情，且有力持久；行動表現上遲緩，

有些孤僻；遇到困難時優柔寡斷，面臨危險時極度恐懼。一般較適合從事理論研究工作等。

　　一般說來很多人的氣質類型是不典型的，而且在當今社會裡，訊息發達，知識更新快，學習與訓練的形式多種多樣而且成效顯著，很多人可以自覺與不自覺地對自己的氣質的劣勢進行糾正與轉換，所以現在的所謂純粹典型的氣質類型已經不多見了。在現實生活中，並不是每個人的氣質都能歸入某一典型氣質類型。除少數人具有某種氣質類型的典型特徵之外，大多數人都偏於中間型或混合型。也就是說，他們較多地具有某一類型的特點，同時又具有其他氣質類型的一些特點。氣質隻影響一個人行動的速度和成功的效率，不影響一個人的最終成就。氣質，無好壞之分，無論哪種氣質類型的人都可能成為成功人士。

　　心理學家還研究了人的氣質類型對群體協同活動的影響。羅索諾夫的研究表明，兩個氣質類型不同的人在協同活動中，比氣質類型相同的人配合所取得的成績更好。皮卡洛夫的研究表明，氣質類型相反的兩個人合作，不僅合作的效果更好，而且還有利於團結。

　　作為創業者，他的氣質確實不能決定他能幹什麼，不能幹什麼。但也不能否認，當他的氣質特點符合某種創業工作要求時，這個人就比較容易適應，工作起來也比較輕鬆；而當這個人的氣質特點不符合工作要求時，他適應起來就困難些，工作起來就比較費勁。

四、創業者的氣質

1．誠信——創業立足之本

　　市場經濟已進入誠信時代，作為一種特殊的資本形態，誠信日益成為企業的立足之本與發展源泉。風險投資界有句名言：「風險投資成功的第一要素是人，第二要素是人，第三要素還是人。」此話足以證明風險投資家對創業者個人素質的關注程度。在他們看來，創業項目、商業計劃、企業模式等都可適時而變，唯有創業者的品質難以在短時間內改變。創業者品質決定著

企業的市場聲響和發展空間。不守「誠信」，或可「贏一時之利」，但必然「失長久之利」。

2．自信——創業的動力

人的意志可以發揮無限力量，可以把夢想變為現實。對創業者來說，信心就是創業的動力。要對自己有信心，對未來有信心，要堅信成敗並非命中注定而是全靠自己努力，更要堅信自己能戰勝一切困難。

3．勇氣——視挫敗為成功之基石

失敗的結果或許令人難堪，但卻是取之不盡的活教材，在失敗過程中所累積的努力與經驗，都是締造下一次成功的寶貴基礎。成功需要經驗積累，創業的過程就是在不斷的失敗中跌打滾爬。只有在失敗中不斷積累經驗財富，不斷前行，才有可能到達成功彼岸。

4．領袖精神——創業至上的無形資本

創業者是企業的一面精神旗幟，其一言一行都將影響企業的榮辱興衰。對創業者來說，注重塑造領袖精神，遠比積累財富更重要，因為財富可在瞬間贏得或失去，但領袖精神永遠是贏得未來的無形資本。

5．魄力——該出手時就出手

在創業界，往往是風險與機會並存。創業者必須善於發現新生事物，並對新生事物有強烈的探求欲；必須敢於冒險，即使沒有十足把握，也應果斷地嘗試。

6．愛心——創業成功的催化劑

在競爭日趨激烈的今天，產品和企業的公眾形象定位對創業成功與否起著關鍵作用。富有愛心，則是構成誠實、良好商業氛圍的重要因素。從某種角度看，愛心是創業成功的「催化劑」。企業透過積極承擔社會責任，熱情支持公益事業，形成良好的社會口碑，反過來對企業的發展將產生強勁的支持作用。

五、氣質在創業中的實踐意義

1．氣質類型無好壞之分

氣質本身並無好壞之分。氣質並不能決定人的品德，任何氣質類型的人，都既可能養成良好的品質和習慣，也可能形成不良的品質和習慣。李白的詩裡有一句名言：「天生我材必有用」，即是說各類型的氣質都有他的優點和缺點。

2．氣質不能決定創業者創業的社會價值和成就高低

氣質並不能決定潛在創業者的智力發展和社會成就與價值。各氣質類型的創業者的創業活動都可能對社會做出貢獻，取得驚人的成就。

3．氣質可以影響創業者的活動效率、情感及其行動

氣質雖然在創業者的創業活動中不起決定作用，但是它可能影響創業活動的效率。例如，要求做出迅速靈活反應的工作，對於多血質和膽汁質的創業者較為合適，而黏液質和抑鬱質的創業者則難以適應；反之，要求持久、細緻的工作對黏液質、抑鬱質的創業者較為合適，而多血質、膽汁質的人較難適應。

氣質對於形成和改造創業者的某種情感與行動特點或個性特徵等方面，都具有很大的影響。

4．根據人的氣質特徵調動人的積極性

每項創業工作都有自己的特點，不同氣質類型的人對創業項目和創業環境的適應性是不一樣的，所以儘量使人的氣質特點與創業活動的特點相協調，才能各盡其能、各得其所，有利於創業活動。

5．根據人的氣質特徵合理調整創業團隊，增強團隊的戰鬥力

在安排工作的時候，要注意創業團隊中各種氣質類型的適當搭配和互補，形成相容互補型氣質結構的創業團隊，這樣可以克服氣質的消極影響，提高創業團隊的穩定性和有效性，增強創業團隊的凝聚力和戰鬥力。

6．根據人的氣質特徵做好思想工作

不同氣質的人，對挫折、壓力、批評、懲罰的容忍和接受程度不同，對思想感情的接受程度也不同，所以創業團隊在做成員間的思想教育工作、做人員的轉化培養工作的重點就應有所不用，要因人而異。

7．根據人的氣質特徵做好創業團隊人員的選拔和培養工作

創業過程中的各個環節，要求創業者有不同的反應能力，能經受高度的身心緊張，在緊急事件面前沉著冷靜，臨危不懼，這就要求具備相應的氣質特徵。因此，在對這些創業成員的選拔和培養的時候，首先要進行心理測量，確定氣質特點，並進行針對性的訓練和培養，使每個創業者都能發揮其優良的氣質特徵。

擴展閱讀

案例：西遊記師徒四人的氣質類型

《西遊記》是中國四大古典文學名著之一，其中的四位主要人物也表現出四種氣質類型。

西遊記人物分析——唐僧

任何時候他都沒有說過放棄。不管遇到什麼艱難險阻，也不管遇到什麼誘惑。他還是一個非常自律的人，苦行僧般的克制，對自己要求十分嚴格，自我控制和自我約束能力極強，他是團隊的核心。他的這種執著、自律，從氣質類型上看，就屬於抑鬱質。

西遊記人物分析——孫悟空

沒有孫悟空的能量許多事情就沒辦法完成。但是孫悟空是個比較任性的人，容易情緒化，沒有這個緊箍咒，孫悟空肯定是跟不到最後的。我們可以把這個緊箍咒比作團隊的基本的價值取向，孫悟空受緊箍咒的約束，說明他對團隊的基本價值觀是認同的。只要孫悟空偏離團隊目標，唐僧就會念緊箍咒，孫悟空就在地上打滾，從而回到團隊目標的軌道上來。孫悟空能量大，敢作敢為，富有創造力、闖勁、衝勁、任性。從氣質類型上看，屬於膽汁質。

西遊記人物分析──豬八戒

豬八戒的作用也是不可或缺的，人很醜，但很溫柔。脾氣好，天生樂天派。他總是給團隊帶來樂趣、幽默。假若沒有豬八戒的話，團隊氣氛會沒有活力，沒有情趣，變得枯燥無味。八戒還是一個處理人際關係的高手。孫悟空闖禍了，唐僧一氣之下把他攆走了，但真正遇到困難時，又想到孫悟空，要是悟空在就好了。此時八戒出現了，他善解人意，知道唐僧需要他出來說點什麼。八戒還善於與外界打交道，許多外部力量的支持都是八戒爭取來的。他的活力、幽默、善於處理人際關係的特徵，從氣質類型上看是屬於多血質。

西遊記人物分析──沙僧

沙僧是個老黃牛式的人物，可以視為本事不大但對團隊的價值觀念強烈認同的人。團隊中此種人也得有，而且是不可或缺的。如果沒有沙僧的話，我想那副擔子恐怕多數時間只有唐僧自己挑了。孫悟空高興時挑，不高興就撂。給八戒挑吧，心裡還不是很踏實。別看沙僧本事不大但需臾離不開。沙僧本事不大，勤勤懇懇、任勞任怨，勤奮、忠誠、可靠，他的氣質類型就是屬於黏液質。

複習鞏固

1. 什麼是氣質？

2. 氣質類型有哪些？

對一個人來說，真正重要的不是他的背景、他的膚色、他的種族或是他的宗教信仰，而是他的性格。

──尼克森 (R.M.Nixon)

第三節 創業性格

一、性格的定義

性格 (character) 是什麼呢？性格對人的心理活動的影響大嗎？這些問題看起來是非常簡單的，但是要進行實際的分析，還是一個很複雜的問題。主要表現在兩個方面，一方面是因為性格的成因複雜，同時性格的表現也具有多樣性的特點。

性格的心理學釋義為人在對現實的態度以及對此做出的相應的行為表現方式的綜合體現。理解性格概念要重視四點：

1. 每個人對己、待人接物、處理問題，總有一定的態度，並透過一定的行為方式表現出來，如果經常一貫地表現出某些特點，就構成了性格特徵，因此，性格具有穩定性。

2. 由於客觀環境的複雜性和變化性，性格可以在一定條件下得到改變，所以它又具有可塑性。

3. 性格特徵的表現不是孤立的、零亂的，而是具有組織性和系統性的，因此，性格是各種特徵的有機整體。

4. 由於性格集中地表現在對待現實的態度和與之相適應的行動中，而現實總是一定社會的現實，因此，性格大多具有一定社會內容，可以根據它的社會意義區分為好的和壞的，凡是有助於社會進步，符合多數人利益的性格就是好的。

性格決定人的活動方向，在人的個性心理特徵中處於核心地位。

二、性格的特徵

性格是十分複雜的心理構成物。它有著多個側面，包含著多種多樣的性格特徵，這些特徵在每一個個體身上都以一定的獨特方式結合為有機的整體。要把握創業者的性格，首先要瞭解性格的結構特徵。

1．性格的態度特徵

性格的態度特徵，是指個體在對現實生活各個方面的態度中表現出來的一般特徵。創業者對現實的態度表現在三個方面：

一是對社會、集體和他人的態度，如大公無私或自私自利、熱情或冷漠、誠實或虛偽等；

二是對事業、工作、勞動和生活的態度，如勤奮或懶惰、認真負責或粗心大意、節儉樸素或奢侈浮華等；

三是對自己的態度，如自信或自卑、嚴於律己或放任自流等。

2．性格的理智特徵

性格的理智特徵是指個體在認知活動中表現出來的心理特徵。在感知方面，能按照一定的目的任務主動地觀察，屬於主動觀察型，有的則明顯地受環境刺激的影響，屬於被動觀察型；有的傾向於觀察對象的細節，屬於分析型，有的傾向於觀察對象的整體和輪廓，屬於綜合型；有的傾向於快速感知，屬於快速感知型，有的傾向於精確地感知，屬於精確感知型。想像方面，有主動想像和被動想像之分；有廣泛想像與狹隘想像之分。在記憶方面，有主動與被動之分；有善於形象記憶與善於抽象記憶之分等。在思維方面，也有主動與被動之分；有獨立思考與依賴他人之分；有深刻與膚淺之分等。

3．性格情緒特徵

性格的情緒特徵是指個體在情緒表現方面的心理特徵。在情緒的強度方面，有的情緒強烈，不易於控制；有的則情緒微弱，易於控制。在情緒的穩定性方面，有的人情緒波動性大，情緒變化大；有人則情緒穩定，心平氣和。在情緒的持久性方面，有的人情緒持續時間長，對工作學習的影響大；有的人則情緒持續時間短，對工作學習的影響小。在主導心境方面，有的人經常情緒飽滿，處於愉快的情緒狀態；有的人則經常鬱鬱寡歡。

4．性格的意志特徵

性格的意志特徵是指個體在調節自己的心理活動時表現出來的心理特徵。自覺性、堅定性、果斷性、自制力等是主要的意志特徵。自覺性是指在

行動之前有明確的目的，事先確定了行動的步驟、方法，並且在行動的過程中能克服困難，始終如一地執行。與之相反的是盲從或獨斷專行。堅定性是指能採取一定的方法克服困難，以實現自己的目標。與堅定性相反的是執拗性和動搖性，前者不會採取有效的方法，一味我行我素；後者則是輕易改變或放棄自己的計劃。果斷性是指善於在複雜的情境中辨別是非，迅速做出正確的決定。與果斷性相反的是優柔寡斷或武斷、冒失。自制力是指善於控制自己的行為和情緒，與自制力相反的是任性。

三、性格的類型

人的性格是千差萬別的，但異中有同，可以按某種典型的特徵加以歸類，這樣就有了性格類型，不過多數人是屬於中間類型的。心理學家根據的標準不同，所得的結果也就不同。

1．機能類型說

英國的心理學家培因 (A.Bain) 和法國心理學家李波特 (Ribot) 按智力、情緒、意志何者占優勢，將性格分為理智型，情緒型和意志型。

理智型的人通常以理智支配和調節自己的言行，並且深思熟慮地處理問題。

情緒型的人，其行為舉止易受情緒爆發、體驗的影響。

意志型的人則是行動目標非常明確，積極主動，勇於克服困難，行動果斷，自制力強。

2．內外傾向說

內外向的概念首先是榮格 (C.G. Jung) 於 1913 年在他的《心理類型學》一書中提出的。他認為在與周圍世界發生聯繫時，人的心理一般有兩種指向，他稱為定勢。一種定勢指向個體內部世界，叫內向；另一種定勢指向外部環境，叫外向。內向性格是安靜的、富於想像的、愛思考的、退縮的、害羞的和防禦性的，對人的興趣漠然；外向性格是愛交際、好外出、坦率、隨和、樂於助人、輕信、易於適應環境。榮格認為，純粹內向或外向性格的人是很

少的，只是在特定場合下，由於某種情境的影響而傾向於一種占優勢的態度，大多數人是介於內向和外向之間的中間型。後人為了測驗性格的內外向，編製出多種量表。(附二：日本淡元路治郎的向性檢查卡)

3．獨立—順從說

這種學說按照個體的獨立性，把性格分為獨立型和順從型兩類，獨立型的人具有個人信念的堅定性，善於獨立發現和解決問題，有主見，並喜歡把自己的意見強加於人，在困難環境中不慌張失措，不易受外界的影響，較少依賴他人。順從型的人則表現為獨立性差，缺乏主見，易受暗示，行動易為他人左右，解決問題時猶豫不決，難以適應緊急的情況。

4．社會文化價值觀說

德國教育學家和哲學家斯普蘭格 (E. Spranger)，曾任萊比錫大學和柏林大學的教授。他認為，人以固有的氣質為基礎，同時也受文化的影響。他在《生活方式》一書中提出，社會生活有六個基本的領域(理論、經濟、審美、社會、權力和宗教)，人會對這六個基本領域中的某一領域產生特殊的興趣和價值觀。據此，他將人的性格分為六種類型(理論型、經濟型、審美型、社會型、權力型和宗教型)。這種類型劃分是一個理想模型，具體的個人通常是主要傾向於一種類型而兼有其他類型的特點。

(1) 理論型的人

該類型的人以追求真理為目的，能冷靜客觀地觀察事物，關心理論性問題，力圖根據事物的體系來評價事物的價值，碰到實際問題時往往束手無策。他們對實用和功利缺乏興趣。多數理論家和哲學家屬於這種類型。

(2) 經濟型的人

該類型的人總是以經濟的觀點看待一切事物，以經濟價值為上，根據功利主義來評價人和事物的價值和本質，以獲取財產為生活目的。實業家大多屬於這種類型。

(3) 審美型的人

該類型的人以美為最高人生意義,不大關心實際生活,總是從美的角度來評價事物的價值。以自我完善和自我欣賞為生活目的。藝術家屬於這種類型。

(4) 社會類型的人

該類型的人重視愛,有獻身精神,有志於增進社會和他人的福利。努力為社會服務的慈善、衛生和教育工作者屬於這種類型。

(5) 權力型的人

該類型的人重視權力,並努力去獲得權力,有強烈的支配和命令別人的慾望,不願被人所支配。

(6) 宗教型的人

該類型的人堅信宗教,有信仰,信奉上帝,富有同情心,以慈悲為懷。愛人愛物為目的的神學家屬於這種類型。奧爾波特指出,每個人或多或少地具有這六種價值傾向,並不表示真有這六種價值類型的人存在。

四、性格的形成與發展

德國詩人歌德 (J.W.V.Goethe) 說:「才能自然形成,性格則涉人世之風波而塑成。」人的性格並非是與生俱來的,而是隨人生的歷程而形成和發展的。

在性格形成和發展的問題上,歷史上有兩種極端的觀點。一種是遺傳決定論,另一種是環境決定論。現在持極端看法的人已經很少了。一般認為,性格是遺傳因素和環境因素相互作用的結果。其中,遺傳因素是性格形成的自然基礎和發展的潛在能力,遺傳為性格發展提供可能性或遺傳潛勢。在遺傳與環境的相互作用過程中,環境(特別是教育環境)把這種可能性轉化為現實性。因此,環境因素在性格的形成和發展中起決定作用。影響創業者性格的因素雖然有很多,但就其形成和發展來說,不外乎以下兩方面:

生理因素:主要包括體格、體型、性別等因素。

環境因素：主要包括家庭、學校、社會文化等因素。

在個體生活中那種偶然性的表現不能被認為是一個創業者的性格特徵。只有那些經常的習慣表現才能被認為是個體的性格特徵。也就是說只有那些被他人感受到的習慣行為，才能決定此人的性格，可以用下列公式表示：

習慣 a* 習慣 b* 習慣 c …… * 習慣 n= 性格

五、創業性格

世上萬物，都不是一成不變的。性格是可以改造的，任何一個人都完全可以在實踐中克服性格缺陷、戰勝性格弊端、改變性格類型，不斷豐富和完善自我。

性格並不是能不能創業的標準和門檻，內向與外向的性格都不是創業的最需性格，創業者的最佳性格應該是內外兼而有之的綜合型(複合型)性格，具備這種性格的人往往辦事認真、決策果斷、善於應變、周到穩妥，具有優良的人格魅力。

性格和創業沒有絕對的關係，當自己感覺「不適合創業」的時候，應該仔細想一想，為什麼自己會有這樣的疑問。什麼樣的性格最適合創業呢？什麼樣的性格又不適合創業呢？

1．最適合創業的性格

(1) 堅韌不拔、持之以恆

無論做什麼事都能持之以恆，善始善終，決不虎頭蛇尾、半途而廢。

(2) 有信心，自我肯定

任何一個人，當他昂首挺胸、大步前進的時候，心裡會有諸多潛臺詞──「我能行」，「我的目標一定能達到」，「我會幹得很好」，「小小的挫折對我來說不算什麼」……假如每一個創業者都有這樣的心態，一定會在不斷的自我肯定中走向成功！

(3) 誠實守信

誠信是立人之本，商貿之魂。要想在社會上立足，幹出一番事業，就必須具有誠實守信的品德。

(4) 樂觀、積極向上

雨果 (Hugo Victor) 說過：「青年人，我們要鼓足勇氣！不論現在有人要怎樣與我們為難，我們的前途一定美好。」

(5) 吃苦耐勞

凡事不可能都一帆風順，逆境中更需要創業者具備吃苦耐勞的性格。成功的創業者恐怕沒有哪一個不經歷些風風雨雨，吃得苦中苦，方為人上人。

(6) 富於冒險精神

創業本身就具有極大的挑戰性，作為公司的帶頭人在要求公司所有員工加強學習迎接挑戰的同時，更要帶領大家打造一支敢於冒險的團隊，正所謂「富貴險中求」。

(7) 勤儉，熱愛公益事業，懷有一顆感恩的心

家有萬貫，也難敵奢靡。有一顆感恩的心，才知道回饋，才能更好地成就事業。一個人的事業如果對社會、對人類沒有什麼意義，這份事業也不能稱之為「事業」。熱愛公益事業是一個人最好的事業歸屬！

(8) 善良正直、謙虛好學

這是中華民族自古的傳統美德，也是為人的基本品性。因善良正直而擁有良好的人際關係網，一個好漢三個幫，孤軍奮戰再有能力的人才也成不起什麼大事業；因謙虛好學而有進取心、主動性，不斷創新，適應激烈的市場競爭，在競爭中穩步前進。

(9) 自主、自律、自強、自立

自主、自律、自強、自立的性格在創業人生中的重要性是顯而易見的。

2．不適合創業的性格

(1) 膽小怕事、毫無主見的人；

(2) 患得患失卻又容易自滿自足的人；

(3) 優越感過強的人；

(4) 感情用事的人；

(5)「多嘴多舌」與「固執己見」的人；

(6) 態度傲慢的人；

(7) 僵化死板的人；

(8) 唯上是從，只會說「是」的人；

(9) 好吃懶做、偷懶的人。

生活中的心理學

案例：誰來創業更合適

李廠長和王廠長原是某電子電器工業公司兩個分廠小主管，現在他倆出來各自創業。

李廠長性格開朗，精力充沛。善言談，好交際，活動能力很強，積極開展橫向聯繫，在全國開設了 200 多個經銷點，30 多個下游企業，效益都很顯著。他擔任了企管協會分會的理事，在協會中積極活動，在各方面的關係都融洽，這些對廠裡工作多有促進。李廠長事業心強，一心都在工作上，早出晚歸，南來北往，一年到頭風塵僕僕，不辭辛苦。該廠曾被評為企業管理優秀公司，李廠長獲優秀廠長稱號，該廠的產品也被評為優質產品。但李廠長也有一個明顯的缺點，這就是驕傲自滿，自以為是，常常盛氣凌人，有時性情急躁，弄不好還會暴跳如雷，不太把公司的主管放在眼裡，經常頂撞他們，公司的「指令」常常被他頂回去，因此公司上級對他這一點頗為不滿。各科室也不太願意和他打交道，他跟公司下屬的其他幾個協力廠關係也不融洽。

王廠長性格內向，沉穩，不喜歡大大咧咧地發議論，對什麼事情總是要深思熟慮，三思而後行，人們說他「內秀」。他對自己創業今後 5 年的發展，有一個遠景規劃，聽起來切實可行，也頗鼓舞人心。對一些出風頭的社會活

動，他不太喜歡參加，但對各種開闊思路的業務技術講座卻很感興趣。他和各界的關係都很好，積極支持他們的工作。他待人謙和，彬彬有禮，和本公司上下左右關係都不錯，公司有什麼事，只要打招呼，他就幫助解決了。因此，他的人緣很好，廠裡進行民意測驗，幾乎異口同聲地稱讚他。

李廠長和王廠長誰更合適自己創業呢？

複習鞏固

1. 什麼是性格？

2. 性格類型學說有哪些？

3. 舉例說明哪些屬於良好的創業性格？

創業前，很多困難你都不會把它認為是困難，當它突然成為你的困難時，很多人會承受不了壓力，就放棄了，這樣的人一定是不能成功。

——史玉柱

第四節 創業能力

一、何謂創業能力

能力 (ability)，就是指順利完成某一活動所必需的主觀條件。能力是直接影響活動效率，並使活動順利完成的個性心理特徵。

能力總是和人完成一定的活動相聯繫在一起的。一方面，人的能力是在活動中形成、發展和表現出來的；另一方面，從事某種活動又必須以一定的能力為前提。離開了具體活動既不能表現人的能力，也不能發展人的能力。一個人的能力不同，那麼他的成就也就不同，人的能力越大，成就就會越大。

智力是一種偏重於認識方面的能力，這種看法被許多人贊同。例如，朱智賢教授認為：「智力是人的一種心理特性或個性特點，是偏重於認識方面的特點……」董純才教授等認為：「智力是使人順利地從事多種活動所必需的各種能力的有機結合，其核心成分是抽象思維能力。」也有提出智力就是

能力，如林傳鼎教授指出：「智力就是能力或智慧，即人們運用知識技能的能力。」

創業能力是一種特殊的能力，成功地完成創業活動所需要的因素是多方面的，能力是創業者成功地創業的必要條件，這種特殊能力往往影響創業活動的效率和創業的成功。創業能力包括決策能力、經營管理能力、專業技術能力、交往協調能力和創新能力組成。

1．決策能力

決策能力是指創業者根據主客觀條件，因地制宜，正確地確定創業的發展方向、目標、戰略以及具體選擇實施方案的能力。決策是一個人綜合能力的表現，一個創業者首先要成為一個決策者。透過各種管道認真聽取與分析各方面意見，並不失時機地做出科學合理的決策。創業者的決策能力通常包括：分析、判斷能力和創新能力。創業者要創業，首先要從眾多的創業目標以及方向中進行分析比較，選擇最適合發揮自己特長與優勢的創業方向和途徑、方法。在創業的過程中，能從錯綜複雜的現象中發現事物的本質，找出存在的真正問題，分析原因，從而正確處理問題，這就要求創業者具有良好的分析能力。所謂判斷能力，就是能從客觀事物的發展變化中找出因果關係，並善於從中把握事物的發展方向，分析是判斷的前提，判斷是分析的目的，良好的決策能力是良好的分析能力加果斷的判斷能力。創業實際就是一個充滿創新的事業，所以創業者必須具備創新能力，有創新思維，無思維定勢，不墨守成規，能根據客觀情況的變化，及時提出新目標、新方案，不斷開拓新局面，創出新路子，可以說，不斷創新是創業者不斷前進的關鍵環節。

2．經營管理能力

經營管理能力是指對人員、資金的管理能力。它涉及人員的選擇、使用、組合和優化，也涉及資金聚集、核算、分配、使用、流動。經營管理能力是一種較高層次的綜合能力，是運籌性能力。經營管理能力的形成要從學會經營、學會管理、學會用人、學會理財幾個方面去努力。

學會經營。創業者一旦確定了創業目標，就要組織實施，為了在激烈的市場競爭中取得優勢，必須學會經營。

　　學會管理。要學會質量管理，要始終堅持質量第一的原則。質量不僅是生產物質產品的生命，也是從事服務業和其他工作的生命，創業者必須嚴格樹立牢固的質量觀。要學會效益管理，要始終堅持效益最佳原則，效益最佳是創業的終極目標。可以說，無效益的管理是失敗的管理，無效益的創業是失敗的創業。做到效益最佳要求在創業活動中人、物、資金、場地、時間的使用，都要選擇最佳方案運作。做到不閒人員和資金、不空設備和場地、不浪費原料和材料，使創業活動有條不紊地運轉。學會管理還要敢於負責，創業者要對本企業、員工、消費者、顧客以及對整個社會都抱有高度的責任感。

　　學會用人。市場經濟的競爭是人才的競爭，誰擁有人才，誰就擁有市場、擁有顧客。一個學校沒有品學兼優的教師，這個學校必然辦不好，一個企業沒有優秀的管理人才、技術人才，這個企業就不會有好的經濟效益和社會效益，一個創業者不吸納德才兼備、志同道合的人共創事業，創業就難以成功。因此，必須學會用人。要善於吸納比自己強或有某種專長的人共同創業。做到知人善任，善於發現、使用、培養人才，充分調動他們的主觀能動性。

　　學會理財。學會理財首先要學會開源節流。開源就是培植財源，在創業過程中除了抓好主要項目創收外，還要注意廣辟資金來源。節流就是節省不必要的開支、樹立節約每一滴水、每一度電的思想。大凡百萬富翁、億萬富翁都是從幾百元、幾千元起家的，都經歷了聚少成多、勤儉節約的歷程。其次，要學會管理資金。

　　一是要把握好資金的預決算，做到心中有數；

　　二是要把握好資金的進出和周轉，每筆資金的來源和支出都要記帳，做到有帳可查；

　　三是把握好資金投入的論證，每投入一筆資金都要進行可行性論證，有利可圖才投入，大利大投入、小利小投入，保證使用好每一筆資金。

總之，創業者心中時刻裝有一把算盤，每做一件事、每用一筆錢，都要掂量一下是否有利於事業的發展，有沒有效益，會不會使資金增值，這樣，才能理好財。

要講誠信。就創業者個人而言，誠信乃立身之本，「言而無信，不知其可也。」創業者在創業過程中，若不講信譽，就無法開創出自己的事業；失去信譽，就會寸步難行。誠信，一是要言出即從；二是要講質量；三是要以誠信動人。

3．專業技術能力

專業技術能力是創業者掌握和運用專業知識進行專業生產的能力。專業技術能力的形成具有很強的實踐性。許多專業知識和專業技巧要在實踐中摸索，逐步提高、發展、完善。創業者要重視創業過程中積累專業技術方面的經驗和職業技能的訓練，對於書本上介紹過的知識和經驗在加深理解的基礎上予以提高、拓寬；對於書本上沒有介紹過的知識和經驗要探索，在探索的過程中要詳細記錄、認真分析，進行總結、歸納，上升為理論，形成自己的經驗特色。只有這樣，專業技術能力才會不斷提高。

4．交往協調能力

交往協調能力是指能夠妥善地處理與公眾（政府部門、新聞媒體、客戶等）之間的關係，以及能夠協調下屬各部門成員之間關係的能力。創業者應該做到妥當地處理與外界的關係，尤其要爭取政府部門的支持與理解，同時要善於團結一切可以團結的人，團結一切可以團結的力量，求同存異、共同協調的發展，做到不失原則、靈活有度，善於巧妙地將原則性和靈活性結合起來。總之，創業者搞好內外團結，處理好人際關係，才能建立一個有利於自己創業的和諧環境，為成功創業打好基礎。

協調交往能力在書本上是學不到的，它實際上是一種社會實踐能力，需要在實踐活動中學習，不斷積累總結經驗。這種能力的形成：

一是要敢於與不熟悉的人和事打交道，敢於冒險和接受挑戰，敢於承擔責任和壓力，對自己的決定和想法要充滿信心、充滿希望；

二是養成觀察與思考的習慣。社會上存在著許多複雜的人和事，在複雜的人和事面前要多觀察多思考，觀察的過程實質上是調查的過程，是獲取訊息的過程，是掌握第一手材料的過程，觀察得越仔細，掌握的訊息就越準確。並且觀察之後必須進行思考，做到三思而後行；

三是處理好各種關係。可以說，社會活動是靠各種關係來維持的，處理好關係要善於應酬。應酬是職業上的「道具」，是處事待人接物的表現。心理學家稱：應酬的最高境界是在毫無強迫的氣氛裡，把誠意傳達給別人，使別人受到感應，並產生共識，自願接受自己的觀點。搞好應酬要做到寬以待人、嚴於律己，儘量做到既瞭解對方的立場又讓對方瞭解自己的立場。協調交往能力並不是天生的，也不是在學校裡就形成了的，而是走向社會後慢慢積累社會經驗，逐步學習社會知識而形成的。

5．創新能力

創新是知識經濟的重點，是企業化解外界風險和取得競爭優勢的有效途徑，創新能力是創業能力中的重要組成部分。它包括兩方面的含義，

一是大腦活動的能力，即創造性思維、創造性想像、獨立性思維和捕捉靈感的能力；

二是創新實踐的能力，即人在創新活動中完成創新任務的具體工作的能力。

創新能力是一種綜合能力，與人們的知識、技能、經驗、心態等有著密切的關係。具有廣博的知識、紮實的專業基礎知識、熟練的專業技能、豐富的實踐經驗、良好的心態的人容易形成創新能力，它取決於創新意識、智力、創造性思維和創造性想像等。創業者要有強烈的時代感和責任感，敢於開拓進取，不斷創新，並保持思維的活躍。不斷吸取新的知識和訊息，開發新產品，創造新方法，使自己的事業不斷充滿活力和魅力。

上述五個方面的基本能力中，每一項基本能力均有其獨特的地位與功能，任何一個方面都會影響其他要素的形成和發展，影響其他要素的功能和作用的發揮，乃至影響創業的成功。因此一個未來的創業者，不僅要注意在環境

和教育的雙重影響下培養自己的創業能力，而且要重視其整體結構的優化，在創業實踐中不斷提高自我的創業能力。

二、能力的結構劃分

1．因素構成理論

(1) 二因素說

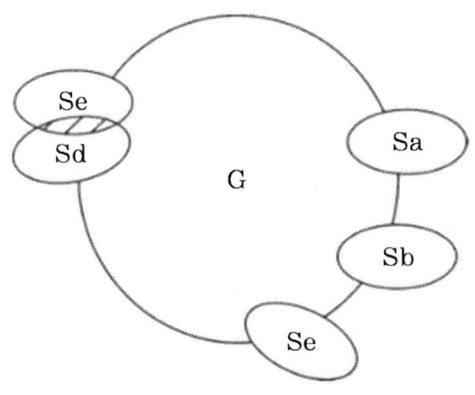

圖4-2 二因素說

20世紀初，英國心理學家和統計學家斯皮爾曼 (C.E. Spearman) 提出了能力的二因素說。這個學說認為，能力是由兩種因素構成的，一個是一般因素，稱為G因素；一個是特殊因素，稱為S因素。G因素是每一種活動都需要的，是人人都有的，但每個人的G的量值有所不同；所謂一個人「聰明」或「愚笨」，正是由G的量的大小決定的。由此，斯皮爾曼認為，一般因素G在智力結構中是第一位的和重要的因素。

特殊因素S因人而異，即使是同一個人，也有不同種類的S，它們與各種特殊能力如言語能力、空間認知能力等相對應，每一個具體的S只參加一個特定的能力活動。完成任何一種活動，都需要由一般能力因素G和某種特殊的能力因素S共同承擔。比如，言語能力由G和S構成，空間認知能力由G和S構成。

斯皮爾曼用一般因素 G 來解釋不同測驗間的相關。他指出，不同測驗測的總是一般因素 G 和某種特殊因素 S，既然各測驗都含有 G 因素，那麼它們就必然有一定相關。

(2) 群因素說

群因素說是由美國心理學家塞斯頓 (L.L.Thurstone) 經過運用由他創造的另一種因素分析方法對能力因素進行處理而提出的。塞斯頓反對斯皮爾曼的強調一般能力的二因素說，而是認為：任何能力活動都是依靠彼此不相關的許多能力因素共同起作用的，因此，可以把能力分解為諸種原始的能力。

塞斯頓對 56 種測驗的結果進行了因素分析，最後確定了 7 種原始的能力，即詞的理解、言語流暢性、數字計算能力、空間知覺能力、記憶能力、知覺速度和推理能力。

塞斯頓用這 7 種基本因素構造了一個智力測驗。按他本人的理論，既然任何能力都由這 7 種不相關的原始能力共同起作用，那麼關於這 7 種原始能力的測驗結果之間應當是毫不相關的。但塞斯頓並未如願以償，結果發現，所謂的 7 種原始能力之間仍有一定的相關，並不是完全獨立的。後來，塞斯頓及其追隨者們又做了大量的補充工作。但近來人們已意識到，要找出所謂「純」的基本因素，似乎是不可能的。

能力究竟是一種一般性的單一因素呢，還是多種特殊的不相干的能力因素的混合物？基本上可以認為：能力的結構中，確有一些特殊的成分對某些特殊的能力活動起特定的作用，但也還有某種一般的能力，它對所有的能力活動都起著必要的作用。

1967 年，美國心理學家吉爾福特 (J.P.Guilford) 提出智力三維結構模型。如圖 4-3，他認為，智力結構應從操作、內容、產品三個維度去考慮。智力的第一個維度是操作，即智力活動過程，包括認知、記憶、發散思維、聚合思維、評價 5 個因素；第二個維度是內容，即智力活動的內容，包括圖形、符號、語義、行為 4 個因素；第三個維度是產品，即智力活動的結果，包括單元、門類、關係、系統、轉換、蘊含 6 個因素。把這 3 個變項組合起來，

會得到 4×5×6=120 種不同的智力因素。吉爾福特把這些構想設計成立方體模型，共有 120 個立體方塊，每一立方塊代表一種獨特的智力因素。

1971 年，吉爾福特將智力加工內容維度中的圖形分為視覺和聽覺兩部分，智力因素為 150 種。1988 年，他又將智力活動過程中的記憶分為短時記憶和長時記憶兩部分，至此，將智力分為 180 種元素。

吉爾福特的智力三維結構模型，是當前西方比較流行的一種智力理論。它對我們認識智力結構的複雜性、把握各智力要素之間的關係、啟發我們對智力結構進行深入細緻的討論，都具有積極意義。

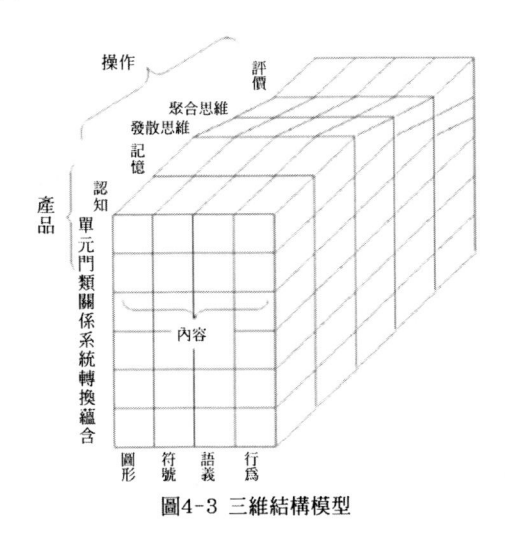

圖4-3 三維結構模型

2．層次結構理論

20 世紀 60 年代，英國心理學家阜南 (P.E.Vernon) 提出了能力的層次結構理論。他認為，能力是按等級層次組織起來的，最高層次是一般因素，相當於斯皮爾曼的 G 因素；其次是言語教育能力和操作機械能力兩大因素群；第三層是小因素群，如言語教育能力又可分為言語因素、數量因素等；最後是特殊因素，相當於斯皮爾曼的 S 因素。

其實，阜南的層次結構理論是在斯皮爾曼的 G 因素和 S 因素之間增加了兩個層次，是斯皮爾曼二因素論的深化。

3・三元智力理論

當代美國心理學家斯騰伯格 (R.J. Sternberg) 從訊息加工心理學的角度出發,提出了三元智力理論。他認為,智力理論可分為三個分理論:情境分理論,闡明智力與環境的關係;經驗分理論,闡述智力與個人經驗的關係;成分分理論,揭示智力活動的內在心理結構。其中,智力成分結構有三個層次:元成分,是高級管理成分,其作用是實現控制過程,包括在完成任務過程中的計劃、鑑別和決策;操作成分,其作用是執行元成分的指令,進行各種認知加工操作,如編碼、推斷、提取、應用、存貯、反饋等;知識獲得成分,學會如何解決新問題,如何選擇解決問題的策略等。

三元智力理論是現代智力理論的代表之一,它與當代認知心理學的發展產生了契合,使智力理論的研究有了突破性進展,不再侷限於傳統的因素分析方法,為今後的智力理論與實踐的研究指出了一條可行之路。

4・多元智力理論

美國心理學家加德納 (M.Gardner) 認為,現行智力測驗的內容,因偏重對知識的測量,結果是窄化了人類的智力,甚至曲解了人類的智力。按照加德納的解釋,智力是在某種文化環境的價值標準之下,個體用以解決問題與生產創造所需的能力。主要包括以下 7 種能力:語言能力,包括說話、閱讀、書寫的能力;音樂智力,包括對聲音的辨識與韻律表達的能力;邏輯數理智力,包括數字運算與思維思考的能力;空間智力,包括認識環境、辨別方向的能力;身體運動智力,包括支配肢體以完成精密作業的能力;內省智力,包括認識自己並選擇自己生活方向的能力;人際智力,包括與人交往且和睦相處的能力。

三、影響能力發展的因素

當前,越來越多的人認為,遺傳因素和環境因素對能力的形成和發展都是重要的,主要是兩者相互作用的結果。個體的能力是在遺傳和環境兩大因素支配下由成熟和學習交互作用的結果。遺傳決定論和環境決定論都有極大的片面性,不能正確解釋能力發展問題。現代心理學研究表明,不能證實

能力的發展只是由遺傳或環境單一因素所決定。美國心理學家阿納斯塔西(A.Anastasi) 指出：「二三十年前，遺傳和環境關係的問題曾經是人們激烈爭論的中心，但這已為今天的許多心理學家所忘卻。現在大家普遍認為，遺傳和環境兩者共同影響著人的全部行為。」「有些能力先天成分較多，有些能力後天學習成分較多，它往往是遺傳和學習二者相互作用的結果。」至於遺傳和環境如何相互作用，它們各自對智力的影響是什麼，這是一個非常複雜的問題，目前還沒有搞清楚。

應該指出，遺傳因素和環境因素的作用是無法分離的，兩者相互依存，彼此滲透，致使能力得到發展。沒有環境，遺傳的作用是無法體現出來的；沒有遺傳作為最初的基礎，環境無法產生影響。中國古代哲學家、教育家荀子指出：「無性，則偽之無所加；無偽，則性不能自美。」

1・遺傳因素在能力發展中的作用

遺傳就是父母把自己的性狀結構和機能特點傳給子女的現象。基因(GENE) 是遺傳的基本單元。

心理學家一般都認可遺傳因素在能力發展中的作用，但對在能力發展中遺傳因素和環境因素的相對作用的看法就不盡相同了。

1963 年厄倫邁耶·金林 (Erlenmeyer Kimling) 和賈維克 (Jarvik) 總結了過去半個世紀中八個國家中 52 個血緣與智商研究的成果。

在智力的形成和發展中，遺傳因素的作用是重要的。同卵雙生子之間的智商相關最高，無血緣關係者之間的智商相關最低；生父母與生子女之間的智商比養父母與養子女之間相關高，這是因為前者包括遺傳因素的作用和環境因素的作用，後者只包括環境因素的作用。

在智力的形成和發展中，環境因素的作用是存在的。無血緣關係而生活在同一環境者，其智商有中度相關；異卵雙生子之間的遺傳關係與普通兄弟姐妹之間的遺傳關係是相同的，但同性別的異卵雙生子在同一環境長大者比同胞兄弟姐妹在同一環境長大者的智商要高，這是因為異卵雙生子無論是胎兒期或出生後所處的環境，其相同之處要比普通兄弟姐妹之間多，尤其是異

卵雙生子中同性別者智商相關要高於不同性別者，因為同性別的雙生子所接受的教育方式大體上是相同的。

2．環境因素在能力發展中的作用

環境指客觀現實，包括自然環境和社會環境。一般認為，大多數兒童的素質是相差不大的，其能力發展所以有差異是由環境、教育和實踐活動所造成。

環境對智力發展的影響，經常用個體後天智力的變化發展來說明。有些心理學家認為，每個人從遺傳所得到的潛在能力是不一樣的，這種潛在能力開發到什麼程度，則取決於環境。許多研究表明：在良好環境中生活的兒童，智力能很好地發展。德尼斯等人在孤兒院做過研究，發現留在孤兒院的兒童的智力發展慢，智商平均只有 53，而被領養的兒童智商發展快，平均達到 80，特別是年齡很小時就被領養的兒童，他們的智商可以達到 100。

在環境因素中，社會生產方式是影響能力發展的最重要的因素。一定的社會生產力和生產關係對能力發展起著重要作用。生產力影響經濟生活、科學文化水準和教育水準，從而影響人的智力發展。在生產關係方面，傳統社會剝奪了勞動階層子女受教育的權利，使能力發展受到阻礙。在現代教育普及，廣大兒童都能入學，極大地促進了能力發展。

社會生活條件對能力發展的決定作用，通常是透過教育來實現的。教育是一種有目的、有計劃、有系統的活動。教育在能力發展中起主導作用。在教育過程中，兒童在掌握知識和技能的同時也就發展了能力。在人的一生中，教育對人的智力發展都有作用。近幾十年來，人們愈來愈認識到早期教育對智力發展的重要性。這是因為，人類的生命早期是發展的重要時期，在這個時期給以良好的教育會取得事半功倍的效果。早期教育不僅影響兒童當前的智力水準，而且還會影響他們以後的智力發展。

四、創業者如何提高創業能力

1．前期準備

創業者進行創業必須要有投身創業的理想和志向，否則，往往被創業過程中的困難、挫折所嚇倒。有創業志向的創業者應樹立崇高的理想和志向，有意識地培養創業的意志品質。在樹立崇高理想的基礎上，和實際學習目標結合起來，在學習過程中不怕困難和挫折，嚴於律己，出色地完成學業。同時，應積極參加各種實踐活動，在確立目的、制定計劃、選擇方法、執行決定和開始行動的整個實踐活動中，實現意志目的，鍛鍊意志品質。在此基礎上，還應加強意志的自我鍛鍊，注意培養提高自我認識、自我檢查、自我監督、自我評價、自我命令、自我鼓勵的能力。此外，培養健全的體魄，也是鍛鍊堅強意志品質的重要途徑。

2・過程調整

　　創業者要想培養商業意識，就應用心去鑽研有關商業知識。特別是在創業實踐中善於觀察分析，把握事物的本質，善於收集和利用訊息，摸清市場運行的基本規律，積極主動去尋找和創造商業機會。同時，創業者要想挖掘自己的智慧潛能，就必須認識智慧潛能是一個內涵十分豐富而又極其複雜的綜合概念。因此，在鍛鍊和培養自己的創業能力時，不能侷限於單純從成才的方面去尋求提高的捷徑，而必須在多方面打好紮實的基礎知識，既要透過學習增長知識和智力，還要透過創業和實踐來增長才能，也要透過創業過程中的競爭和自我否定增長才能，以求得創業才能的綜合性提高。

3・掌握心理變化

　　在整個創業過程中創業者一般都將經歷如下歷程：首先，不甘學習、生活和發展現狀，建立創業發展規劃目標，組織創業團隊，為目標實現奮鬥；接下來，不考慮任何物質利益的嘗試，挫敗，失敗，再嘗試，挫折，局部成功；最後，成功的點逐步增多，成功量的累積到階段性的飛躍，最終走向成功。伴隨這樣的進展過程，創業者心態也將發生變化：由起初的興趣、特長和愛好，目標和熱情，團隊工作的樂趣，夢想和理想化的前景激烈；接下來是挫折、懷疑和信心的反覆摧殘和重建；最後是重新評估核對目標和自身的再認識。

創業心理學
第四章 創業個性心理特徵

　　與創業進程心理變化相對應的學習過程：起初，被動盲目學習和積累，專注目標直接相關內容，擴大目標外延，理解目標的社會背景和真實必要條件；接下來在嘗試、失敗、總結、調整的循環中發現缺陷（包括知識、能力甚至目標本身）並改進，領悟隱藏在市場、技術、商業背後的秘密即規律性，有的放矢地學習；最後，形成自己的觀點和思維體系—有選擇的補充和提升知識水準。

　　因此，創業能力一方面需要事先有意識地培養，另一方面需要在創業過程中不斷完善提高。

生活中的心理學

　　能人與完人

　　古時，一個越國人為了捕鼠，特地弄回一隻擅於捕老鼠的貓，這隻貓擅於捕鼠，也喜歡吃雞，結果越國人家中的老鼠被捕光了，但雞也所剩無幾，他的兒子想把吃雞的貓弄走，父親卻說：「禍害我們家中的是老鼠不是雞，老鼠偷我們的食物咬壞我們的衣物，挖穿我們的牆壁損害我們的家具，不除掉它們我們必將挨餓受凍，所以必須除掉它們！沒有雞大不了不吃罷了，離挨餓受凍還遠著哩！」

　　金無足赤，領導者對人才不可苛求完美，任何人都難免有些小毛病，只要無傷大雅，何必過分計較呢？最重要的是發現他最大的優點，能夠為企業帶來怎樣的利益。比如，美國有個著名的發明家洛特納，雖然酗酒成性，但是福特公司還是誠懇邀請其去福特公司工作，最後，此人為福特公司的發展立下了汗馬功勞。

　　現代化管理學主張對人實行功能分析：「能」，是指一個人能力的強弱，長處短處的綜合；「功」，是指這些能力是否可轉化為工作成果。結果表明：寧可使用有缺點的能人，也不用沒有缺點的平庸的「完人」。

複習鞏固

　　1. 請簡要闡述創業能力可以分為哪幾個方面。

2. 請闡述創業者提高自身創業能力的方法有哪些。

要點小結

個性心理特徵

1. 每個人的先天因素不同，生活條件不同，所受的教育、影響不同，所從事的實踐活動不同，因此，心理過程在每個人身上產生時總是帶有個人的特徵，這就形成了每個人的氣質、性格、能力的不同。

2. 在創業者身上，應該有一些特別的東西，至少是個性突出的人。個性貫穿著人的一生，能影響創業者的一生。

創業氣質

氣質無好壞之分。創業者氣質並不是簡簡單單就能培養起來的，創業者不僅要摒棄性格中的糟粕，更要能吸收各種完善自我的養料，讓自己在不斷的進步中迅速成長起來。

創業性格

性格並不是能不能創業的標準和門檻，內向與外向的性格都不是創業的最需性格，創業者的最佳性格應該是內外兼而有之的綜合型(複合型)性格，具備這種性格的人往往辦事認真、決策果斷、善於應變、周到穩妥，具有優良的人格魅力。

創業能力

1. 創業能力包括決策能力、經營管理能力、專業技術能力、交往協調能力和創新能力組成。

2. 創業能力一方面需要事先有意識地培養，另一方面需要在創業過程中不斷完善提高。

關鍵術語

個性 (Personality)

第四章 創業個性心理特徵

氣質 (Temperament)

性格 (Character)

能力 (Ability)

選擇題

1. 個性傾向性——指人對社會環境的態度和行為的積極特徵，以下哪幾項屬於個性傾向性（ ）。

a. 理想 b. 興趣

c. 信念 d. 價值觀

2. 馬斯洛的需求層次理論，共分為五層，最底層的是生理需要，其他分別是（ ）。

a. 安全需要 b. 歸屬和愛的需要

c. 尊重需要 d. 自我實現需要

3. 關於氣質學說，有（ ）。

a. 中國古代的陰陽五行說

b. 古希臘的體液學說

c. 日本心理學家古川竹二的氣質血型說

d. 德國克瑞奇米爾的氣質體型說

e. 俄國巴夫洛夫的氣質高級神經活動類型說

4. 蘇聯巴夫洛夫的氣質高級神經活動類型說，將氣質分為（ ）。

a. 多血質 b. 膽汁質

c. 黏液質 d. 抑鬱質

5. 創業者的氣質可以是（ ）。

a. 誠信 b. 自信

c. 勇氣 d. 領袖精神

6. 氣質在創業中有什麼實踐意義？（ ）

a. 氣質可以影響創業者的活動效率、情感及其行動

b. 根據人的氣質特徵調動人的積極性

c. 根據人的氣質特徵合理調整創業團隊，增強團隊的戰鬥力

d. 根據人的氣質特徵做好創業團隊人員的選拔和培養工作

7. 英國心理學家培因和法國心理學家李波特按智力、情緒、意志何者占優勢，將性格分為（ ）。

a. 理智型

b. 情緒型

c. 意志型

8. 關於性格的形成因素，在生理因素方面，主要包括以下哪些因素？（ ）

a. 遺傳 b. 體格

c. 體型 d. 性別

9. 二因素說是由誰提出來的？（ ）

a. 斯皮爾曼 b. 塞斯頓

c. 吉爾福特 d. 阜南

10. 加德納的多元智力理論將能力分為七種，包括以下的（ ）。

a. 語言能力 b. 音樂智力

c. 邏輯數理智力 d. 空間智力

第五章 創業個性傾向性

第五章 創業個性傾向性

如何塑造良好的創業個性傾向性，是每個創業者和創業教育者關心的問題，將創業行為與心理學中的個性傾向性相結合，我們稱之為創業個性傾向性，它是創業者的需要、動機與期望等動力特徵的集合。創業個性傾向性主要包括創業需要、創業動機、創業期望、創業興趣、創業信念、理想、世界觀、價值觀等。本章將重點學習創業個性傾向性中的創業需要、創業動機以及創業期望。

有自信不一定會贏，但是，沒有自信一定會輸。既然相信自己，就要全力以赴。

——牛根生

第一節 創業需要

一、需要的含義

心理學家已初步探明，人類行為的一切動力都起源於需要 (needs)，需要是人動力的源泉。所以要瞭解創業者的行為動力必須先從創業需要入手。

根據心理學家對於需要的定義，需要是個體感到某種缺乏而力求獲得滿足的心理傾向，它是個體自身和外部生活條件的要求在頭腦中的反映。那麼創業需要就是創業者感到物質或精神上的缺乏而力求獲得滿足的心理傾向，它是創業者自身外部生活條件和社會環境的要求在頭腦中的反映。

需要是複雜多樣的，但無論多麼複雜的需要一般都具有如下幾個特徵：

1．對象性

需要總是指向一定對象的。創業者的某種「缺乏」總是特定對象的缺乏，這種特定對象或是物質的或是精神的，因此，也只有某種對象才能使其獲得滿足。

2．階段性

人的需要是隨著年齡、時期的不同而發展變化的。也就是說個體在發展的不同時期，需要的特點也不同。對於創業者來說，創業初期可能是基於財富的需要，到後期則又發展到對名譽、地位、尊重的需要等。

3．動力性

需要是創業者從事創業活動的基本動力，是創業者的一切積極性的源泉。人的各種活動從飲食、學習、工作，到創造發明，都是由於需要的推動。人生在世要生存和發展就必須與環境保持平衡，一旦環境發生變化，機體就可能產生缺乏感，這種缺乏感就會促使人調動機體的力量去達到新的平衡，因而產生動力。所以，這種缺乏感越大，人的動力越強。這種缺乏感是指對缺乏的主觀體驗與感受，不等於實際的缺乏。

4．社會性

人與動物都有需要，但人滿足需要的對象和方式與動物有很大不同。人類滿足需要的範圍或內容要比動物大得多，特別是那些高層次的需要，如求知需要、審美需要都是動物不可能具有的，人可以透過有組織的生產勞動，透過創造和使用工具，以文明的方式來滿足需要。同時人的需要還受理性和意識的調節和控制。

二、需要的種類

人的需要是多種多樣的。可以按照不同的標準對它們進行分類。大多數學者採用二分法把各種不同的需要歸屬於兩大類，例如劃分為生物性（生理性）需要與社會性需要，或原發性需要與繼發性（習得性）需要或外部需要與內部需要，或物質性需要與心理性需要等等。人的需要是一個多維度多層次的結構系統。因此，當我們從某個維度來考察需要時，應注意人的各種需要都不是彼此孤立的，而是互相聯繫的。下面，我們僅就生物性——社會性這個維度對創業者的需要做簡要的考察。

創業者的需要既包括生物需要，也包括社會需要。生活水準較低，難以維持溫飽的創業者，對生理需要的迫切度就高；而生活水準較高的創業者則會更加注重社會需要。

1．生物需要

生物性需要是指保存和維持有機體生命和延續種族的一些需要,例如對飲食、運動、休息、睡眠、覺醒、排泄、避痛、配偶、嗣後等的需要。動物也有這類需要。這些需要也叫生理性需要或原發性需要。創業者的生物需要與普通個體一樣,主要有：進食需要、飲水需要、睡眠和覺醒的需要以及性需要等等。

2．社會需要

社會性需要是指與人的社會生活相聯繫的一些需要,如對勞動、交往、成就、奉獻的需要等。社會的需要表現為這樣或那樣的社會要求；當個人認識到這些社會要求的必要性時,社會的需要就可能轉化為個人的社會性需要。社會性需要是後天習得的,源於人類的社會生活,屬於人類社會歷史的範疇,並隨著社會生活條件的不同而有所不同。社會性需要也是個人生活所必需的,如果這類需要得不到滿足,就會使個人產生焦慮、痛苦等情緒。社會性需要的種類很多,如勞動需要、交往需要和成就需要等。對於創業者而言,通常都具有較強烈的成就需要。

三、需要的相關理論

1．馬斯洛（A.H.Maslow）的需要層次理論

美國心理學家馬斯洛在 1943 年出版的《人類激勵的一種理論》一書中首次提出了需求層次理論,1954 年在《激勵與個性》一書中又對該理論做了進一步的闡述。他將人們的需要劃分為五個層次：生理需要、安全需要、社交需要、尊重需要和自我實現需要。

(1) 生理需要。這是人類維持自身生存所必需的最基本的需求,包括衣、食、住、行的各個方面,如食物、水、空氣以及住房等。生理需要如果得不到滿足,人們將無法生存下去。

(2) 安全需要。這種需求不僅指身體上的，希望人身得到安全、免受威脅，而且還有經濟上的、心理上的以及工作上的等多個方面，如具有一份穩定的職業、心理不會受到刺激或者驚嚇、退休後生活有所保障等。

(3) 社交需要。有時也稱作友愛和歸屬的需要，是指人們希望與他人進行交往，與同事和朋友保持良好的關係，成為某個組織的成員，得到他人關愛等方面的需求。這種需求如果無法滿足，可能就會影響人們精神的健康。

(4) 尊重需要。包括自我尊重和他人尊重兩個方面。自我尊重主要是指對自尊心、自信心、成就感和獨立權等方面的需求，他人尊重是指希望自己受到別人的尊重、得到別人的承認，如名譽、表揚、讚賞、重視等。這種需求得到了滿足，人們就會充滿信心，感到自己有價值，否則就會產生自卑感，容易使人沮喪、頹廢。

(5) 自我實現需要。這是最高層次的需求，指人發揮自己最大的潛能，實現自我的發展和自我的完善，成為自己所期望的人的一種願望。

按照馬斯洛的觀點，人們的這五種需要是按照生理需要、安全需要、社交需要、尊重需要、自我實現需要的順序從低級到高級依次排列的。滿足需要的順序也同樣如此，只有當低一級的需要得到基本的滿足以後，人們才會去追求更高一級的需要；在同一時間，人們可能會存在幾個不同層次的需要，但總有一個層次的需要是發揮主導作用的，這種需要就稱為優勢需要；只有那些未滿足的需要才能成為激勵因素；任何一種滿足了的低層次需要並不會因為高層次需要的發展而消失，只是不再成為行為的激勵因素而已；這五種需要的次序是普遍意義上的，並非適用於每個人，一個人需要的出現往往會受到職業、年齡、性格、經歷、社會背景以及受教育程度等多種因素的影響，有時可能會出現顛倒的情況。

創業者之所以選擇創業，是由他們的需要所決定。有的創業者想要擺脫貧困而選擇創業，這是出於生理安全需要；有的創業者想透過創業成為名人，獲得聲譽，這是出於尊重的需要；還有的創業者想將自己的創意與想法變成現實，成就夢想，這是出於自我實現的需要。但無論出於哪個層次的需要，都是由於創業者自身感受到某種缺乏或不平衡，從而產生了創業需要。

2．成就需要理論（achievement need theory）

美國心理學家戴維·麥克利蘭 (David McClleland) 等人自 20 世紀 50 年代開始，經過大量的調查和實驗，尤其是對企業家等高級人才的激勵進行了廣泛的研究之後，提出了這一理論。由於這些人員的生存條件和物質需要得到了相對的滿足，因此麥克利蘭的研究主要集中於在生理需要得到滿足的前提下人們還有哪些需要，他的結論是權力需要、歸屬需要和成就需要。

(1) 權力需要。就是對他人施加影響和控制他人的慾望，相比歸屬需要和成就需要而言，權力需要往往是決定管理者取得成功的關鍵因素。

(2) 歸屬需要。就是與別人建立良好的人際關係，尋求別人接納和友誼的需要，這種需要成為保持社會交往和維持人際關係的重要條件之一。

(3) 成就需要。就是人們實現具有挑戰性的目標和追求事業成功的願望。

麥克利蘭認為，不同的人對上述三種需要的排列層次和所佔比重是不同的。成就需要強烈的人往往具有內在的創業動機，這種人會為了追求成就而選擇創業。麥克利蘭認為成就需要不是天生就有的，可以透過教育和培訓造就出具有高成就需要的人，這就為創業教育提供了理論基礎。學校可以透過教育和培訓，提高創業者的成就需要，以此培育優秀的創業者。

高度需要成就感的人熱衷於為自己選擇挑戰。與缺乏成就感的人比，他們偏好於解決問題而不是坐等結果，他們習慣於花時間考慮把事情做得更好。渴望成就的創業者將會追逐相對廣泛的產品市場，以獲得更多的發展機會，同時，對成就感越渴求，其戰略越積極主動。對於成就感的高度需要意味著創業者更可能選擇複雜化、集權化和正式化的企業結構。這種高度化的正式結構將會限制企業的創新能力。一般認為，在一個相對穩定的環境，這一類型的創業者及其戰略結構的成功率會比較高。

在一項調查中發現，大學生創業更看重的是成就感和工作自主性等內在的滿足，以獲取金錢為動機的學生占 24.06%，而選擇「為自己及他人創造就業的機會」和「管理他人為自己工作」的分別占 15.78% 和 18.04%。可見，當前大學生創業動機主要出自於滿足自我實現的需要。需求間接影響行

為，從需求到價值判斷到目標設定的過程形成了動機，需求引發了對價值的選擇和判斷，而價值則引發了自我目標的設定，並最終引發創業行為。

3．需要的其他理論

除馬斯洛的需要層次理論和麥克利蘭的成就需要理論外，還有一些其他關於需要的理論，如莫瑞 (H.A.Murray) 的需要理論、奧爾德弗 (C.P.Alderfer) 的 ERG 需要、赫茲伯格 (F.Herzbery) 的雙因素理論、勒溫 (K.Lewin) 的需要理論、弗洛姆 (E.Fromm) 的需要理論等。學習需要的這些理論，將幫助我們更好地瞭解和分辨創業者的創業需要，從而掌握創業者的創業動機，在此基礎上幫助和引導創業者做出創業行為。

生活中的心理學

案例：成為自己的老闆

賽普拉斯半導體公司的創建者和首席執行官 T.J. 羅杰斯，在創建賽普拉斯公司之前，羅杰斯正處於在超微半導體設備公司的快速提拔期。當問到他為什麼離開超微半導體設備公司去創建自己的企業時，羅杰斯回答說：「實際上，我母親問過我類似的問題。她提出的基本問題（從我的視角消極地轉述她的問題）是，『既然你已處於快速發展中並能沿超微半導體設備公司的政治階梯向上攀升，那為什麼要放棄這種確定機會而去創建你自己的企業呢？』我從大學畢業以後，就想創建一家企業。這是我在 21 歲時定下的一個人生目標，即到我 35 歲時創建一家自己的企業。」人們為什麼要開創自己的企業？標準的創業型回答是因為挫敗感。你目睹一家企業在糟糕的運營，而你明白它可以運營得更好。就像那些已任職 6 個多月的新當選國會議員一樣，你意識到其他人實際上並不那麼優秀，你突然明白，你可以創建某些比所在企業更宏大或更重要的事業，而這正是關鍵所在。

人們選擇成為創業者並開創他們自己的企業，其中一個基本原因是想要做自己的老闆，透過擁有自己的企業而獲得滿足。案例中的羅杰斯正是基於這樣的需要選擇了創業。

複習鞏固

1. 需要具有哪些特性？

2. 需要分為哪幾個種類？

3. 有關需要的理論有哪些？

等待的方法有兩種：一種是什麼事也不做空等，一種是一邊等一邊把事業向前推動。

——屠格涅夫 (Ivan Sergeevich Turgenev)

第二節 創業動機

一、動機的含義

動機 (motivation) 和需要之間的關係十分密切，動機是在需要的基礎上產生的。

當需要產生之後，經過一個發展階段，就成了推動人進行活動的動力。

動機一詞來源於拉丁文 Movere，意思是移動、推動或引起活動。現代心理學將動機定義為推動個體從事某種活動的內在原因。具體說，動機是引起、維持個體活動並使活動朝某一目標進行的內在動力。動機是用來說明個體為什麼要從事某種活動，而不是用來說明某種活動本身是什麼或怎樣進行的。

動機是在需要的基礎上產生的。如前所述，需要是一切行為動力的源泉，但並不等於說需要就是人現實的行為動力，需要成為人行為的動力必須要轉化為動機。那麼需要是怎樣才能轉化為動機的呢？心理學家的研究表明：需要本身是主體意識到的缺乏狀態，但這種缺乏狀態在沒有誘因出現時，只是一種靜止的、潛在的動機，表現為一種願望、意向。只有當誘因出現時，需要才能被激活，而成為內驅力驅使個體趨向或接近目標，這時需要才能轉化為動機。所謂誘因是指所有能引起個體動機的刺激或環境。誘因按其性質可

分為兩種：凡能驅使個體趨向接近目標者，稱為正誘因，凡是驅使個體逃離或迴避目標者，稱為負誘因。顯然，誘因有些時候與行為目標是相同的，有時，它只是幫助達到行為目標的條件。

創業動機是創業者為什麼要創業的內在因素，是引起、維持創業者進行創業，並使創業者朝著成功創業的方向前進的內在動力。

創業動機是創業活動的內在動力，往往不能直接被觀察，而只能透過對「露在海平面上的冰山一角」，即行為進行觀察，並參考刺激的情境進行推測。動機作為內在動力，對創業行為的作用主要表現在激活功能、引導功能和維持與調整功能上。

1．激活功能

動機能激發創業者產生創業活動。帶著創業動機的創業者能對某些刺激，特別對那些與動機有關的刺激反應特別敏感，從而激發創業者進行創業活動。

2．引導功能

動機與需要的一個根本不同就是：需要是個體因為缺乏而產生的主觀狀態，這種主觀狀態是一種無目標狀態。而動機不同，動機是針對一定目標的，並受到目標引導。也就是說需要一旦受到目標引導就變成動機。由於動機種類不同，創業者創業活動的方向和它所追求的目標也不同。

3．維持與調整功能

當創業者的創業活動產生以後，動機維持著創業者向創業目標前進，並調節著創業的強度和持續時間。如果創業者尚未達到創業目標，動機將驅使創業者維持或加強創業活動，以達到目標。

二、動機的種類

動機是一種複雜的心理現象，一般分為以下幾類：

1．內在動機和外在動機

根據動機的引發原因，可將動機分為內在動機和外在動機。內在動機是由活動本身產生的快樂和滿足所引起的，它不需要外在條件的參與。個體追逐的獎勵來自活動的內部，即活動成功本身就是對個體最好的獎勵，如創業者為了實現自我價值進行創業實踐活動就屬於內在動機。外在動機是由活動外部因素引起的，個體追逐的獎勵來自動機活動的外部，如創業者為獲得財富、名利等原因去創業。內在動機的強度大，時間持續長；外在動機持續時間短，往往帶有一定的強制性。事實上，這兩種動機缺一不可，必須結合起來才能對個人行為產生更大的推動作用。

2．主導性動機和輔助性動機

根據動機在活動中所起的作用不同，可將動機分為主導性動機與輔助性動機。主導性動機是指在活動中所起作用較為強烈、穩定、處於支配地位的動機。輔助性動機是指在活動中所起作用較弱、較不穩定、處於輔助性地位的動機。在創業者成長過程中，活動的主導性動機是不斷變化與發展的。事實表明，只有主導性動機與輔助性動機的關係較為一致時，活動動力才會加強；彼此衝突，活動動力會減弱。

3．生理性動機和社會性動機

根據動機的起源，可將動機分為生理性動機和社會性動機。生理性動機是與人的生理需要相聯繫的，具有先天性。人的生理性動機也受社會生活條件所制約。社會性動機是與人的社會性需要相聯繫的，是後天習得的，如創業者的成就動機等。

4．近景動機和遠景動機

根據動機行為與目標遠近的關係，可將動機劃分為近景動機和遠景動機。近景動機是指與近期目標相聯繫的動機；遠景動機是指與長遠目標相聯繫的動機。如有的創業者努力創業，其目標是為擺脫貧窮；而有的創業者努力創業，其目標是為追求自我價值。前者為近景動機，後者為遠景動機。遠景動機和近景動機具有相對性，在一定條件下，兩者可以相互轉化。遠景目標可

創業心理學

第五章 創業個性傾向性

分解為許多近景目標，近景目標要服從遠景目標，體現遠景目標。「千里之行，始於足下」，是對近景與遠景動機辯證關係的描述。

生活中的心理學

案例：俏江南女老闆張蘭的創業故事

1987年，張蘭從北京商學院企業管理專業畢業後，到一家公司做管理。兩年後，去了加拿大。1991年，張蘭懷揣2萬美元血汗錢回國。半年後，她投資13萬元在北京東四開了家川菜館，叫「阿蘭酒家」。

餐飲行業是「勤」行，身體要勤，頭腦也要勤。她一個人跑到四川郫縣，帶了一幫當地的竹工上山砍竹子，用火車把13米長、碗口粗的竹子運到了北京。隨後，「阿蘭酒家」就變成了南方的竹樓。2000年，她創辦了俏江南精品川菜餐廳。短短3年時間，在北京陸續開了9家分店，上海的2家分店也都開張。她說：「我的目標是2008年奧運會在北京開幕的那一天，『俏江南』第100家店已開業。」

川菜給人的感覺是「大眾化」，登不上大雅之堂，張蘭卻想把川菜館做成國際品牌。同時，張蘭意識到，她的餐廳必須超前，必須在方方面面引領時尚。在上海建立分店時，為了符合大都市人的審美情趣，她選擇與世界排名前十位的著名日本設計師山普榮合作。因為他的設計理念更簡約、時尚，與俏江南今後的發展標準不謀而合。

張蘭想把川菜館做成國際品牌的夢想驅動張蘭為創業積累經驗，並在平時的生活中注意細節，為創立俏江南埋下了伏筆。夢想作為一種遠景動機，使張蘭沒有只停留在一家川菜館，而是不斷開拓市場，並且精益求精，不僅注重食物的美味，也注重環境的幽雅與前衛。如果沒有夢想這一動機驅使，是很難在創業道路上堅持並完善自己所創下的企業的。

5．社會性動機：成就動機、權利動機和親和動機

根據個體在社會中的不同追求，可將動機分為成就動機、權利動機和親和動機。成就動機是驅動一個人在社會活動的特定領域力求獲得成功或取得

成就的內部力量，在行為上它表現為一個人對自己認為有價值、重要的社會或生活目標的追求。權利動機是指人們支配和影響他人及周圍環境的內在驅力。在權利動機支配下，人們表現出積極主動的參與精神並有成為某一群體領導者的願望。親和動機是指個體對於建立並保持良好人際關係、受人喜愛以及與周圍人融洽相處的關注。

對於創業者來說，創業動機更多的是一種社會性動機，它是個體符合社會發展方向的高尚追求。社會性的創業動機擺脫了為滿足低級需要而產生的動機，是一種更高層次的動機，這種動機將會更加促進、維持和引導創業者在創業途中克服創業障礙、施展創業才華最終實現創業目標。

三、動機的相關理論

1．動機的驅力理論

19世紀20年代，行為主義理論家們提出了驅力概念，逐漸形成了一些動機的驅力理論，代表性的包括伍德沃斯 (R.S.Woddeworth) 和赫爾 (Clark Leonard Hull) 的驅力理論、默里 (H.A.Murry) 的需要——壓力理論。

(1) 伍德沃斯和赫爾的驅力理論

19世紀20年代，心理學家用驅力解釋動機，認為行為的動力是個體內部狀況所產生的驅力或需要。伍德沃斯在1918年提出了驅力的概念。他認為有機體在環境中產生許多生理需要，在需要缺乏時，個體內部產生一種稱之為內驅力的刺激，這種刺激引起反應，釋放一定的能量或衝動，組織和推動行為獲取需要的滿足。換言之，動機行為可以滿足這種需要，以減少驅力的作用。所以，所謂驅力是個體由生理需要所引起的一種緊張狀態，這種緊張狀態能激發並驅動個體行為以滿足需要，消除緊張，恢復平衡狀態。驅力是需要狀態的一種特性，源於心理不平衡，會發動行為使個體回到平衡的狀態。驅力能使個體產生滿足需要的力量，而一旦滿足需要的行為發生，驅力便會隨之遞減。

(2) 默里的需要——壓力理論

莫里認為動機是個人需要和壓力共同作用的結果，其中需要是傾向性的因素，源於腦內的一種組織知覺和行為的力量，可以由內部或外部刺激喚醒。壓力則是環境決定影響人的行為的因素，經過莫里 (H.A.Murry) 的研究把壓力分為諸如家庭的不贊同、危險或不幸、缺少友誼等 16 類。他把主體和環境壓力之間的相互關係稱為「主題」，並在 1935 年開發了用於對人的需要進行研究的工具「主題統覺測試」。人們普遍認為，當人的需要被喚起，會處於一種緊張狀態，而當需要滿足之後，緊張狀態就會減弱，最終個體學會透過一定的活動來減弱緊張的狀態。人們在學會以一定的方式減弱緊張狀態的同時，也學會以一定的方式形成緊張，以便今後透過一定的行為消除緊張，從中獲得快樂。

2．動機的誘因理論

動機的誘因理論是強調外部誘因在行為激活中所起作用的理論，主要代表理論有斯金納 (Burrhus Frederic Skinner) 的強化理論和洛克 (Edwin Locke) 的目標設置理論。

(1) 動機的強化理論

強化動機理論是由聯結主義理論家提出來的。聯結主義認為人類一切行為都是由刺激 (S) 一反應 (R) 構成的，也就是說聯結主義認為在刺激反應之間不存在任何中間過程或中介變量，那也就不可能到中間過程或中介變量中去尋找行為動力，只能到行為的外部去尋找。因此，他們把人類行為的動力歸結到了強化。什麼是強化呢？凡是能增加反應機率的刺激或刺激情境均可稱為強化。所以聯結主義試圖用強化來說明行為的引起與增強。在他們看來，人的某種行為傾向之所以發生，完全取決於先前的這種行為與刺激因強化而建立起來的穩固聯繫。當某種行為發生後給予強化，就可以增加該行為再次出現的可能性。

因此，在活動中採用各種外部手段如獎賞、讚揚、評分、等級、競賽等是激發動機不可缺少的手段。強化既可以是外部強化，也可以是內部強化。前者是由外部或他人給予行為者的強化，後者是自我強化，即行為者在活動中獲得了成功而增強成功感與自信心，從而增加了行為動機。無論是外部強

化還是內部強化都有著正強化與負強化之分,並與懲罰有著千絲萬縷的聯繫。一般說來,正強化起著增強創業動機的作用,如對創業途中取得的成功給予讚賞屬於正強化,而失敗便是負強化。

(2) 目標設置理論

目標設置理論是一種在組織管理心理學中發展起來的目標理論,這一理論假設人類的活動是有目的的,受有意識的目標的引導。由於各自設置的目標不同,所以個體的表現也會有所不同。

目標透過四種機制影響行為結果:目標具有指引功能,引導個體注意並努力趨近與目標有關的行動,遠離與目標無關的行動;目標具有能力功能,較高的目標相對於較低的目標更能導致較大的努力與投入;目標會影響堅持性,當允許參與者控制用於任務上的時間時,困難的目標使參與者延長了努力的時間,困難且具體的目標與容易的目標相比,能帶來更高的個體績效;目標透過喚起、發現、使用與任務有關的知識和策略,從而間接地影響行為。

在目標設置理論中,目標設置的過程分為目標選擇、目標承諾兩個關鍵步驟。所謂目標選擇,是指個體在任務情境中確定自己所要到達的目標和目標水準的過程。而目標承諾指的是個體被目標吸引,以持之以恆地努力完成該目標的決心,反映了個體趨近目標的強度和實現目標的決心。

由此可見,目標具有強大的引導和激勵功能,明確可行的目標是創業者創業動力的源泉。對一個創業者而言,一旦有了明確的奮鬥方向,目標就會調動其精力、物力,並對此進行有效的整理,形成一股合力,為達到創業目標而不懈努力。

3.動機的認知理論

現代認知理論認為,個體對來自外界的訊息經過編碼、存儲、提取和輸出等加工過程,在頭腦中形成了各種不同的觀念。這些觀念在刺激和行為間起中介作用,它既能引起行為,又能改變行為,在這個意義上,認知具有動機的功能。近年來,動機認知理論成為深受人們重視的一種動機理論。

(1) 動機的歸因理論

動機的歸因理論是動機認知理論的一種。20世紀60年代,心理學家用因果關係推論的方法,從人們行為的結果尋求行為的內在動力因素,稱之為歸因。海德 (F.Heider) 指出,當人們在工作和學習中體驗到成功或失敗時,會尋找成功或失敗的原因。一般來說,人們會把行為的原因歸結為內部原因和外部原因兩種。內部原因是指存在於個體本身的因素,如能力、努力、興趣、態度等。外部原因是指環境因素,如任務難度、外部的獎勵與懲罰、運氣等。海德 (F.Heider) 還提出了「控制點」的概念,並把人分為「內控型」和「外控型」。內控型的人認為成敗是由自身的原因造成的,而外控型的人則認為成敗是由於外部因素造成的。

在動機認知理論中,比較著名的是韋納 (B.Weiner) 的動機的歸因理論,證明了成功和失敗的因果歸因是成就活動過程的中心要素。韋納 (B.Weiner) 也把成就行為的歸因劃分為內部原因和外部原因,同時把「穩定性」作為一個新的維度,把行為原因分為穩定的和不穩定的,如能力、任務難度是穩定的;而努力和運氣是不穩定的。韋納 (B.Weiner),根據自己的研究提出,如果一個新的結果和過去的結果不同,人們一般歸因於不穩定的因素,如努力和運氣等;如果新結果與過去的結果一致,人們一般歸因於穩定的因素,如任務難度和能力等。這種歸因會使人們對下一次的行為結果產生預期。他發現,歸因會使人出現情緒反應。如果把成就行為歸結為內部原因,在成功時會感到滿意和自豪,在失敗時會感到內疚和羞愧。但是,如果把成就行為歸結為外部原因,不論成功還是失敗都不會產生太突然的情緒反應。

按歸因理論,創業者在創業過程中,如果把創業成功歸結為內部原因,創業者將感到自我認可,產生積極的情緒,在失敗時則會產生消極的情緒,否認自身的能力。但是,如果把創業成功與否歸結為外部原因,不論成功還是失敗都不會打擊創業者創業的積極性。

(2) 自我效能論

班度拉 (Albert Bandura) 的自我效能論是另一種動機認知理論。他認為,人對行為的決策是主動的,人的認知變量如期待、注意和評價等在行為決策中起著重要的作用。其中期待是決定行為的先行因素,強化的效果存在

於期待獎賞或懲罰之中,是一種期待強化。班度拉把期待分為結果期待和效果期待兩種。結果期待是指個體對自己行為結果的估計或強化;效果期待是指個體對自己是否有能力來完成某一行為的推測和判斷,這種推測和判斷就是個體的自我效能感。班度拉認為自我效能感的高低,直接決定個體進行某種活動時的動機水準。班度拉強調自我效能感是成就活動的一個重要維度。他認為,在個體行為動機過程中,最主要的不是能力,而是個體對自己能力是否能勝任該任務的知覺,這是自我概念的一種,即自我效能感。

按照班度拉的自我效能理論,創業者在進行創業行為的過程中,提高自我效能感是非常重要的,在自身能力特定的情況下,創業者需要提高對自己能力的自信度。

(3) 自我決定理論

自我決定理論是動機認知理論的一種,這種動機認知理論強調自我在動機過程中的能動作用,認為自我決定是人的一種選擇能力。人們行為的決定因素是自我決定的,而不是強化序列、驅力或其他任何力量。這種動機認知理論認為人們形成瞭解釋訊息的不同因果取向。

4.動機的成就理論成就動機是一種追求個體價值的最大化,或者在追求自我價值的時候,透過方法達到最完美的狀態。它是一種內在驅動力的體現,同時也能夠直接影響人的行為活動、思考方式,並且是一種長期的狀態。美國著名心理學家約翰·威廉·阿特金森 (John William Atkinson) 的成就動機理論模型提出了需要、期望、誘因價值的綜合動機理論,把人的動機的情感方面與認知方面統一起來,並用數學模式簡明地表述出來,揭示出了影響成就動機的某些變量和規律,並用實驗檢驗,證實了其理論假設的合理性和客觀性。阿特金森認為,最初的高成就動機來源於孩子生活的家庭或文化群體,特別是幼兒期的教育和訓練的影響。個人的成就動機可以分成兩部分:其一是力求成功的意向;其二是避免失敗的意向。也就是說,成就動機涉及對成功的期望和對失敗的擔心兩者之間的情緒衝突。

因此,成就動機水準較高者都具有以下特徵:喜歡中等程度、富於挑戰性的任務,並且會全力以赴地獲取成功;目標明確,並對之抱有成功的期望;

精力充沛，探新求異，富有開拓精神和創新性，他們總是力圖將每件事做得儘可能好；選擇工作夥伴以高能力為條件，而不是以交往的親疏關係為前提；有責任心，他們喜歡對自己的行為負責；反饋對高成就動機的人非常重要，因為他們總是想要知道自己做的結果如何。

　　成就動機作為一種獲得成就的驅動力量，對每個人的發展無疑具有積極的推動作用。早期的研究發現，高成就動機的個體在現實生活中能獲得成功，其中表現最突出的是事業與職業上的成功。

　　心理學研究表明，成就動機是一種社會性動機，個體的成就動機差異既不是先天遺傳，也不是生理需要，而是在後天教育的影響下，在與他人交往的社會活動過程中逐步形成的，這就為教育培養和訓練創業者的創業成就動機提供了可能與保證。

四、常見的創業動機

　　對於創業者，創業意味著擁有自己的事業，可以自由支配時間，能夠從事業中賺錢。可感知的結果是創業者激勵的要素，期望的報酬將激勵創業者把自己的時間和精力投入到機會的識別和開發中去。因此，創業的動機既包括外在的積累財富、經驗，解決就業等因素，又包括內在的因素，如實現自我價值、挑戰自我、實現理想等等。

1．獲得更多利潤和財富

　　對於不少創業者和小企業主來說，創業就是受個人謀利動機驅動，他們可能將全部的資產和心血都投入其中，希望為自己和家人帶來穩定和富裕的生活。

2．實現自己的抱負

　　這類創業者是擁有一定的技術專利，或對某個行業有比較透徹的瞭解。想透過經營一個企業組織來實現自己的想法或將其設定的產品形成產業化，使之成為自己的事業。

3．將興趣愛好作為終生的事業

這類創業者選擇創業，源於對某項事情有興趣，選擇此事作為一生的事業，但好不容易找到一個與自身興趣愛好吻合，同時又能任自己發揮的單位，於是選擇創業並以與此興趣愛好結合的產品或項目作為創業的基準點尋求發展。

4．實行對企業和運營的主控權

這首先表現為一種獨立工作和一種令人滿意的生活方式。自主創業的最大優勢在於完全由自己為自己的事業設計發展方向和模式。這類創業者有一定的思想和魄力，想按照自身的想法創造、整合資源，透過自己的企業實現對產品運營和管理的主控權。

5．其他原因

創業者在市場上發現機會，他們相信他們的管理方式會比其他人更有效率，他們擁有的專長能發展成一項事業，他們相信其他機會都是有限的而創業是唯一的出路，他們受家庭或朋友影響，受家庭傳統的影響。

一項調查顯示 (見表 5-1)，大學生的創業動機主要集中在內部因素，占 54.5%。其中選擇「實現自我價值」的人數最多，其次是「挑戰自我」和「實現理想」；外部因素中，「對金錢和財富的渴望」和「積累經驗」占了絕大部分。總體而言，大學生創業群體的創業動機是多樣化的。

表5-1 大學生創業動機的內、外部因素

創業動機的內、外部因素		比例
內部因素	實現自我價值	22.7%
	人生就是要不斷挑戰自己	16.9%
	實現理想	11.9%
	希望對社會做出貢獻	3.0%
外部因素	希望積累金錢和財富	17.0%
	積累經驗	12.7%
	解決就業	7.7%
	羨慕別人賺得越來越多	5.0%
	自己當老闆是很有面子的事情	2.6%
	其他	0.5%

生活中的心理學

案例：eBay 經典的創業故事

eBay 的創始人皮埃爾‧歐米迪亞 (Pierre Omidyar) 是一位談吐溫和的計算機工程師。他在少年時期就對計算機感興趣，後從塔夫斯大學畢業並獲得計算機科學學位。

關於 eBay 的創意來源有兩種說法。一種浪漫的說法是：某天晚餐時，歐米迪亞的女朋友（即他現在的妻子，一個 Pez 糖盒收藏者）問他是否有什麼辦法為像她這樣的收藏者建立一個網站。歐米迪亞受到啟發，開創了 eBay。儘管這是個迷人的故事，但真實情況是：歐米迪亞已經思考創建網上拍賣網站很長時間了。第二種（更準確的）說法，是由歐米迪亞親口講述的：在我妻子談到 Pez 糖盒收藏癖好之前，很久我就在考慮如何創造一個有效的市

場—從事各方面活動的市場,市場中的每個人都能獲得同樣訊息,並與他人在同樣的交易條件下進行競爭。作為軟體工程師,我為兩家矽谷企業工作過,還曾共同創建過一個早期的電子商務網站。這種經歷使我考慮到,互聯網也許是創造那種有效市場的空間。它不是大企業向消費者出售商品並用廣告轟炸他們的網站,而是人們在此相互議價交易的場所。我認為,如果能將足夠多的人聚集在一起,使他們購買到他們認為值得的東西(換句話說,使他們以拍賣形式競價購買),真正的價值就會體現,並且它最終會是一個買方賣方雙贏的更公平的系統。

為了實現他的創意,歐米迪亞創建了稱為拍賣網(Auction Web)的網站。這個網站規模不大,卻提供了便利的拍賣模式,允許那些打算買賣各種物品的人滿足相互需要。在 1995 年勞動節,歐米迪亞宣布在「What's New」網頁上提供免費服務,這是一個在雅虎(Yahoo)有鏈接的新網站。不久以後,顧客在網站上開始出現。雖然歐米迪亞向售貨者只收取一小筆費用,但新創企業從第一天起就是獲利的。現在,公司擁有 4100 萬活躍用戶並在繼續增長,而且保持盈利。

ebay 成功的動力來源於皮埃爾·歐米迪亞想要實現自己的創意。雖然他在創建 ebay 之前獲得了經驗,以最低的管理費用創建了企業,建立了高層管理團隊,贏得了投資界人士的信任,並建立起與其他企業的合夥關係以促進企業成長,但只憑這些是遠遠不夠的,只有在創業動機的驅使下,個體才會產生這一系列創新創業的行為。

五、動機與行為

1．動機與行為的一般關係

一般來說,人們的行為總是由一定的動機引起的,動機也總是要表現為特定行為,但動機和行為之間卻存在著複雜的關係,具體表現在以下幾點:

(1) 有動機不一定有行為,因為行為的發生還需要其他因素,如內心對某物某事的需求程度、行為和理性的權衡、外界的客觀條件等。

(2) 相同動機可能表現為不同的行為,如在成就動機驅使下,個體可能表現出一系列的行為,諸如努力工作、敢於冒風險、接受挑戰性的任務等。

(3) 相同行為可能由不同動機引起,如員工努力工作可能受高收入、高社會地位、周圍人的認可等外部動機的影響,也可能受來自內心的責任感、工作上的完美傾向等內部動機影響。

2·動機與行為效果

動機與效果的關係十分密切。動機是直接推動個體進行活動以達到一定目的的內部動力,屬於主觀範疇。效果是個體進行活動時產生的結果,屬於客觀範疇。一定動機指導下的活動總要產生某種效果,動機與效果的關係比較複雜,有時是一致的,有時是不一致的。

人們通常認為,動機越強,個體活動的熱情越高漲,活動的次數越頻繁,活動的效果也越好。但事實並非如此。個體工作動機較低,會使其對工作不熱情、不積極,從而導致工作效率的低下,這固然是不好的。但如果動機過於強烈,個體就會處於高度緊張的狀態,其認知思維活動就會變得僵硬、狹隘、不靈活,也會影響能力的正常發揮,從而降低工作效率。

心理學家耶克斯和多德森(Yerkes & Dodson)的研究表明,各種活動都存在一個最佳的動機水準。動機不足或過分強烈,都會使工作效率下降。研究還發現,動機的最佳水準隨任務性質的不同而不同。在比較容易的任務中,工作效率隨動機的提高而上升;隨著任務難度的增加,動機最佳水準有逐漸下降的趨勢。也就是說,在難度較大的任務中,較低的動機水準有利於任務的完成。這就是著名的耶克斯—多德森定律。

動機強度與工作效率之間的關係不是一種線性關係,而是倒 U 形曲線。中等強度的動機最有利於任務的完成。也就是說,動機強度處於中等水準時,工作效率最高,一旦動機強度超過了這個水準,對行為反而會產生一定的阻礙作用。比如創業的動機太強、急於求成,會產生焦慮和緊張,干擾創業者做出正確的決策,影響創業活動的順利進行。

在進行創業活動時，如果創業者制定的創業目標過低，創業者便會掉以輕心，面對簡單易做的事情往往會出錯；反之，如果創業者制定的創業目標過高，是其透過努力也無法實現的，那麼會使創業者產生消極的情緒，不利於成功創業。因此，創業者在創業初期為自身設立一個合理的目標是至關重要的。

複習鞏固

1. 動機具有哪些功能？

2. 動機分為哪幾個種類？

3. 有關動機的理論有哪些？

4. 動機與行為效果有何關係？

我們創業的時候沒有想到去賺錢，所以有了錢以後也沒有說是達到目標。

賺錢不是我們創業的原因，也不是我們到現在該走還是不該走的原因。有了足夠的錢財，真正的好處就是給我個人足夠的時間，足夠的能力去真正做我想要做的事情，做我喜歡做的事情。這些事情還是雅虎。

——楊致遠

第三節 創業期望

一、期望的含義

當人們有了需要並看到可以滿足的目標時，就會受需要驅使，在心中產生一種慾望，這種慾望本身就是一種激勵力量。所謂期望 (expectations) 就是指一個人根據以往的能力和經驗，在一定的時間裡希望達到目標或滿足需要的一種心理活動。

創業期望就是指創業者希望自己在一定的時間裡成功創業的一種心理活動。創業期望對創業者的行為有著巨大的影響。

第五章 創業個性傾向性

美國心理學家羅森塔爾 (Robert Rosenthal) 曾在 1968 年做了這樣一個實驗：他在考查某校時，隨意從每班抽 3 名學生共 18 人寫在一張表格上，交給校長，極為認真地說：「這 18 名學生經過科學測定全都是高智商型人才。」事過半年，羅森塔爾又來到該校，發現這 18 名學生的確超過一般，發展很快，再後來這 18 人全都在不同的職位上做出了非凡的成績。這一現象便被譽為「羅森塔爾效應」，這一效應就是期望心理中的共鳴現象，是一種滿懷期望的激勵。根據「羅森塔爾效應」可知，創業者積極的期望將促使創業者往好的方向發展，消極的期望則使創業者往壞的方向發展。

二、期望理論

期望理論有很多學者進行研究，其中以美國心理學家弗魯姆 (V.H.Vroom) 提出的理論最具有代表性。弗魯姆認為激勵力的效果取決於效價和期望值兩個因素，即：

激勵力 = 效價 × 期望值。

在公式中，激勵力表示人們受到激勵的程度。效價指人們對某一行動所產生的結果的主觀評價，取值範圍在 +1～-1 之間。結果對個人越重要，效價值就越接近 +1；結果對個人無關緊要，效價值就等於 0；結果越是個人不願意出現而盡力避免的，效價值就越接近於 -1。期望值是指人們對某一行動導致某一結果的可能性大小的估計，它的取值範圍是 0～1。

由公式可以看出，當人們把某一結果的價值看得越大，估計結果能實現的機率越大，那麼這一結果的激勵作用才會越大；當效價和期望值中有一個為零時，激勵就會失去作用。

後來，一些行為科學家在弗魯姆的期望理論中加進了一個變量，即所謂的媒介值，這是指工作績效和所得報酬之間的關係，它的取值範圍也在 0～1 之間，這樣就構造出了人們的期望模型，見圖 5-1。

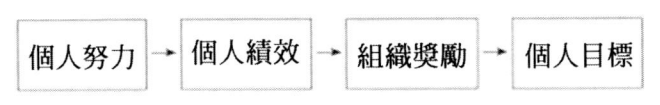

個人努力 → 個人績效 → 組織獎勵 → 個人目標

圖5-1 期望理論的基本模式

可以看出，激勵作用的發揮，取決於三個關係：

第一個是個人努力和個人績效之間的關係

第二個是個人績效和獎勵之間的關係

第三個是獎勵和個人目標之間的關係。

只有當人們認為經過個人的努力可以取得一定的績效，所取得的績效會得到獎勵，同時獎勵能夠滿足自己的需要時，他才會有努力的動機，這三個關係中的任何一個減弱，都會影響整個激勵的效果。

創業者在創業過程中除了設置合理的創業目標，對自我的激勵也是相當重要的。創業者透過對實現短期目標進行自我激勵的方式，可以激發其努力實現長期目標的動力，創業者只有透過不斷的自我激勵與實現目標，才能在創業道路上走得更長更遠。

根據期望理論，在大學生做出自主創業選擇時，對自主創業有不同的估計和期望並做權衡決策，概括起來有如下幾種：「高效價＋高期望」、「高效價＋低期望」、「低效價＋低期望」，「低效價＋高期望」，大學生自主創業的最好結果是「高效價＋高期望」，其次是「高效價＋低期望」，而要避免「低效價＋低期望」以及「低效價＋高期望」。從大學生自主創業的特徵來看，普遍存在大學生創業的終極價值與傳統觀念的矛盾，同時由於面臨著風險壓力，擇業回報高於創業回報，短期誘惑、困難情緒超過優越心態等的心理挑戰，創業條件環境等並不樂觀，自主創業對大學生來說是個勉為其難的選擇，大學生創業效價影響創業。長期以來，大學生自主擇業的薪酬及晉升機會是大學生最看重的因素，被賦予較高效價，擇業成為絕大多數人的選擇，並且一直以來薪酬及晉升機會的總體滿足率高，因而大學生選擇就業的可能性增加。相比之下，創業的理想效價高而難以實現，現實效價不一定

高過擇業且有風險。因此,大學生降低了自主創業的期望。由於大學生自主創業與否是與大學生創業效價、創業期望密切相關,優化大學生創業效價和創業期望便成了促進大學生自主創業的落腳點。

三、創業者的成長期望

創業者成長期望是指新生創業者對未來新企業的預期價值,成長期望反映了創業者對待生存與成長的態度。態度是計劃行為理論中的核心概念,因此能夠解釋、預測創業行為,即創業者依據對成長態度的認知,而採取相應的機會開發行為,態度越積極,越有利於行為的實施與開展。現有理論主要從財務期望和規模期望兩個維度來測量成長期望。財務期望體現出新企業經濟績效的成長願景,表明能為社會創造更多的物質財富,即創利性;而規模期望表現在期望僱傭更多的員工,這與創造就業機會密切相關,在一定程度上反映出新企業的社會績效願望,即創值性。2009年全球創業觀察報告顯示,成長期望反映了創業活動的內在本質與特徵,有高成長期望的創業者,積極開發新產品、引入新生產過程、生成新組織、開拓國際市場、借助外部投資實現成長。

複習鞏固

1. 什麼是期望?

2. 激勵力與效價和期望值的關係?

3. 什麼是創業者成長期望?

這個世界並不在乎你的自尊,只在乎你做出來的成績,然後再去強調你的感受。

——比爾·蓋茲

第四節 創業者的其他個性傾向性

一、興趣

興趣 (interests) 在人的生活中有著重要的意義。健康而廣泛的興趣使人能體會到生活的豐富和樂趣，深入而鞏固的興趣能成為創業成功的動力。

興趣是指一個人積極探究某種事物及愛好某種活動的心理傾向。它是人認識需要的情緒表現，反映了人對客觀事物的選擇性態度。它是需要的一種表現方式，人們的興趣往往與他們的直接或間接需要有關。

興趣可以轉化為動機，成為激勵人們進行某種活動的推動力。達爾文曾在他的自傳中介紹：就他在學校時期的性格來說，其中對他後來發生影響的，就是有強烈的興趣、沉溺於他自己感興趣的東西、深刻瞭解任何複雜的問題和事物。可見，興趣是活動的重要動力之一，也是活動成功的重要條件。如果學生對某學科產生濃厚興趣後，也會滿懷樂趣地、克服各種困難去鑽研，甚至達到廢寢忘食的狀態，就極有可能取得成功。

史蒂夫·賈伯斯 (Steven Jobs)，是美國蘋果公司創始人，前 CEO。賈伯斯傳奇的一生，源於他研發了諸多影響世界的數字產品與技術，如第一代蘋果電腦、Macintosh 電腦、第一部全電腦製作動漫、iPad、iPod、iTunes Store、iPhone 等。微軟聯合創始人保羅·艾倫這樣評價賈伯斯：「一個無與倫比的科技潮流先驅和導演者，他懂得如何創造出令人驚嘆的偉大產品」。賈伯斯的成功就在於，他找到了興趣且全身心地投入其中。

任何事物對於不同的人而言都有著各自的價值，盲目地效仿並不一定會獲得同樣的效果。這就好比讓一個對學習毫無興趣卻對創業充滿激情的人去考研，顯然是浪費時間。找到自己的興趣所在並從事它，是邁向成功創業的第一步。不要忽略你的興趣，哪怕你現在覺得它微不足道，也許有一天它會給你的人生帶來巨大財富。積累任何與興趣相關的知識或其他看似不相關的興趣知識都會成為你創新創業道路上的基石。一個人對某一事物的熱愛與好奇，能夠促使他探索更多的知識、激發他最大的潛能，從而讓他不斷改進創新，走在行業的前端。

創業者只有對所從事的創業活動產生濃厚的興趣，才會激發創業的情緒情感，產生創業的需要，從而轉變為創業的自覺行動。日本一位著名的經濟學家對 80 多位企業家進行調查，結果發現，他們所有人都表現出很高的創業動機和很強烈的自我實現慾望。無數創業成功的實踐表明，創業者的創業興趣不僅能轉化為創業動機，還能促進創業智慧的發展，達到提高創業成效的目的；反之，若創業者對創業沒有興趣，創業對他而言不是一種快樂的事，而是一個沉重的包袱，那他從思想上就會對創業活動產生厭倦感，失去創業的信心與決心，從而放棄對創業成功的執著追求。

生活中的心理學

興趣是成功的前提

隨著一聲「 Hello，world !」互聯網隨之產生了巨大的產業鏈，並且衍生出眾多新生行業。在應用這塊，網絡遊戲無疑是目前吸金最厲害的產業了。

如果看好互聯網中的一個分支，就得關注其細節。拿數學知識來講，高等數學裡最重要的知識點之一就是微積分。所謂微積分，就是先把細節分析透徹，然後把各個細節綜合起來。通俗來講，就是要會把一個戰略按照實際情況和進度安排，分成若干細節，先深入進去，花精力把細節的東西解決好，然後再進行大局上的統籌。

而這個時候的史玉柱，正在逐步賣掉腦白金，可以說是比較空閒了。在沒事做的時候史玉柱喜歡玩遊戲，這也許是其天性使然。也正是這樣的天性，讓史玉柱找到了心底里一直埋藏著的方向──網遊。在這段時間裡，史玉柱幾乎過著黑白顛倒的生活，可想而知，他對網絡遊戲的興趣有多大。

很多老闆投資做遊戲，但是大多不懂遊戲的本質；而史玉柱選擇一個行業前，則是先深入瞭解、體會，充當消費者，發現切入點，找到市場著陸點，才開始決定做。其實在這個時候，「史大膽」已經理性了。也正是這樣的「不入虎穴，焉得虎子」，才有了《征途》的顛覆性的商業模式。而公司員工對於老闆這樣詳細瞭解之後的決策，除了全身心的擁護，還有什麼可以質疑的呢？

二、信念、理想、世界觀與價值觀

1．信念

信念 (belief) 是一個人對他所獲得的知識的真實性堅信併力求加以實現的個性傾向性。信念不僅是人對他所獲得的知識的領悟和理解，而且富有深刻的情感和熱情，並在生活中接受它的指導。實踐表明，信念是知和情的昇華，也是知轉化為行的中介、動力。可以說，信念是知、情、意的高度統一。

信念是在社會的影響下，在個人經驗的基礎上透過人的活動而形成的。信念的形成是從幼兒開始的。但這一年齡時期由於知識經驗的貧乏，其信念一般不是經過兒童自己的獨立思考而形成的，而是深受父母、家庭的傳統與習慣及周圍人際關係的影響，只不過是成人們的信念在他們頭腦中留下的記憶印象而已。真正的信念是在青少年期形成的。這是與他們知識的增多、思維水準的提高、活動範圍的擴大密切相關的。信念是人的行為的重要動機，它是和人的理想緊密聯繫在一起的。在信念的基礎上才會進一步形成世界觀。

創業信念是創業認知轉化為創業行為的中介和動力，因此，創業行為的發生離不開創業信念的支撐。

2．理想

理想（ideal）是對未來有可能實現的奮鬥目標的嚮往和追求。它是以一定信念為基礎的，是信念對象的未來形象和具體內容。根據理想的內容，可把理想分為職業理想、政治理想和道德理想。職業理想指自己將來想要從事哪方面的工作，政治理想指為實現什麼樣的政治目標而奮鬥，道德理想指要做一個具有什麼樣道德品質的人。這三種理想是彼此密切聯繫在一起的。

理想是個性傾向性的重要形式之一，它是在人的社會生活中透過人的活動而形成的；理想具有社會歷史制約性。不同的歷史時代、不同的社會、不同的階級、不同世界觀的人，具有不同的理想；理想在人的生活中的作用也是巨大的。理想可以鼓舞一個人為崇高的目標而奮進，也可以抑制自身行為的衝動，加強自我修養，培養良好個性。

不同的理想形成不同的創業動機，也造就了各式各樣的成功創業者。創業理想對創業者的作用是巨大的，它驅使和鼓舞創業者為實現創業目標不斷努力。

3．世界觀

世界觀 (world view) 是指對自然、社會和人類思維形成的觀念體系，是人們對整個世界的看法。世界觀有兩種存在形式：

一種是以社會意識形態而存在的階級的世界觀，屬於哲學研究的範疇；

二是作為心理學研究對象的個人世界觀。

世界觀是在需要、動機、興趣、理想與信念的基礎上透過人的活動而形成的。它一旦形成，就對其他個性傾向性及一切心理活動具有調節作用，因此，它是個性傾向性的最高層次。

世界觀的作用主要表現為：決定著個性發展的趨向與穩定性，影響認識的正確性與深度，制約情感的性質與情緒的變化，調節人的行為習慣。

可見創業者的世界觀對創業者的行為有很大影響，培養創業者正確的世界觀可以避免創業者盲目創業，引導創業者正確創業。

4．價值觀

價值觀 (personal values) 是一種外顯或內隱的、關於什麼是「值得的」的看法，它是個人或群體的特徵，影響人們對行為方式、手段和目標的選擇，它是一種持久的信念、具體的行為方式或存在的終極狀態，具有動機功能，是行動和態度的指導；是人們用來區分好壞標準並指導行為的多維度多層次的心理傾向系統。價值觀是人們對事物及行為的意義、效用的評定標準，是推動並指引人們決策和採取行動的核心因素。

因此，對於創業者而言，樹立一個正確的價值觀是十分重要的，它可以使創業者走在正確的創業道路上。

生活中的心理學

案例：堅持創業信念先苦才會後甜

小翟，一名「七年級生」的陽光帥小夥，創業道路卻一波三折。經歷 3 年的摸爬滾打，他收穫了創業帶來的喜悅，同時也付出了艱苦的努力。

初涉職場的小翟，和其他同齡人一樣，經過畢業初期的社會實踐和實習，他深感當今社會大學生所面臨的巨大就業壓力，心中逐步萌生想闖一片屬於自己事業的想法。

2007 年初，經過多方準備，小翟順利地成立了盧灣打浦迅榮快遞服務社。服務社成立初期，為減輕人力成本，小翟每天起早摸黑，不管颱風下雨，堅持和公司的員工一起跑客戶、做宣傳，希望能爭取到更多更穩定的客戶。但是，作為一家新成立的服務社，由於自身實力有限，不能與 DHL、EMS 等國內知名大型快遞公司競爭，雖然經過兩年的努力，開發了不少客戶，然而創業的道路處處充滿艱辛。各國對於快遞業者開始了有些規範，讓小翟深刻認識到該行業的發展空間已被許多大公司的價格戰策略進一步壓縮，如果繼續從事，公司的發展空間會嚴重受制。正當小翟為服務社前途憂心忡忡的時候，他想到了轉制。

然而，轉制後從事何種行業，如何使轉制後的公司能進一步發展呢？小翟此時面臨創業道路上的第二次選擇。正當小翟一籌莫展時，創業指導中心及時為他提供了幫助。透過創業指導專家一對一的指導，小翟很快熟悉了政府推出的創業扶持政策。歷經創業初期挫折和風險的磨礪，小翟對自己當初的創業計劃目標重新進行了研究判斷。對服務社的經營業務、財務狀況、發展趨勢等進行了全面分析和預測。最終，小翟在各類創業優惠政策扶持下，成功轉制，2009 年 5 月成立了現在的廣告有限公司。

如今，小翟帶領他的團隊正朝著新的目標不斷奮進。他深信，只要堅持和努力，定會創造更美好的明天。

創業理想和信念是支撐人們在創業道路上遇到困難時迎難而上的精神力量，有了創業信念並堅持下去，那麼創業成功就離你不遠了。

複習鞏固

1. 創業者的其他個性傾向性有哪些？

2. 什麼是興趣？

3. 樹立正確的價值觀對創業者有怎樣的意義？

要點小結

創業需要

1. 創業需要就是創業者感到物質或精神上的缺乏而力求獲得滿足的心理傾向，它是創業者自身外部生活條件和社會環境的要求在頭腦中的反映。

2. 馬斯洛將人們的需要劃分為五個層次：生理需要、安全需要、社交需要、尊重需要和自我實現需要。

3. 麥克利蘭將人們的需要劃分為權力需要、歸屬需要和成就需要。

4. 需要的其他理論還包括：莫瑞 (H.A.Murray) 的需要理論、奧德費 (C.P.Alderfer) 的 ERG 需要、赫茲伯格 (F.Herzbery) 的雙因素理論、勒溫 (K.Lewin) 的需要理論、弗洛姆 (E.Fromm) 的需要理論。

創業動機

1. 創業動機是創業者為什麼要創業的內在因素，是引起、維持創業者進行創業，並使創業者朝著成功創業的方向前進的內在動力。

2. 動機分為以下幾個種類：內在動機和外在動機、主導性動機和輔助性動機、生理性動機和社會性動機、近景動機和遠景動機、成就動機、權利動機和親和動機。

3. 有關動機的理論有：動機的驅力理論、莫里的需要 - 壓力理論、動機的強化理論、目標設置理論、動機的歸因理論、自我功效論、自我決定理論和動機的成就理論。

4. 動機強度與工作效率之間的關係不是一種線性關係，而是倒 U 形曲線。中等強度的動機最有利於任務的完成。動機強度處於中等水準時，工作效率最高，一旦動機強度超過了這個水準，對行為反而會產生一定的阻礙作用。

創業期望

1. 創業期望就是指創業者希望自己在一定的時間裡成功創業的一種心理活動。創業期望對創業者的行為有著巨大的影響。

2. 激勵力的效果取決於效價和期望值兩個因素當人們把某一結果的價值看得越大，估計結果能實現的機率越大，那麼這一結果的激勵作用才會越大；當效價和期望值中有一個為零時，激勵就會失去作用。

3. 創業者成長期望是指新生創業者對未來新企業的預期價值，成長期望反映了創業者對待生存與成長的態度。

創業者的其他個性傾向性

1. 興趣是指一個人積極探究某種事物及愛好某種活動的心理傾向。它是人們認識需要的情緒表現，反映了人們對客觀事物的選擇性態度。健康而廣泛的興趣使人們能體會到生活的豐富和樂趣，深入而鞏固的興趣能成為創業成功的動力。

2. 信念、理想、世界觀和價值觀都對創業具有引導和激勵作用。

關鍵術語

個性傾向性 (IndividualInclination)

需要 (Needs)

動機 (Motivation)

期望 (Expectations)

興趣 (Interests)

第五章 創業個性傾向性

信念 (Belief)

理想 (Ideal)

世界觀 (Worldview)

價值觀 (Values)

選擇題

1. 創業者個性傾向性的內容有（　）。

a. 創業需要 b. 創業動機

c. 創業期望 d. 興趣

e. 信念、理想、價值觀

2. 需要一般具有哪幾個特徵？（　）

a. 對象性

b. 動力性

c. 社會性

3. 成就需要理論將需要劃分為哪幾個層次？（　）

a. 尊重需要 b. 歸屬需要

c. 成就需要 d. 權力需要

4. 動機作為內在動力，對創業的行為的作用主要有（　）。

a. 激活功能 b. 引導功能

c. 維持 d. 調整功能

5. 以下哪些屬於動機的認知理論（　）。

a. 動機的歸因理論 b. 自我功效論

c. 自我決定理論 d. 目標設置理論

6. 期望理論模型包括哪幾個要素？( )

a. 個人努力 b. 個人績效

c. 組織獎勵 d. 個人目標

7. 以下哪些屬於創業者的個性傾向性？( )

a. 興趣 b. 信念

c. 理想 d. 世界觀

e. 價值觀

第六章 創業者的情緒與意志力管理

眾所周知,人的一生不可能是一帆風順的,創業更是一個艱難的過程,創業者會在通往成功的道路上遇到各種未知的問題、潛在的風險。當遇到挫折時,創業者需要有良好的處理方式來控制好情緒;當面對挑戰時,創業者應有頑強的意志力去克服困難;當面臨壓力時,創業者應當有正確的管理方法來應對壓力。本章主要介紹的是創業者在創業過程中如何控制自己的情緒,如何增強意志力並對壓力進行合理管理。還介紹了挫折,意志力和壓力的定義、特點,並針對創業者提出了具體該如何管理自身的情緒和意志力等內容。

能控制好自己情緒的人,比能拿下一座城池的將軍更偉大。

——拿破崙·波拿巴 (Napoleon Bonaparte)

第一節 情緒及情緒管理概述

一、情緒

一般地講,情緒 (emotion),是指人們在內心活動過程中所產生的心理體驗,或者說,是人們在心理活動中,對客觀事物的態度體驗,是人腦對客觀事物與人的需要之間關係的反映。

1．情緒的內涵

關於情緒的定義,歷史上一直存在眾多的爭論。人們通常以憤怒、悲傷、恐懼、快樂、愛、驚訝、厭惡、羞恥等反應來說明情緒。中國人常說的喜、怒、哀、懼、愛、惡、欲七情,也可以被稱作情緒。

情緒總是同人的需要和動機有著密切的關係,如人的某種需要得到滿足或目的沒有達到時,他將會產生愉快或者難過等感受。因此,情緒是以個體的願望和需要為中介的一種心理活動。

2．情緒的分類

關於情緒的類別，長期以來說法不一。古代有喜、怒、憂、思、悲、恐、驚的七情說，美國心理學家普拉切克 (R·Plutchik) 提出了八種基本情緒：悲痛、恐懼、驚奇、接受、狂喜、狂怒、警惕、憎恨。

情緒可分為基本情緒和社會情緒。基本情緒主要是指與人的生理需要相聯繫的內心體驗。例如，人的恐懼、焦慮、滿足、悲哀等。人的基本情緒在幼年時期就已經形成了，更多帶有先天遺傳的因素。基本情緒包括：心境、激情與應激。此外，還有人從情緒的功效角度，將愉快、歡樂、舒暢、喜歡等視為正性情緒，而將痛苦、煩惱、氣憤、悲傷等視為負性情緒；也有人將情緒劃分為積極情緒、消極情緒等等。社會情緒是指與人的社會性需要相聯繫的情緒反應，表現為一種較複雜而又穩定的態度體驗。例如，一個人的善惡感、責任感、羞恥感、內疚感、榮譽感、美感、幸福感等，是後天隨著人的成長而逐步發展和形成的。社會情緒是在基礎情緒上形成和發展起來的，同時又透過基礎情緒表現出來。在大學階段，更多的是建立和形成一個人的社會情緒。

二、創業者的情緒發生原因

任何人都有情緒，何況是每天面臨諸多挑戰的創業者。創業者情緒的產生是具有多方面因素的，如果處理不好負面情緒，很可能會產生難以預料的後果。

人的情緒不可能無緣無故地產生，必然有其發生的情境。正如人們所說，人逢喜事精神爽，當創業者成功時，企業處於好的經營狀況，都可以使創業者產生愉快的心情；反之，人際的衝突，經營的壓力，生活中的挫折，甚至惡劣的天氣，也會使人感到煩躁和壓抑。

為什麼創業者在經營狀況好時會感到開心，跟員工說話的語氣與語調是溫柔的，而在負債嚴重、募資困難時，往往心情很沉重，出現臉色不好看甚至是睡覺失眠？人的情緒為什麼有時候難以自制？情緒產生與變化的背後，實際反映著他們的需要。例如當公司被市場認可，創業者本人被創投公司看

中，答應投資該公司，滿足了創業者對資金的需求時，這時候的創業者是春風得意的。

情緒雖然是與客觀事物是否滿足人的需要相聯繫，但是面對同樣的事物，不同的人卻會有截然不同的情緒感受。很多的時候，創業者之所以成功取決於他們看待失敗的態度，大部分成功創業者會把失敗當成是一種常態。但是，當把一件事當成必然成功的事件來做的話，最終往往是失敗的。當去做一件事的時候，做好失敗的準備，情緒反倒穩定；反之，情緒會忽冷忽熱。

一個人的情緒應該表達而又沒有表達出來的狀況，稱之為「情緒便秘」。美國著名外科醫師希格爾曾表示，一個人如果無法表達出內心的衝突，生命機能運作將受到影響。所以，我們必須設法打開心靈和身體的溝通管道，將正面情緒的訊息送進心裡和體內。

雖然人們無法改變自己的生物學（如遺傳、性格等）特性，但可以努力地去適應社會，適應外界對自身的影響，面對負性刺激，正確表達、釋放不良情緒，提高自己的情緒管理能力，達到身心平衡的良好狀態。

三、情緒管理

1．情緒管理

情緒管理就是用正確的方式，探索自己的情緒，然後調整自己的情緒，理解自己的情緒，放鬆自己的情緒。

這就是說，情緒的管理不是要去除或壓制情緒，而是在覺察情緒後，調整情緒的表達方式。有心理學家認為情緒調節是個體管理和改變自己或他人情緒的過程。在這個過程中，透過一定的策略和機制，使情緒在生理活動、主觀體驗、表情行為等方面發生一定的變化。這樣說，情緒固然有正面有負面，但真正的關鍵不在於情緒本身，而是情緒的表達方式。以適當的方式在適當的情境表達適當的情緒，就是健康的情緒管理之道。

情緒如四季般自然地發生，一旦情緒產生波動時，個人會表現愉快、氣憤、悲傷、焦慮或失望等各種不同的內在感受，假如負面情緒常出現而且持

第六章 創業者的情緒與意志力管理

續不斷,就會對個人產生負面的影響,如影響身心健康、人際關係或日常生活等。創業者面臨的環境複雜,挑戰諸多,情緒的波動更是明顯,如果不能合理地管理情緒,很容易引起負面的後果。

(1) 影響生理健康

《禮記》上說「心寬體胖」,意思就是情緒暢快時,人會愈來愈胖,而且愈來愈健康。

如果有人跟我們說「您最近怎麼面黃肌瘦」,則意味著我們最近常常情緒低落,茶不思,飯不想,導致臉色愈來愈差,甚至身體健康上出現狀況。這就是心理學上所說「心身症」,也就是心理上生病,如過度焦慮、情緒不安或不快樂,會導致生理上的疾病。另外,據研究指出,一個人常常有負面或消極的情緒產生時,如憤怒、緊張,人體內分泌亦受影響,並導致內分泌失調,從而引起生理上的疾病。

(2) 影響人際關係

人際關係取決於一個人情緒表達是否恰當。倘若常在他人面前任由負面情緒決堤,絲毫不加控制,如亂發脾氣,久而久之,別人會視我們為難以相處之人,甚至將我們列為拒絕往來戶。反之,若常面帶微笑、多讚美他人,以親切態度與別人和諧相處,人際關係自然會逐漸改善,從此人生也變得較不寂寞、孤獨,而且處處有人相伴。

對於創業者來說,不但平時注意鍛鍊身體,增加自己的生理上的抗壓能力,而且還要保持好的心態和愉悅心情面對每一天的工作,管理好自己的情緒,才能更好地應對各種突發狀況,讓自己的工作和生活更輕鬆。

2・情緒和情緒智商

對創業者而言,情緒是他們保持激情,非理性因素的一方面。情緒智商 (emotional quotient) (EQ) 從英文原文「Emotional Intelligence」來看,它是一種「情緒智力」,或又譯為「情緒商數」,指的是管理情緒的能力,代表一個人能否適當地處理自己的情緒,它的意義包含了「自制力、熱忱、毅力、自我驅策力等」。一個高 EQ 的人通常是情緒穩定的,不會因小事產

生劇烈的波動，而且，在產生情緒反應時，能夠恰當地處理好自己的情緒，對事與對人能有合理的想法，同時表現出合宜的行為。

從 EQ 的研究中發現，與生活各層面息息相關的「情緒智商」，指的是我們個人在情緒方面的整體管理能力。具體說來，情商包含以下五種能力：

(1) 認識自己的情緒

認識情緒的本質是情感智商的基石，當人們出現了某種情緒時，應該承認並認識這些情緒而不是躲避或推脫。只有對自己的情緒有更大的把握才能成為生活的主宰，並能準確地決策某些重要的事情；反之，不瞭解自身真實情緒的人，必然淪為情緒的奴隸。

(2) 妥善管理情緒

情緒管理是指能夠自我安慰，能夠調控與安撫自己的情緒，使之適時、適地、適度。這種能力具體表現在透過自我安慰和運動放鬆等途徑，有效地擺脫焦慮、沮喪、激怒、煩惱等因失敗而產生的消極情緒的侵襲，不使自己陷於情緒低潮中。這方面能力較匱乏的人，常需與低落的情緒交戰；而這方面能力高的人能夠控制刺激情緒的根源，可以從人生挫折和失敗中迅速跳出，重整旗鼓，迎頭趕上。

(3) 自我激勵

能夠整頓情緒，讓自己朝一定的目標努力，增加注意力與創造力。擁有這種能力的人能夠集中注意力、自我把握、發揮創造力、積極熱情地投入工作，並能取得傑出的成就；缺乏這種能力的人，則易半途而廢。

(4) 認知他人的情緒

是指移情的能力，是在自我認知的基礎上發展起來的最基本的人際技巧。具有這種能力的人，能透過細微的社會信號，敏銳感受到他人的需要與慾望，能分享他人的情感，對他人處境感同身受，又能客觀理解、分析他人情感。此種能力強者，特別適合從事監督、教學、銷售與管理的工作。

(5) 人際關係的管理

能夠理解並感受別人的情緒,維持良好的關係,這是建立領導力的基礎。大體而言,人際關係的管理就是調控與他人的情緒反應的技巧。這種能力包括展示情感、富於表現力與情緒感染力,以及社交能力(組織能力、談判能力、衝突能力等)。人際關係管理可以強化一個人的受歡迎程度、領導權威、人際互動的效能等。能充分掌握這項能力的人,常是社交上的佼佼者;反之則易於攻擊別人、不易與人協調合作。因此,一個人的人緣、領導能力及人際和諧程度,都與這項能力有關。

對創業者而言,認識自己的情緒才能正確地管理情緒,這樣才能更好地管理員工;在面臨諸多事業上的挑戰時,自我激勵會顯得尤其重要;正確地認知他人的情緒是他們事業開展的第一步;處理好人際關係是創業者走向成功的必要因素。

四、團隊情商

隨著對情商研究的不斷深入,人們將情商的概念加以外延,以全局整體的視角作為切入點,將團隊人格化,提出了團隊情商 (group quotient) 的概念。丹尼爾·戈爾曼 (Daniel Goleman) 在《工作 EQ》一書中認為一個企業整體的情商水準決定了該企業知識資本能運用發揮到何等程度,以及其總體業績能達到的水準。就目前來說,團隊情商雖是一個新興概念,但是卻得到越來越多的學者和管理者們的青睞,其重要性也逐漸顯現出來。對創業者而言,他的創業團隊情商直接決定了他公司的前程。

戈爾曼認為:每個團隊都有情緒,一旦進入了這個團隊,就會立即感覺到這種情緒,樂觀的還是沮喪的、主動的還是被動的、疏離的還是密切的等等。一個團隊成功與否,取決於這個團隊是否和諧、人們是否快樂相處。王通訊 (1998) 將團隊情商定義為「一個團隊的綜合情緒控制調節能力」。他認為從微觀方面看,團隊情商高低是由該團隊成員的個人情商平均水準、該團隊領導管理層成員特別是一把手的情商水準、該團隊成員之間的協調水準等因素共同決定的。團隊情商來源於對個體情商理論的研究與實踐,但與個體情商相比,團隊情商又具有自身特點,包括內涵廣闊、層次複雜、容易轉移、控制難度大、管理彈性強等一些特點。

目前對於團隊情商的構成要素眾說紛紜，還缺少統一的劃分標準。巴昂 (Reuven Bar-On) 認為情商包括個體內部成分、人際成分、適應性成分、壓力管理成分和一般心境成分等五大要素。王通訊則將團隊情商分為團隊個體情商、團隊分工、團隊溝通和團隊激勵四個要素。綜合已有方面相關研究成果，我們認為團隊情商主要由以下幾方面構成：

(1) 團隊成員的個體情商。相關研究普遍認為團隊成員個體的情商是團隊情商的重要影響因素。例如：李程驊、趙曙明 (2009) 認為團隊情商取決於團隊成員的個體情商水準，特別是領導者水準；廖冰、紀曉麗等 (2004) 認為個體情商是影響知識團隊情商的重要因素之一。團隊成員個體情商水準會直接影響到其個人工作業績，進而影響整個團隊的工作業績；同時會對周圍同事的情緒產生影響，從而影響周圍同事的工作業績，以至影響到整個團隊的工作業績。在團隊所有個體中，又以團隊領導者的情商水準影響力最大。

(2) 團隊的目標集聚。團隊是為了實現某一目標而由相互協作的個體所組成的正式群體。目標是團隊存在的理由，確立目標，實施目標集聚是團隊情商管理和團隊運作的內在要求。信任的形成主要是培養信任關係，如果團隊要形成信任，首先必須要有共享的目標。團隊的目標集聚包括團隊是否設置了明確的任務和目標、團隊的這些目標是否兼顧了挑戰性與可實現性、團隊成員對於團隊共同目標以及團隊內各項制度流程是否認同等等，這些因素直接影響到團隊成員的工作情緒與工作熱情，影響團隊成員的工作投入程度，進而影響團隊績效。

(3) 團隊的角色管理。戈爾曼認為團隊的任務劃分是否科學、對每個成員的角色定位是否準確、成員間的個體目標是否互相衝突等有關團隊分工與合作方面的因素都直接或間接地影響到團隊成員的工作效率，從而影響到他們各自的績效，以至影響整個團隊的績效。

(4) 團隊的溝通機制。團隊成員間的交流溝通對於團隊情商具有重要的作用。團隊成員之間的協調水準是決定團隊情商水準的要素之一；團隊的人際關係影響著團隊成員對團隊的看法和認識，進而影響他對團隊的認可和支持程度。溝通有利於建立成員之間以及成員個體與組織之間的信任關係，從而

強化成員對團隊目標的理解和認同。團隊可以透過建立健全內部溝通渠道、加強對成員溝通技巧的培訓等途徑來提高團隊內部的溝通水準,進而形成良好的工作氣氛以促進團隊工作效率的提高。

對創業者而言,團隊情商的核心就是創業者情商。這二者之間是相輔相成的,創業團隊的情商對公司的發展和運行久暫等很多方面,都提供了最為堅實的基礎。

複習鞏固

1. 如何理解情緒管理的重要性?

2. 情緒智商包括哪些方面的能力?

3. 團隊情商的構成因素有哪幾個?

對於不屈不撓的人來說,沒有失敗這回事。

──奧托·馮·俾斯麥 (O.V. Bismarck)

第二節 挫折與管理

一、挫折的內涵

挫折 (frustration) 理論是由美國行為科學家亞當斯 (J.S.Adams.) 提出的,主要揭示人的動機行為受阻而未能滿足需要時的心理狀態,並由此而導致的行為表現,力求採取措施將消極性行為轉化為積極性、建設性行為。對創業者而言,可以說他們走的路是充滿荊棘,需要不斷奮鬥,不斷面對挫折,處理各種問題的一條道路。從選擇創業開始,挫折就會伴隨著他的職業路徑。

1．挫折的定義

挫折就是指人類個體在從事有目的的活動過程中,指向目標的行為受到障礙或干擾,致使其動機不能實現,需要無法滿足時所產生的情緒狀態。主要包括三個方面的含義:

(1) 挫折情境，即提出需要不能獲得滿足的內外障礙或干擾等情境因素。比如考試不及格，比賽未獲得所期望的名次，受到同學的諷刺、打擊，在工作中無法得到晉升等等。

(2) 挫折反應，即對自己的需要不能滿足時產生的情緒和行為反應。常見的有焦慮、緊張、憤怒、攻擊或躲避等等。

(3) 挫折認知，即對挫折情境的知覺、認識和評價。不同的人由於價值觀不一樣，對同一事物會產生不同的反應和體驗。

2．挫折產生的原因

我們將挫折原因概括為兩個方面，即客觀原因和主觀原因。

(1) 客觀原因也叫外部原因，是指由於客觀因素給人帶來的阻礙和限制，使人的需要不能滿足而引起的挫折。它包括自然因素和社會因素。自然因素，包括各種由於非人為力量所造成的時空限制、天災地變等因素，如工人在施工中因意外導致受傷致殘，家裡遭受洪水、地震等自然災害破壞，親人生老病死所招致的挫折，都屬於自然因素。社會因素，是指個體在社會生活中受到政治、經濟、道德、宗教、習慣勢力等因素的制約而造成的挫折。同自然因素相比，社會因素給個體帶來的阻礙或困難更複雜、更普遍、更廣泛。

(2) 主觀原因也稱為內部原因，是指由於個人生理心理因素帶來的阻礙和限制所產生的挫折。它包括生理因素和心理因素。生理因素，是指因自身生理素質、體力、外貌以及某些生理上的缺陷所帶來的限制，導致需要不能滿足或目標不能實現。心理因素，是指個體因需求、動機、氣質、性格等心理因素可能導致活動失敗、目標無法實現。

在心理因素中，與挫折密切相關的主要有三點：

① 個性完善程度。一個思想成熟、性格堅強、行為規範、社會適應能力強的人，做事成功率就高，動機實施也比較順利，反之則差。比如有的企業員工由於個性方面的問題，不喜歡與人交往，或不會協調與其他員工之間的關係，因而造成人際關係障礙，得不到領導與同事的同情與支持，導致某些需要和願望不能實現，從而產生挫折。

② 動機衝突。在現實生活中，一個人經常同時產生兩個或多個動機。假如這些並存的動機受條件限制無法同時獲得滿足，就產生難以抉擇的心理矛盾。如果這種心理矛盾持續得太久，太激烈，或者是由於一個動機得到滿足，而其他動機受阻而產生挫折感。

③ 挫折容忍力 (frustration tolerance)，即個體受到挫折時保持正常行為的能力。它包括體質承受力和意志承受力等。影響挫折容忍力的因素主要有以下四種：遺傳及生理條件，身體條件好比身體條件差的人容忍力要強；生活經歷和文化修養，生活經歷豐富、文化修養高的人，比生活經歷不足、文化修養低的人容忍力強；對困難或障礙知覺程度相同的挫折情境，不同的人有不同的感覺和認識，獲得的情緒體驗也有區別，因此受到的壓力和打擊也不同；性格開朗、意志堅強、有自信心的人，比性格孤僻、意志薄弱、自信心差的人對挫折的容忍力要強。

對創業者而言，經歷挫折是必然的，作為企業的代表，這可能是他們必須面對的事情。正確的理解挫折的特性，有利於創業者在處理困境時保持頭腦清醒，正確地認識挫折，處理挫折，並進而走出挫折，使創業者保持良好的心態和狀態，做出正確的決策，領導企業做出更優異的成績。

二、挫折的行為表現

1．行為表現形式

(1) 攻擊。耶魯大學心理學家德蘭認為，攻擊是挫折的結果，挫折的存在一定會引起攻擊的產生。攻擊的產生可預測挫折的存在。攻擊可分為兩種：直接攻擊，即個體遭受挫折後，引起憤怒的情緒，對構成挫折的人或物立即採取直接的攻擊。轉向攻擊，即個體在遭受挫折後，把憤怒的情緒發洩到同構成挫折不相干的人或物上去。

(2) 退化。受挫折後，放棄成熟的成人方式而採取早期幼稚的方式去應付問題或用於滿足自己的慾望。通常表現捶胸頓足、號啕大哭、撕破衣服、咬手指頭、不願承擔責任、不能控制自己的情緒、盲目地追隨某個領導、無理取鬧、毫無理由地擔心、輕信謠言等。

(3) 冷漠。個體受挫後，無法攻擊或攻擊無效時，以沉默、冷淡、無動於衷、失去喜怒哀樂的冷漠的態度表現出來。可能長期遭受挫折、個人感到絕望、心理恐懼、生理痛苦、心理上有攻擊和抑制情緒等原因而導致冷漠。

(4) 幻想。個體受挫後，把自己置於一種脫離現實的想像的世界，企圖以非現實的虛構的方式來應付挫折或取得滿足。

(5) 固執。個體受挫後，一再採取一種一成不變的反應方式。缺乏機敏品質和隨機應變的能力，錯誤地以為固執就是堅定，在變化和情景面前，仍以刻板性的反應出現、逆反心理，錯把固執當堅定。

2．挫折的防衛方式

(1) 合理化。無法達成目標或行為不符合社會價值標準時，找到一些似是而非的理由為自己辯護，目的在於說服自己而非說服別人。例如，當個體行為違背了自己的願望時，便以自己的好惡為理由來掩蓋自己的行為，以達到維護自己自尊心的目的；將自己的過失和錯誤歸咎於自身以外的原因，以減輕內疚的一種反應方式；把個人不合理的所作所為說成是客觀上的需要，並引用典故、事例來佐證自己行為的合理性，以減輕自己因過失而出現的罪疚感。

(2) 逃避。逃向另一現實，如迴避自己沒有把握的工作，而埋頭於與此無關的嗜好和娛樂，以排解心理上的焦慮；逃向幻想的世界，從現實的困難情景撤退，而逃向幻想的自由世界，認為這不但能避免痛苦，還可以使許多願望獲得滿足；逃向生理疾病，如考前發燒，士兵眼盲、失聲等。

(3) 壓抑。將可能引起挫折的慾望以及與此有關的感情、思想等抑制而不承認其存在，或者將痛苦的記憶主動忘掉或排除在意識之外。

(4) 替代。指個人對某一對象所持的動機、感情和態度若不為社會所接受，或自感將遇到困難時，將此種感情和態度轉向另一對象以取而代之。一種是昇華，改變不被社會所公允和接納的動機行為，導向比較崇高的方向，使之符合社會規範和時代需求，以利於社會和個人的發展，這是最富建設性

的防衛機制；另外一種是補償，當個體由於生理或心理上的缺陷而感到不適時，力圖以某種方式來彌補這種缺陷，以消除不適感的反應。

(5) 表同。把別人具有的，使自己感到羨慕的品質加到自己身上。表現為模仿別人的舉止行為，以別人的姿態自居。

(6) 投射。把自己不喜歡或不能接受的性格、態度、意念、慾望轉移到外部世界或他人身上，在無意識中減輕自己的內疚和壓力，以小人之心度君子之腹。

(7) 反向。為防止某些自認為不好的動機表現出來，而採取與動機相反方向的行動，即外在行為與內在動機不一致。例如，口是心非、南轅北轍、矯枉過正、欲蓋彌彰、此地無銀三百兩、內心喜歡卻在行為上極力排斥、嚴重自卑卻過分炫耀自己的優點、過分地逢迎獻媚等。

(8) 否認。否認已經發生的不愉快的事件，認為根本沒有發生，以逃避心理上的刺激、不安和痛苦，如掩耳盜鈴、眼不見為淨、我聽錯了等。

創業者的情緒如果不能很好地加以控制，很可能會造成一些負面結果。比如談判上的失敗，事業不如預期的結果等，都會給創業者造成嚴重的打擊並形成巨大的無形壓力。當他們經受挫折之後，如果不能很好地排解壓力，則會造成無法估量的影響。應當正確地理解這些情緒，適當地預防和排解這種壓力和負面情緒，讓創業者每天保持工作激情和良好的心態，這對一個創業者來說非常重要，對企業的前途命運也是舉足輕重的。

三、挫折與創業管理

既然挫折是創業者在創業的道路上必經的過程，那麼該如何正確地預防和管理挫折呢？在寂寞而漫長的創業道路上，相關知識的獲取可能會給他們一些有益幫助。

1．預防挫折

(1) 消除產生挫折的原因。消除產生挫折的自然因素，例如，地震預防、颱風警報、廠房加固、機器防護、原材料合理堆放、照明、通風、治理汙染等；

對社會因素,要儘量引導職工適應環境,加強法制觀念,注意個人修養和挫折容忍力的加強;對生理因素,要考慮個人的生理特點,使生理缺陷的人受到尊重不受歧視。

(2) 改善人際關係。人際關係緊張、互相猜忌、彼此記恨、形成心理負擔是造成挫折的另一重要原因。譬如上下級關係緊張,同事、朋友關係不和諧等。

(3) 改善管理制度和管理方法。適當調整組織機構和制度,實行參與制、授權制和建議制,不使職工有受到嚴格監督和控制的感覺。同時還要調解人的需要,因為個人的動機受到阻礙、需要得不到滿足是造成挫折的根本原因。

2‧應正確對待受挫折者

(1) 採取寬容的態度。正在遭受挫折折磨的人需要關心、照顧。冷淡歧視,以行政手段施加壓力,只會使矛盾更加激化,甚至把受挫折者推上絕路。唯有關懷和溫暖的開導、勸慰才能幫助他恢復心理平衡。

(2) 提高認識,分清是非。寬容的態度並不等於不分是非、一味遷就。正相反,唯有幫助受挫折者提高了認識、分清了是非,才能使其戰勝挫折。個人應注意到:第一挫折是不可避免的,當遭遇挫折時,不要自己去強化不良的感受;第二要多採用積極的、建設性的防衛行為,少採用消極的防衛行為,避免破壞性的防衛行為。

(3) 改變環境。改變環境是相當有效的方法,其主要的方式有兩種,一是調離原來的工作崗位或居住地點;二是改變環境的心理氣氛,給受挫者以廣泛的同情和溫暖。

(4) 精神發洩。創造一種環境或採取某種方式,使受挫折者自由表達其受壓抑的情感,使其緊張和憤怒得以宣洩,比如「情緒發洩控制室」。精神發洩還可以採取其他的形式,如寫申述信,個別談心以及讓他們在一定的會議上發表意見,領導和同事耐心聽取他們的意見,並對正確的方面給予充分的肯定。

3‧發揮心理治療的作用

第六章 創業者的情緒與意志力管理

心理治療又稱精神治療，是指應用心理學的理論與方法治療病人心理疾病的過程。是以醫學心理學的各種理論體系為指導，以良好的醫患關係為橋樑，應用各種心理學技術包括透過醫護人員的言語、表情、行動或透過某些儀器以及一定的訓練程序，改善病人的心理條件，增強抗病能力，從而消除心身症狀，重新保持個體與環境之間的平衡，達到治療的目的。

4．應適時調節情緒

透過調節情緒，達到舒緩身心的目的。調節情緒有很多種，比如合理排遣與宣洩法、轉移注意法、積極昇華法、自我安慰法、詼諧幽默法、放鬆練習法、保持積極的心態法等心理保健和諮詢，消除或減弱挫折心理壓力。

當創業者發現自己面對挫折時，可以適當地採用以上方法來預防或者是舒緩挫折給自己帶來的壓力甚至是傷害。

擴展閱讀

案例：從失敗走向成功

世上本無天才，成功必有艱辛。賈伯斯就是這樣的一個人。他說：「我是我所知唯一一個在一年中失去 2.5 億美元的人，這對我的成長很有幫助。」從來沒有哪個成功的人沒有失敗過或者未犯過錯誤。相反，成功的人把錯誤當成一個警告，而不是萬劫不復的失敗。賈伯斯的創業經歷過大起大落。1975 年，賈伯斯休學了。為了繼續接受良好的教育，他依舊賴在大學宿舍裡睡在朋友房間的地板上；為了有錢填飽肚子，他撿 5 美分的可樂瓶子來賣；在星期天的晚上走七英里的路到 Harekrishna 教堂，只是為了能吃上飯——這個星期唯一一頓好點的飯。20 歲的賈伯斯與沃茲在車庫裡開創了蘋果電腦公司，但是他的創業並非一帆風順。剛創業的賈伯斯沒什麼名氣，蘋果公司也只是一家小公司，他常常死纏爛打求助能給自己幫助的人。1980 年蘋果公司上市，24 歲的賈伯斯成了當時美國最年輕的億萬富翁。隨著那場席捲美國的金融風暴，他不但破產，還被蘋果公司掃地出門，成了人人皆知的失敗者，還一次次被蘋果公司告上法庭。在接下來的 5 年裡，賈伯斯開創了一家叫做 NEXT 的公司並收購了一家叫皮克斯的公司，1997 年蘋果公司陷入危

機之時他憑藉 NEXT STEP 技術重返蘋果，從而締造了蘋果的輝煌。雖然我們可以用幾百字寫出他創業的起起伏伏，但他在技術上的每一次創新、在業績上的每一次提升、在決策上的每一次成功，無不充滿失敗和徬徨，這是常人不曾經歷的。賈伯斯說：「人生中能夠從挫折中站起來，那麼就能將經歷變成成功，如果倒在挫折中站不起來，那麼挫折的經歷就是一場災難。選擇災難還是成功，完全取決於你面對挫折的態度。」創業的路上等待著人們的往往不是順暢的大路而是充滿荊棘的小路。創業太不容易、創業極其艱辛。在創業的道路上，必須付出百倍於常人的代價，必須承受百倍於常人的壓力。一個人對失敗和挫折採取什麼態度，決定了這個人可以從生活中獲得多大的成長與進步，決定了這個人未來的發展。從這個意義上來說，失敗對我們是一種特殊的考驗，遭遇創業的冬天，把錯誤和失敗當作是改變自我，提高、完善自我的學習機會，只要我們能經受住生活的歷練和考驗，就能從失敗和挫折中走向成功。

複習鞏固

1. 挫折的內涵是什麼？

2. 挫折產生的原因有哪些？

3. 挫折的行為表現形式有哪些？

4. 挫折的防衛方式有哪些？

人們最出色的工作往往在處於逆境的情況下做出。思想上的壓力，甚至肉體上的痛苦都可能成為精神上的興奮劑。

——威廉·貝弗裡奇 (William Beveridge)

第三節 創業者的壓力管理

在日常生活中，你有沒有出現想要集中精力卻無法集中，想要表達卻思維混亂，時間緊迫卻力不從心，急躁易怒又心煩意亂等類似情況呢？或許我們有時候很難界定這樣或那樣的情緒或行為，但最終我們會告誡他人或自己，

這是因為我們背負著太多的壓力,才會導致我們出現了一些異於平常的情緒症狀和行為表現。

一、壓力的表現形式

其實,壓力 (stress) 一詞最早出現在自然科學的物理學術語中,它可以追溯到 18 世紀,本意是指施加於物體上的一種力量,壓力是作用於物體的外部力量和其內部力量的比率。而到了 19 世紀,在醫學領域首次將壓力應用於人類體驗中。此後「壓力」也漸漸被我們所接納。很多人有這樣的疑問:如何判斷我們是否處於壓力狀態下呢?當人處於壓力狀態下又會有哪些具體的表現呢?當我們以旁觀者角度從心理或生理上認真去觀察,會發現一直潛伏在我們周圍的壓力。仔細回顧一下你有沒有出現以下壓力情緒的症狀:

(1) 焦慮。在群體中發言困難,在考試中思維混亂,在爭執中大量冒汗,在面試前恐懼心理等都是焦慮的典型事例。研究者表明長期遭受焦慮神經症折磨的人可能會表現出特定的生理症狀:心悸、胸痛、極度發冷和出汗,喉嚨緊縮、疲憊不堪,缺乏食慾,嘔吐以及便秘。

(2) 抑鬱。在情緒上,總是有枯竭、厭倦、悲傷或是空虛感,很難從日常有趣的人或活動中獲得快樂。行為上也體現出易怒、對小煩惱過分抱怨、記憶力衰退、難以集中精力等;在生理上,沒有胃口、體重減輕、便秘、失眠、眩暈、消化不良、心律不齊等。

(3) 憤怒。這種情緒很常見,正如現在相對新奇的表達是「馬路憤怒」。當它沒有被表達和釋放時,它能對器官、組織造成巨大的損傷。通常,憤怒是由譴責別人開始的,它是一種次級情緒,是由其他情緒、思維、行為或環境派生的。艾略特·阿倫森 (ElliotAronson) 曾指出憤怒常見的幾種表現:完美主義、循環性超負荷、否認、不確信、失控、抑鬱。

(4) 恐懼。對不被察覺的潛在威脅從輕至重不同程度的恐懼和不安。恐懼可能是遺留的,也可能是當下的,或者預期的。具體的表現形式也在生活當中呈現出多樣化,甚至有時候會透過做夢的形式表現出內心的惶恐不安。

(5) 悲傷。它是與現實的、想像的或預期損失有關的悲哀的情緒體驗。生理上的影響包括失眠、胸部疼痛、消化不良、疲憊不堪、食慾不振等。行為可能變得退縮，思維過程混亂，注意力無法集中等。

(6) 挫折感。當人們想要占有某物或者想做某事受阻時產生的急躁、憤怒的感覺。

在與人相處時，學會妥協是與他人生活的一部分。問題的關鍵在於人對挫折刺激的反應程度。嚴重受到干擾或因此而變得瘋狂的人是極其強烈的反應者。

(7) 內疚。它是對自己已經做的錯事或者做得不滿意的事情感到後悔和自責。內疚是源於對自我和他人期望落空時的知覺，並會引發一系列諸如「本應該」、「本能夠」等自我對話。

(8) 羞恥感。這是一種很消極的情緒，一種丟面子或屈辱的感覺，尤其是在被認為是重要人物的眼裡。羞恥感使健康受損或受到威脅，並伴隨著躲避或逃避他人的傾向性行為。

以上是八種常見的由壓力引起的心理情緒的變化，它們是不是曾經或常常困擾著我們，影響著我們的生活呢？如果答案是肯定的，那就讓我們一起用平和之心去瞭解「壓力」吧。

二、壓力的概念

生活就是對刺激、壓力、變化不斷做出反應、永不停息的過程。而壓力一直潛在於我們的生活及環境中，無處不在。超負荷會從不同程度對我們的心理及生理造成影響，所以壓力是不可被忽視的，但也不要過分在意壓力的存在，我們只要用正確的觀念來認識壓力，就有可能很好地處理壓力給我們帶來的困擾。

國外有許多著名研究者對壓力進行了定義，而定義的方式也都存在差異。塞爾日·卡希利·金 (S.K.King) 曾經把壓力定義為個體所經歷的一切變化。從心理學角度上來說，著名研究者理查德·拉扎勒斯 (Richard Lazarus) 認為，

第六章 創業者的情緒與意志力管理

壓力是由於事件和責任超出個人應對能力範圍時所產生的焦慮狀態。拉扎勒斯同其他研究者進一步研究得出壓力還是個人和環境之間的特殊關係，這種關係被個人評價為疲勞的或超越了他或她的心理資源，會危及健康。此外，漢斯·塞利 (Hans Selye) 認為壓力是對施加於身體上的任何需求的非特異性的反應。

1．壓力的定義

壓力是個體對作用於自身的內外環境刺激做出認知評價後引起的一系列非特異性的生理及心理緊張性反應狀態的過程。

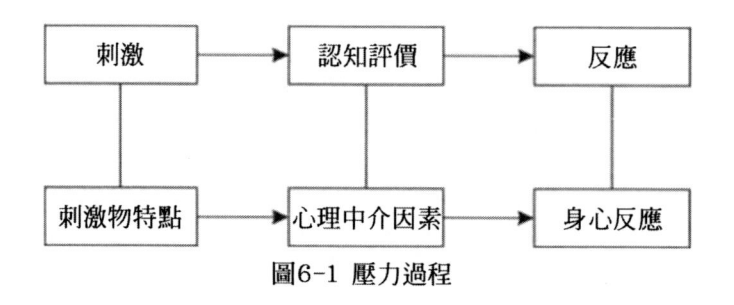

圖6-1 壓力過程

此定義將壓力看成是一個動態的過程。其中包括三個環節：刺激、認知評價及反應。這個過程一直伴隨著我們，透過應激反應，我們不斷地思考、感覺和行動。

(1) 壓力源 (stressor)

同一人對不同事物的反應程度也不盡相同。這又引出了一個重要的概念，那就是我們的壓力源。壓力源是一直存在的，而適應是持續的過程。有時候我們應對壓力源可能得付出身心俱疲的代價，甚至導致我們身體不適或者情緒紊亂。出現這樣的情況時，壓力源就會變成不良壓力源。許多研究者對大學生常見壓力源進行了概括，大致包括以下內容：考試、寢室不和諧、學術論文、學習與實習的衝突，還有來自父母的壓力、大學官僚主義、擇業問題和創業難題以及戀愛問題等。

其實，需求本身並不會直接導致有害的結果。相反，消極的影響源於個體對這些需求的錯誤解釋，對壓力源的認識可以遏制它們向不良壓力源轉化。

正如塞利指出，有充分的證據讓人相信，認識到是什麼在傷害你這個簡單的事實對你具有內在的治癒價值。對動物及人的研究表明了巨大的傷害源於那些未知的和預測不到的壓力源。當壓力源被感知並且可預知、可應對的時候，它們造成的傷害似乎較小。

(2) 認知評價 (cognitive appraisal)

拉扎勒斯使用「認知評價」來描述個體察覺到環境刺激是否對自己有影響的認知過程。認知評價分為兩個階段。第一階段的評價被稱為初級評價 (primary)，是對刺激本身的評價，其中包括了：無關緊要、有益的及有壓力的三種結果。後一階段的評價被稱為二次評價 (secondary)，是個人應對能力、方式及資源的評價。這個階段可以改變初次評價的結果，並伴隨著相應的情緒反應。此外，基於初次評價和二次評價的反饋，人們還可能進行再評價 (Reappraisal)。這是評價過程的循環。

(3) 反應 (stress response)

反應是指個體對壓力源所產生的一系列身心反應。反應分為生理反應和心理反應兩種。其中心理反應包括了認知反應、情緒反應及行為反應。

2．壓力的類型

當我們能夠意識到人的壓力源自於何處，並瞭解人對這些壓力源的應激程度之後，我們對壓力管理與控制的把握性就會更大。

(1) 中性壓力 (neutral stress)

很多時候當我們面對壓力時，身體及心理是處於喚醒 (arousal) 狀態的。但我們幾乎感受不到這些壓力的存在，僅僅是一些被認為是無關緊要或無所謂的訊息或感官刺激。這種壓力就是中性的，無所謂好與壞。

(2) 負面壓力 (distress)

喚醒程度過高或者過低，就會引起或多或少的負面壓力。也就是說個體認定所經歷事情的有害程度，取決於該壓力源被感知的程度是否超過了其應

第六章 創業者的情緒與意志力管理

對壓力源的心理資源。源頭無所謂好與壞，而是在個體把它視為有害後，才會體現出相應的應激反應。

當我們遇到了真實或者想像中的威脅性事件，出現了注意力無法集中、抑鬱、肩部緊繃、易怒、雙手發抖，甚至是恐懼或憤怒等不同程度的在心理、身體上的症狀時，我們就應該意識到負面壓力的存在。

在負面壓力中存在著兩種壓力類型：

一是急性壓力 (acute stress)，性質強但持續時間短暫的壓力，比如在臨考前那種短暫的過度緊張，很強烈但是隨著考試的結束會相應減弱。

二是慢性壓力 (chronic stress)，相比急性壓力，它沒有特別強烈的反應，但是可能持久得讓人無法忍受，甚至會導致崩潰。

其實，不論是急性壓力還是慢性壓力，對這些壓力的負面性處理不當並長期週而復始時，會對我們的身心造成很多不良影響：工作學習效率降低、自尊受到侵犯、無法感受快樂、漠不關心、對生活及人際關係的滿意程度降低、抱怨社會、活力衰退、不同程度的身體疾病等。

不幸的是負面壓力的影響不僅侷限於個體，其負能量還會波及他人，如破壞家庭和諧、擾亂社會秩序。因此，無論什麼時候，我們都應該儘可能地避免負面壓力，或是避免壓力向更壞方面轉化。

(3) 積極壓力 (eustress)

如同硬幣一樣，任何事物都是有兩面性的，壓力也是如此。適當的壓力會激發個體朝向成就或健康的理想水準。當個體長期處於安逸的狀態下，便很容易停滯不前，也很難令人滿意。積極壓力對提升個人的極限有重大意義，同樣也對個人發展有助推作用。

透過以上對壓力的詮釋，能幫人們走出對壓力認識的錯誤。事實上，壓力是一種過程，而不是一個結果。它是人們對於需求而產生的一種喚醒，就如同空氣一樣在我們的日常工作、學習及生活中如影隨形。許多人因為匆忙的生活方式和對即刻滿足的期望，試圖消滅壓力，而不是管理、減輕和控制

壓力，結果壓力不但未消失，反而改頭換面捲土重來，從而給身心造成更大損害。其實，也不是所有壓力都是有害的，壓力也是有很多種的，除了一些會對人的身心造成不良影響的負面壓力，其實很多壓力是並不被察覺，甚至有利於我們實現個人突破。正如我們常說的，壓力即是動力。因此，適當的壓力對我們而言是有益處的，只要我們運用科學的管理方法來對壓力進行控制，讓壓力向積極方面轉化，成為我們前進的動力。

三、創業者的壓力

隨著競爭的日趨激烈，處在象牙塔中的大學生也面臨著社會所投射出的巨大壓力，其中還會潛伏著不良壓力。根據沃特·謝佛爾 (Walt Schafer) 及他的學生做的一項針對大學生壓力的研究，該測試得出了十項最易令人發怒的日常煩擾：錢太少、時間緊迫、持續的學習壓力、撰寫學術論文、考試、未來的計劃、令人煩惱的課程、早起、體重、交通問題。

其中特別需要指出的是在對未來計劃的這一項壓力源顯得尤為突出，大多數大學生對於今後畢業的前景表示很迷茫，很多畢業生在擇業時表現出恐懼和不安，更有六成多學生表達出想要自主創業的意願，但在付諸行動的人數上卻不到兩成。針對自主創業領域，他們紛紛表示壓力很大，無法負荷。那這些新興的創業者在創業過程中會面臨哪些壓力困擾呢？

1．創業者的壓力源

近年來研究者透過不斷研究得出了大學生創業群體的壓力源主要來自於五個因素：

(1) 創業捲入度：創業大學生對超強工作負荷和超長工作時間及節奏的體驗；

(2) 競爭強度：創業大學生創業過程中面對競爭環境、競爭結果和競爭激烈程度時體驗到的壓力；

(3) 資源需求：創業大學生創業過程中在資金儲備、周轉和獲取過程中體驗到的壓力；

(4) 知識儲備：創業大學生在知識更新和知識阻礙企業發展困難時的體驗；

(5) 管理責任：創業大學生創業過程中面對管理員工的責任和壓力。

這五個因素構成了創業大學生創業壓力源的概念模型。

就業是民生之本，創業是就業之源。創業對於新興創業群體而言，本身就是獨具創新的事情，艱巨又複雜。而且新興創業者群體懷揣對創業英雄們的崇拜之情和對未來的憧憬之情，滿腔熱情進行創業，但又缺乏實踐經驗，在遇到實際的棘手問題時會出現不知所措的情況，這些困境本身就是壓力源，應對時若處理不得當，則會加重創業者的心理壓力。

2．創業者的情緒症狀

透過對大學生創業群體壓力來源的歸納，我們還能明顯發現這一類群體表現出了大體上類似的情緒症狀：

(1) 情緒枯竭。情感資源的損耗，以及個體認為他所具備的情感資源不足以應付所處環境時的心理感受；

(2) 去個性化。是在工作環境中對他人的去個性化，即把他人當作物而不是有生命的人來對待。表現為對人態度冷漠，產生疏離感；

(3) 成就感低。表現為對自己的行為和成績傾向於做出負面評價，由此個體感到自己無法勝任工作，沒有能力實現職業目標。

總而言之，在這個高速發展的快節奏時代，創業者存在著巨大壓力，對未來需求的不確定性及不可預測性更加加深了這一應激反應。很多創業者因為面臨壓力而無法負荷，最終選擇放棄最初的夢想，或者無法接受失敗所帶來的打擊，而出現各種不良後果，這些都與一開始的對人生的未來計劃背道而馳了。

生活中的心理學

案例：創業道路上的壓力

第三節 創業者的壓力管理

　　小王在大學期間就表現出了獨具非凡的領導型氣質，他一直崇拜那些白手起家的創業英雄們，想著有朝一日也能成為成功的企業家。臨近畢業的時候，同學們紛紛為工作奔波發愁。小王表達出他要自主創業的想法——創辦一個屬於自己的廣告公司，受到了好兄弟們的響應，表示有意願跟著他做出一番事業。近些年，政府部門也紛紛推行一些優惠政策來鼓勵大學畢業生自主創業，父母對小王的未來規劃也表示支持，並提供了一些啟動資金。小王又擁有比較紮實的專業技術知識，畢業不到半年，他與一同合作的同學在「小王工作室」裡如火如荼地忙碌著事業。

　　可是最近工作上遇到了比較棘手的問題。由於與大型廣告公司相比，小王這名不見經傳的小工作室很難受到客戶的青睞和支持，加上缺乏實戰經驗，資金不足、技術等問題難以解決，有幾個一起創業的同學紛紛打了退堂鼓去投奔大的廣告公司。理想很豐滿，現實太骨感。面對創業的瓶頸，合作夥伴的退出，小王的緊張感在不斷加劇，這在他自身及處理與他人的關係上表現得越來越明顯。面對尷尬的現狀，小王感到了前所未有的壓力，無法找到創作上的靈感，工作效率在不斷降低，也無法獲得業界同行的認可，工作室隨時面臨倒閉，為此他總是借酒消愁來麻痺自己，並把怒火遷就於周圍的家人及朋友。

　　之後，一次偶然的機會，小王透過大學時期認識的前輩接到了一項不錯的案子。同時同行前輩也給了他一些建議，使他漸漸意識到了是自己無法處理好各種壓力，才導致情況變得越來越糟。經過幾個月有意識地對壓力進行控制管理，小王的情緒變得漸漸好起來，身體也恢復了健康狀態，處理工作上的事情的反應能力也得到了加強。

　　小王的生活就是對刺激、壓力和變化不斷做出反應的過程。雖然小王只是眾多大學生創業過程的個案，但作為一名新興創業者，他也很具有代表性，很多大學生在開始創業生涯的時候都會遇到類似的問題，也會有相似的壓力、情緒反應和身體症狀。

四、創業者的壓力管理

壓力若得不到妥善處理，有可能向負面壓力（特別是慢性壓力）轉化，並緊緊伴隨著創業者創業的整個過程，長此以往的持續高壓，對創業者的身心都會造成嚴重傷害，同時也會減小創業成功的機率。那麼，採取良好的應對壓力的措施，將潛在的壓力控制在可掌握的範圍內，能夠讓創業者用更加積極的心態去應對各種風險，這就是我們實施創業者壓力管理的必要性。下面可以透過一個小測試來檢查一下你的壓力感。

小測試

壓力測試：在下面的每一欄括號內填上反映你真實情況的數字。

1= 從未 2= 很少 3= 有時 4= 經常 5= 總是

1. 你有多經常感到沒有權利行使自己的責任？（ ）

2. 你有多經常感到不清楚工作責任的範圍？（ ）

3. 你有多經常感到工作負荷太大、在一天中根本無法完成？（ ）

4. 你有多經常感到無法滿足各種人對你提出的要求？（ ）

5. 你有多經常感到不勝任工作？（ ）

6. 你有多經常感到不知道工作夥伴及同事是否瞭解你、怎樣評價你？（ ）

7. 你有多經常感到無法得到工作所需的訊息？（ ）

8. 你有多經常感到你對影響其他人的生活所做的決定由所擔憂？（ ）

9. 你有多經常感到不被一起工作的人所喜歡或者接受？（ ）

10. 你有多經常感到無法影響工作夥伴做出對你有影響的決定和行動？（ ）

11. 你有多經常感到不知道一起工作的人對你的期望是什麼？（ ）

12. 你有多經常感到你的工作量會影響工作的質量？（ ）

13. 你有多經常感到你必須要做與你的判斷相違背的事情？（ ）

14. 你有多經常對你的工作狀態或者環境不滿？（　）

15. 你有多經常感到工作影響到你的家庭生活？（　）

記分：將所有的分數相加，除以15。分數越高，職業壓力越大。（　）

透過調查測試，我們發現在人群當中確實存在著部分感到壓力的快樂輕鬆族，但很可惜的是這只是極少數。調查的結果顯示，有接近百分之八十多的人是處於不同程度的中高壓危險狀態中，甚至有一些人屬於超高危險人群，他們成天鬱鬱寡歡，當中有些人甚至患有嚴重的抑鬱症。

創業過程中的壓力是可想而知的，由於無法有效地管理壓力，很多創業者身心俱疲，不但事業受挫而且對自己及他人的生活也造成了極大的負面影響。明智的壓力管理是一劑良藥，它可將患病及情緒失控等風險降到最低。必須強調的是，大學階段是改善自我壓力管理實踐操作的最佳時期。若能在這段寶貴的時期學會如何對自我實施壓力管理，對我們廣大的創業者來說，都是一件非常必要且有意義的事情。

1．身體是革命的本錢

創業者不論是在創業的起步還是運營階段，都會遇到各種未知的風險，若沒有一個健康的體魄，則無法去應對各方面的挑戰。在創業過程中承受壓力是不可避免的，其實聚集過度的負面壓力本身就會對身體造成影響，若沒有健康的狀態則會更容易被壓力所擊垮。

(1) 加強有氧鍛鍊

成天把自己關在狹小的空間裡埋頭工作並不能解決所有問題。長久地坐在辦公桌前，容易造成肌肉痠痛，神經緊繃，不如騰出時間來讓身體得到很好的舒展，讓關節和肌肉的疼痛在鍛鍊中得到釋放。我們可以制訂一個鍛鍊執行表，每週三次每次不少於20分鐘有規律的鍛鍊。鍛鍊的形式可以是多樣的，我們可以去接受專業性的鍛鍊，如游泳、健身、健身操等；也可以是透過快步、跳繩、爬樓梯等。透過有意識的鍛鍊，會增強我們的膈膜肌和肺功能。同時在鍛鍊中，能釋放一定的消極情緒，釋放肌肉的緊張。總之，控

制壓力、防止疾病和挖掘更高水準潛能的關鍵一步,即是在日常生活中恢復鍛鍊。這樣做的目的在於滿足人類身體健康的基本需要——生命在於運動。

(2) 補充營養膳食

營養與壓力有著緊密又複雜的聯繫,堅持營養的均衡搭配有利於增強人們抵抗壓力的能力。很多創業者在起步階段舉步維艱,經常沒日沒夜地工作,有時候吃頓盒飯隨便填飽肚子甚至是直接忽略了。無規律、失調的飲食習慣是營養健康方面的主要問題。但事實上吸收足夠多的能量才能滿足控制壓力的需要,所以要儘量做到平衡的飲食(含有充足的又非過量的熱能、維生素和礦物質),改掉抽煙、酗酒的惡習,控制好每天的進餐時間和進餐量,做到葷素搭配。

(3) 保障睡眠充足

很多創業者在面對巨大壓力時的共性反應就是失眠,但是事實上,長時間缺乏睡眠,人會變得更加容易被激怒、焦慮、抑鬱、思維混亂和生理紊亂。成人一天的健康睡眠時間是保證在 6～8 小時。所以,創業者必須要養成一個良好的有規律的睡眠習慣,在入睡前做一做深呼吸等放鬆練習,或者聽聽輕音樂等有助於睡眠的事情。

2・內心修煉不可忽視

健康的體魄對創業者成就事業來說是一個必不可少的基礎保障,但身體健康是遠遠不夠的,我們還更需要從內在的角度來完善我們的內心堡壘。

(1) 培養自我對話的意識

自我對話是我們生活中不可缺少的一部分,創業者需要不斷地對壓力源的本質以及它們對其經歷的可能影響進行評估和鑒定。創業過程中充滿著挑戰、艱苦,但是通常會有一些創業者會把事情想像得比實際情況更糟,會採取一種消極的自我對話模式,總是過於總結、過於否定、過於責備。相反,創業者應該將自我對話轉變成一種積極的力量,換一個角度看問題,不斷提醒自己只為成功找途徑,不為失敗找藉口。當創業者形成一種積極的自我對話模式後,再次面對巨大的壓力時,就能做出相對積極的反應。

(2) 學會換位思考

在人際關係中，尋求一種雙贏的結局能減少壓力。但在實際的創業過程中，很多創業者很難放棄求對心理，也很難放棄在人際交往中求勝的需要。在遇到這樣的兩難境地時，換位思考顯得尤為重要。在關係緊張的時候，試著讓對方的思想進入大腦，嘗試著去接納他人的觀點，思考並體會對方的想法。當再回到自己的角度重新看問題時，就應該盡快找到更好的方法來緩解問題，阻止矛盾升級，這樣不僅能解決難題，也能很好地緩解與合夥人、同事及下屬之間的關係。

(3) 重組創業信念。

創業者在創業前都是躊躇滿志，信心滿滿，但是遇到困境時，若創業者處理不當往往會大受打擊，甚至一蹶不振。這時，我們應該重組創業信念，努力弱化對完美主義的追求，並且強調失敗是通往成功的必經之路。過分惡化的現實情況對於我們實現壓力管理非常不利，應該理智冷靜地看待問題，並找到相應的解決方案。

(4) 加強社會責任感

創業者是社會的一部分，就如同魚與水的關係。過分強調小團體意識並不利於企業及創業者在社會上生存。創業者不是好萊塢大片裡的主角，過分強調個人英雄主義的時代應該離我們遠去。不僅如此，創業者還應當積極主動地承擔社會責任，不過分計較個人的得與失，把社會責任視為自己創業過程中的一部分。這不僅是一種自我超越，更能體現個人在社會上自我價值的實現。

此前我們提到人的需要是不同的，即使是具有同類需要，所喚醒的程度也不相同。在眾多大學生創業者中，每個個體的創業需要、動機及期望也是不同的，且每位創業者的心理特徵也獨具個性，創業者具體的壓力源及耐壓程度都不盡相同，所以具體的管理壓力的方法也是因人而異的，創業者可以透過日後對壓力的相關知識的進一步瞭解，並結合自身實際情況量體裁衣，找到實現自我壓力管理的有效途徑。

第六章 創業者的情緒與意志力管理

生活中的心理學

創業：「SARS」時期的阿里巴巴——阿里巴巴前 CEO 馬雲

「做自己想做的事，做自己認為對的事，做別人不敢做的事，做別人做不好的事，李嘉誠可以，我馬雲可以，那麼中國 80% 的年輕人都可以。」

十年前的四月，阿里巴巴一位 26 歲的女員工在去往廣州開會後感染了 SARS，處於隔離治療的她成為杭州第四例確認為感染 SARS 的患者。馬雲也曾表示，阿里巴巴曾為「SARS」做過非常細緻而充分的應急預防工作。但是，在一場人類需要共同應對的、充滿巨大變數的疫情危機面前，即使是再充分的準備，也可能百密一疏。當時馬雲的壓力非常大，也因為自己的員工感染了「SARS」而深深自責。作為公司的領導，他要承受同一座大樓其他公司的遷怒，甚至有人衝進辦公室來砸東西以洩怒。更讓他難過的是如何面對公司員工和他們親友的指責。遭受「SARS」這樣的打擊足以將公司整個摧毀。在巨大壓力面前，馬雲沒有忘記自己的職責，堅守在崗位上控制自己的情緒和行為，和全體員工齊心協力共抗「SARS」。他親自去和各個公司的人見面、道歉，解釋阿里巴巴將要採取的措施，鼓勵大家一起面對疫情，爭取理解。同時給阿里巴巴員工們寫了一封道歉信，儘管這件事情，本不能算是他的過錯。

戴著口罩的馬雲，向大家宣布了被隔離的消息。同時，全體員工在家辦公的通知也陸續發出，大家戴上了口罩，抓緊時間打點家裡辦公所需的一切。在短短兩個小時內，工程部的技術人員就為員工家裡的電腦設置好了工作所需的必備裝置。在「SARS」的時候，一天之內所有的交易服務都未受影響。在此之後，阿里巴巴的辦公場所被隔離了 12 天，幾乎所有員工都開始在家辦公。為瞭解除單身員工被隔離時的心理問題，馬雲幾次利用網路舉行全公司範圍內的卡拉 OK 比賽。這在正常時候是很難理解的。因為利用電子郵件和網絡聊天工具來交流，同事們之間變得更加直接和坦率，效率也隨之提高。馬雲對這種新的公司內部的交流方式非常重視，他親自參與其中，和員工進行網絡上的即時交流。

儘管事後當馬雲回憶起「SARS」的時候，他一如往常地用他的方式來詮釋，「這是一件好事，『SARS』成為凝聚人心的時刻」。這效果是令人滿意的，電子商務的優勢因為這一次的疫情而得到肯定，營業額增長非常快速。所以，SARS 這次災難成為馬雲心目中一次經典的戰役而被一次又一次地提起。馬雲合理地對待壓力，並恰當地處理好壓力，鼓舞下屬，凝聚人心，讓阿里巴巴渡過了這場危機。

複習鞏固

1. 壓力具有哪些具體的表現形式？

2. 大學生創業者的壓力源包括哪幾個因素？

3. 創業者如何在創業過程中實施壓力管理？

創業的過程，實際上就是恆心和毅力堅持不懈的發展過程，其中並沒有什麼秘密，但要真正做到中國古老的格言所說的勤和儉也不太容易。而且，從創業之初開始，還要不斷學習，把握時機。

——李嘉誠

第四節 創業者的意志力管理

人生好似一次遠航，時而風平浪靜，時而暗潮洶湧，但是沒有任何人能不經歷風雨，始終一帆風順的。正如人們今天所知道的那些取得成就的成功人士，大部分人只看到他們的光芒，卻不知昨日的他們揮灑了多少汗水。靜下心來看看他們的成長歷程，人們會發現其實成功不易。人們想要取得成就、實現夢想並超越自我，就不能停下腳步。國內著名策劃人王陽曾在他的書中寫道，「一個人不是『一定要』的時候，連小石頭都可阻擋他的去路，只要『一定要』的人，再大的障礙都擋不住他想要的結果」。「一定要」是一種決心，更是一種意念。

第六章 創業者的情緒與意志力管理

一、意志力的表現

談到「意志力 (will-power)」，大多數人第一反應便是將它與毅力、堅持等詞等同起來，其實意志力遠比人們對它的一般認識要廣闊得多。很多人有這樣的疑問：意志力看不見、摸不著，它是否存在？意志力為何有那麼強大的力量來支配人的行為？意志力如何讓人有力量支撐下去？

意志力是確實存在的。國外很多研究者在很早就對意志力進行了研究分析。尤其是在 20 世紀 90 年代，美國心理學家馬丁·塞利格曼 (Martin E.P.Seligman) 對不同人群所做的棉花糖實驗，就表明了意志力是確實存在的。不同人的意志力的表現不同，通常而言，意志力是有很大先天成分的，有些人天生具有更強的抵抗誘惑的能力，擁有較強意志力的人在今後的工作學習中能更順利渡過難關、完成任務。同時，塞利格曼透過多年的調查研究表示意志力就像肌肉一樣，過度使用會疲勞，但是可以透過後天的長期培養和鍛鍊得到增強。

意志力是一種能量的蓄積與消耗。羅伊·鮑邁斯特 (Roy F.Baumeister) 做的蘿蔔實驗很具有代表性。鮑邁斯特透過實驗表明意志力有時候就像能量一樣，當人們做毫不相干的事情，其實是從同一個區域內消耗能量（即意志力），即人們一整天做的看似毫無關係的各種事情之間其實存在隱秘的聯繫。就如同人們在日常生活中，從同一區域消耗意志力去忍受擁堵的交通、誘人的食物或是不和諧的工作氛圍、緊迫的任務等。他還指出意志力如同能量一樣是有限的，使用就會被消耗，過多或過快消耗等不合理的使用都會導致人們的力不從心。

意志力是不同的兩個自己在競爭。一些神經學家認為人只有一個大腦，卻有著兩種不同的思維。凱利·麥格尼格爾 (Kelly McGonigal) 將心理學與神經學相結合，提出意志力挑戰就是兩個自我在對抗：一個自我任意妄為、及時行樂，另一個自我克服衝動、深謀遠慮。當意志力發揮作用時，就是我們內心當中不同的自己在相互競爭的過程。正是這股力量在引導人們做出選擇，支配人們的日常行為。

二、意志力的概念

許多研究者對意志力進行了定義。美國的弗蘭克·哈多克 (Frank Haddock) 曾將意志力定義為一種量可以增加、質可以發展的能量。西格蒙德·弗洛伊德 (Sigmund Freud) 也提出了類似的看法，他還提出了一種理論，人類使用一個名為「昇華」的過程把來自基本本能的能量轉化成比較受社會認可的能量。後來的研究者鮑邁斯特在弗洛伊德「自我」的基礎上提出了「自我損耗」的概念，用來描述人們對自己的思維、感受和行為的調節能力減弱的過程。人們有時候能夠克服這種心理上的疲勞，但是如果因為意志力因素用完了能量，那麼他們最終會屈服。麥格尼格爾將意志力定義為人們控制自己的注意力、情緒和慾望的能力，是駕馭「我要做」、「我不要」、「我想要」這三種意圖的力量。

意志力是心理學中的一個概念，意志力是人們自覺地確定目的，並根據目的支配、調節行動，克服困難，實現目的的心理過程。人的意志力的強弱是不同的，構成人的意志的某些比較穩定的方面，就是人的意志品質。意志力具有四種品質：自覺性，即目標明確，一切行動都為了目的的實現而積極地學習工作，甘願吃苦耐勞，勇於自我犧牲；果斷性，即遇到事情不優柔寡斷，善於迅速地明辨是非利害，在適當的時候堅決地採取決定和執行決定；堅韌性，即無論遇到多大的困難與挫折都能堅持到底，不半途而廢；自制性，即在意志行動過程中能夠駕馭自我，克制自己的慾望和情感，控制自己的語言和行為，不感情用事。

總而言之，意志力體現了雙重的能量，有動有靜。它是引導人類行動的力量，又是人們在這些行動中的行為。意志力的這種能量的積蓄，需要透過人的決心或行動的力度和持久性來體現出來。這樣，在這一過程中所展現出來的意志力就變為了動態的意志力。

三、創業者的意志力

在這個競爭日趨激烈的大環境中，人人都嚮往著功成名就。那什麼是成功呢？任正非的解釋是：經歷了九死一生還能好好地活著，這才是真的成功。

確實，在通往成功的道路上，失敗是不可避免的，挫折與逆境就是我們通往成功道路上的必經之地。而這時候，意志力就是我們披荊斬棘的強有力工具。

孟子有云：故天將降大任於斯人也，必先苦其心志，勞其筋骨，餓其體膚，空乏其身，行拂亂其所為，所以動心忍性，增益其所不能。確實，成功與意志力是分不開的，我們時時需要意志力帶我們走出失敗，也需要靠意志力來抵禦即時誘惑，在創業過程中，它能帶著人們向著目標前行，只有意志力堅強的人，才能為了將來的收穫克己忍耐，收穫長遠的成功。

擴展閱讀

案例：松下幸之助

有個非常瘦弱的年輕人，來到一家電器工廠面試。他一走進工廠的人事部，便對主管說：「您可否安排一個小職務給我，我什麼都願意做，即使工作非常卑微，薪資很低也沒關係。」人事主管看他身材瘦小又衣著不整，正準備一口回絕了他，但是又怕因此傷害了他的自尊心，就隨口編了一個理由：「我們目前並不缺人，你一個月後再來看看吧。」年輕人聽完便轉身離開，主管猜想他一定會打退堂鼓。沒想到一個月後，年輕人又來了，主管繼續推託，如此反覆幾次，最後主管只好說出真實的理由：你看你髒兮兮的，根本不能走進我們的工廠啊。兩個月後年輕人又來了，而且還自信滿滿地說：您好，我已經學會了不少電器方面的知識，也拿到了一些證書，您再看看我還有哪些不足之處，我一一補足。人事部長認真看了看眼前的年輕人，呆住了一會兒才說：「我在這工作了快十年了，頭一次碰到像你這樣不死心的人，我真佩服你的耐性和韌性。」年輕人的毅力終於打動了人事部長，使他爭取到了一個工作的機會，並在今後的日子裡憑藉自己超凡的毅力，實現了自己的人生理想。他就是後來創設日本松下電器公司的傳奇人物—松下幸之助。

四、創業者的意志力管理

其實，創業成功是沒有捷徑的，人們若想獲得成功就注定要在這條道路上披荊斬棘。當人們失意時，強大的意志力將是使其反敗為勝的法寶之一。

第四節 創業者的意志力管理

廣大的大學生朋友們，或許你被保護在象牙塔裡並沒有經歷太多的風雨，我們可以透過一個小測試來看看你是否具備創業意志力這樣的法寶。

小測試

每道試題你可按下列情況做出判斷。

A：很符合自己的情況

B：比較符合自己的情況

C：介於符合與不符合之間

D：不大符合自己的情況

E：很不符合自己的情況

(1) 我很喜歡長跑、長途旅行、爬山等體育運動。但並不是因為我的身體條件符合這些項目，而是因為這些運動可以鍛鍊我的體質和毅力。

(2) 我給自己訂的計劃常常因為主觀原因不能如期完成。

(3) 如果沒有特殊原因，我要每天按時起床，不睡懶覺。

(4) 我的作息沒有規律性，經常隨著自己的情緒和興致而變化。

(5) 我信奉「凡事不做則已，做則必成」的格言，並身體力行。

(6) 我認為做事情不必太認真，做得成就做，做不成便罷。

(7) 我做一件事的積極性，主要取決於這件事情的重要性，即該不該做，而不在於對這件事的興趣，即想不想做。

(8) 有時候我躺在床上，下決心第二天要做一件重要的事情，但到了第二天這種勁頭又消失了。

(9) 當學習和娛樂發生衝突的時候，即使這種娛樂很有吸引力，但我也會馬上決定去學習。

(10) 我常因讀一本引人入勝的小說或者看一檔精彩的電視節目而不能夠按時地睡覺。

第六章 創業者的情緒與意志力管理

(11) 我下定決心辦成的事情（如練習長跑），不論遇到什麼困難（如腰酸腿疼），我都會堅持到底。

(12) 當我在學習和工作中遇到了困難的時候，我首先想到的就是問問其他人有沒有辦法。

(13) 我能長時間做一件重要但又枯燥無味的事情。

(14) 我的興趣多變，但是做事情常常「這山望到那山高」。

(15) 我決定做一件事情時，常常說幹就幹，絕不拖延或讓它落空。

(16) 我辦事情喜歡先把容易的事完成，難的能拖就拖，實在拖不了時，就趕時間做完算數，所以別人不大放心讓我做難度高的工作。

(17) 對於別人的意見，我從不盲從，總喜歡分析、鑒別一下。

(18) 凡是比我能幹的人，我不大懷疑他們的看法。

(19) 我遇事喜歡自己拿主意，當然也不排除聽取別人的建議。

(20) 生活中遇到複雜的情況時，我常常舉棋不定，拿不了主意。

(21) 我不怕做我從來沒做過的事情，也不怕一個人獨立負責重要的工作，我認為這是對自己很好的鍛鍊。

(22) 我生來膽怯，沒有十二分把握的事情，我從來不敢去做。

(23) 我和同事、朋友、家人相處很有克制能力，從不無故發脾氣。

(24) 在和別人爭吵時，我有時雖明知自己不對，卻忍不住要說一些過頭話，甚至罵對方幾句。

(25) 我希望做一個堅強有毅力的人，因為我深信有志者事竟成。

(26) 我相信機遇，很多事情證明，機遇的作用有時超過了個人的努力。

評分標準與測試結果：在上述 26 道題中，凡題號為單數的試題，A、B、C、D、E 依次為 5、4、3、2、1 分，凡是題號為偶數的試題，A、B、C、D、E 依次為 1、2、3、4、5 分。最後將得分彙總。

總分在 110 分以上，表明你意志很堅強。

總分在 91-110 分，表明你意志較堅強。

總分在 71-90 分，表明你意志只是一般。

總分在 51-71 分，表明你意志較薄弱。

總分在 50 分以下，表明你意志很薄弱。

如果你意志堅強，那麼祝賀你，你擁有了成功的必要條件之一，但你千萬不要沾沾自喜，因為這只是必要條件而不是充分條件。如果你的意志力還不夠堅強，那麼，請你從現在做起，培養你的意志力。

你是否還沉浸在意志力小測試中，因為你擁有高分 -- 意志堅強，而暗自竊喜；或是取得低值，而擔心你的意志力還不夠堅強，無法開創事業。其實透過之前對意志力的更深一步的瞭解，我們知道意志力雖然具有先天性的成分，但是更多的是要靠後天的努力去習得，有意識地去培養和訓練。它如跟我們的肌肉一般，需要有意識地加強鍛鍊，才會發揮最大的效用。創業是一件艱苦又具有挑戰性的事業，沒有堅強的意志力是很難幫助創業者走向成功的。如果此時的你對自己的意志力還不確定，那就請你從現在做起，加強對自身意志力的管理和鍛鍊吧。

1．必不可少的每日十分鐘

現代快節奏的生活，總是有做不完的工作，任務堆積如山，很多人選擇犧牲自己的睡眠來熬夜加班。但是，有許多國內外學者透過大量研究表明，當人長時間處於睡眠不足狀態時容易減弱意志力。睡眠不足導致前腦很難被激活，而這部分恰恰是控制我們意志力的部分，當大腦無法正常運轉時，我們會不自覺削弱對外在誘惑的抵抗力。

不論在創業的哪個階段，我們都必須記住初始狀態和長期的目標，而記住這些取決於大腦區域對精力的分配。我們可能無法保證每天六小時以上的睡眠，但是我們可以透過每天的十分鐘冥想，達到與充分睡眠相同的效果。這短短十分鐘，讓身體放鬆，讓心靈舒緩，讓大腦休眠，只要堅持每天加以

強化，能對前額皮層造成很好的作用，使大腦前區得到充分運轉，從而達到控制衝動、找到動力，減少拖延的效果。

2．不可忽視的自我暗示

創業者不僅要擁有好的體魄，精神素養同樣重要。精神引導著我們如何進行正確、理智的思考。道德畸形的矯正就是透過暗示和自我暗示來實現的。我們的神經系統控制著人的整個機體，而人的思想源頭就是神經系統的核心—大腦。由此可見，透過思想，我們就可以很大程度上將自己的身體機能控制起來。正如中世紀一些思想家提出的思想或者暗示不但能造成疾病，也能治癒疾病。所有感知力其實被這種想像所控制著，心臟的跳動又被感知力控制著，而且感知力會透過心臟的跳動將所有生命機能激活。所以，整個機體都是可以得到改善的。自我暗示的運用範圍是無止境的，我們不僅能夠控制和改善我們的身體機能。若是能夠很好地運用這一看似渺小實則強大無比的功能，對我們的創業會有很大的幫助。

值得一提的是，牛仔大王李維斯的自我暗示對他事業的成功就有很大的幫助。他在創業過程中遇到問題時一直不斷用一句話來激勵自己：「太棒了，這樣的事情竟然發生在我的身上，又給了我一次成長的機會。凡事的發生必有其因果，必有助於我。」創業過程中，難免會遇到一些不盡如人意的事情，有時候面臨財務無法周轉、入不敷出、虧本等情況，一味地擔心、恐慌、不安是沒有用的，不如每天堅持不斷地喚醒自己的潛意識並與它對話，靜下心來對自己進行積極的自我暗示。

3．不可或缺的自我控制

實現自我控制，它能更好地控制我們的壓力，讓我們更為放鬆，把意志力保存好並不斷增量來用以應對更為重要的挑戰。我們之所以會出現情緒和行為失控，是我們在很多時候自制力不夠造成的。自制力是指人們能夠自覺地控制自己的情緒和行動。既善於激勵自己勇敢地去執行採取的決定，又善於抑制那些不符合既定目的的願望、動機、行為和情緒，它是意志力的重要標誌。在職場的人際關係中，自制力測驗得分高的管理者，下屬及同級對他們的評價也很高。自制力強的人，似乎特別擅長與別人形成並維持安全而滿

意的人際關係。有大量研究結果表明他們相比其他人，具有更強的同情心，更懂得換位思考，他們的情緒更加穩定，更不容易出現焦慮、抑鬱、偏執等問題或是其他疾病。確實，擁有較強自制力的創業者在創業過程中能更為集中地關注到自己的情緒和行為，並時刻注意保持良好狀態。

(1) 設定目標

若想實現自我控制，我們首先要做的就是設定目標。但不能一次性設置太多目標，因為在很多時候，即使在不被外界所干擾的情況下人們也很難完成所有既定的目標。不用擔心目標定得較高，以為這樣人們需要花更多的精力和時間去實現它。英特爾資深副總裁虞有澄曾經說過，一個有事業追求的人可以把「夢」做得高一些，雖然開始時只有夢想，但只要不停地做，不輕易放棄，夢想就能成真。

(2) 貴在堅持

我們的目標設定好了，我們就要開始啟動我們的意志力去完成自我控制的使命。其實在實現自我控制的同時，也是對我們意志力的一種鍛鍊。班杰明·富蘭克林 (Benjamin Franklin) 在晚年寫自傳的時候回憶自己年輕時的目標：要讓道德達到完美的境界。但在現在看來這是一個烏托邦式的目標，可是富蘭克林 (Franklin) 採取了「分而化之逐個擊破」的策略，他設計出一套修身養性之道，其中包括「美德檢查表」。但是別指望透過自我控制，解決一切難題。即使是富蘭克林也不能做到盡善盡美，因為我們有時候指定的目標本來就是相衝突的，目標的不確定性會對我們實施控制帶來很大負面影響。在創業過程中，我們並沒有三頭六臂，在設定目標的時候可以採取各個擊破，實現步步為營。

(3) 行為監督

增強自我控制需要很強的意志力和行為監督。設定了目標我們需要反覆的訓練。這點在有宗教信仰的教徒和毫無信仰的人之中表現得淋漓盡致。教徒總是會有一種潛意識的喚醒，不時地提醒和告誡自己的心理和行為，為與不為，他們透過長期的控制形成了較強的自制力。在創業階段，其實也應該

創業心理學

第六章 創業者的情緒與意志力管理

有一個良好的信仰，有一份堅守的信念，設定一個較高但不相衝突的目標，然後透過自制力去實現自我控制，這樣對於創業者而言，會更加有意識地控制自己的情緒和行為表達，甚至有時候在工作中能夠達到事半功倍的效果。

複習鞏固

1. 意志力的性質包括哪些，這些性質具體的內涵是什麼？
2. 創業者如何在創業過程中增強自身的意志力？

要點小結

情緒以及情緒管理概述

1. 情緒總是同人的需要和動機有著密切的關係，如人的某種需要得到滿足或目的沒有達到時，他將會產生愉快或者難過等感受。因此，情緒是以個體的願望和需要為中介的一種心理活動。

2. 情緒管理不但影響生理健康也影響心理健康。

3. 情緒智商高者能認識自己的情緒，妥善管理情緒，自我激勵，認知他人的情緒以及處理好人際關係。

4. 團隊情商由團隊成員的個體情商，團隊的目標集聚，團隊的角色管理以及團隊的溝通機制組成。

挫折與管理

1. 挫折理論是由美國行為科學家亞當斯 (J. S.Adams.) 提出的，主要揭示人的動機行為受阻而未能滿足需要時的心理狀態，並由此而導致的行為表現，力求採取措施將消極性行為轉化為積極性、建設性的行為。

2. 挫折產生的原因有自然因素、社會因素、生理因素、心理因素。

3. 挫折的行為表現形式有攻擊、退化、冷漠、幻想、固執。

4. 挫折的防衛方式有合理化作用、逃避作用、壓抑作用、替代作用、表同作用、投射作用、反向作用、否認作用。

創業者的壓力管理

1. 八種常見的由壓力引起的心理情緒表現包括：焦慮、抑鬱、憤怒、恐懼、悲傷、挫折感、內疚、羞恥感。

2. 壓力是個體對作用於自身的內外環境刺激做出認知評價後引起的一系列非特異性的生理及心理緊張性反應狀態的過程。它是個體生理和心理上的喚醒，這種喚醒是由施加於它們的需求所導致的。壓力無處不在，並對人的身心產生影響。壓力的類型分為三種：中性壓力、負面壓力和積極壓力。

3. 壓力源是一直存在的，而適應是個持續的過程。創業者的壓力源主要有創業捲入度、競爭強度、資源需求、知識儲備、管理責任五個維度。對於大多數年輕創業者而言，如果不能妥善處理好壓力，會出現情緒枯竭、去個性化、成就感低的情緒症狀。

4. 創業者在創業過程中應當對壓力進行管理：首先，身體是革命的本錢。應當加強有氧鍛鍊、補充營養膳食和保障睡眠充足。其次，不可忽視內心修煉。要加強自我對話的意識，學會換位思考、在失意時要重組創業信念，建立自尊，同時加強社會責任感。

創業者的意志力管理

1. 意志力是人們自覺地確定目的，並根據目的支配、調節行動，克服困難，實現目的的心理過程。人的意志力的強弱是不同的，構成人的意志的某些比較穩定的方面，就是人的意志品質。

2. 意志力具有四重性質：自覺性，即目標明確，一切行動都為了目的的實現而積極地學習工作，甘願吃苦耐勞，勇於自我犧牲；果斷性，即遇到事情不優柔寡斷，善於迅速地明辨是非利害，在適當的時候堅決地採取決定和執行決定；堅韌性，即無論遇到多大的困難與挫折都能堅持到底，不半途而廢；自制性，即在意志行動過程中能夠駕馭自我，克制自己的慾望和情感，控制自己的語言和行為，不感情用事。

3. 創業者在創業過程中，可透過每日十分鐘的冥想來實現身心放鬆，同時合理運用自我暗示、自我控制來實現對意志力的管理。

創業心理學
第六章 創業者的情緒與意志力管理

關鍵術語表

情緒 (Emotion)

情緒管理 (Emotion Management)

團隊情商 (Group Quotient)

挫折 (Frustration)

挫折容忍力 (Frustration Tolerance)

壓力 (Stress)

壓力源 (Stressor)

認知評價 (Cognitive Appraisal)

初級評價 (Primary Appraisal)

二次評價 (Secondary Appraisal)

再評價 (Reappraisal)

喚醒 (Arousal)

負面壓力 (Distress)

急性壓力 (Acute Stress)

慢性壓力 (Chronic Stress)

積極壓力 (Eustress)

自尊 (Self-esteem)

意志力 (Willpower)

思維定勢 (Mind Set)

壓力管理 (Stress Management)

選擇題

第四節 創業者的意志力管理

1. 情緒的分類有（ ）

a. 基本情緒 b. 社會情緒 c. 主觀情緒 d. 客觀情緒

2. 情緒管理的重要性有（ ）

a. 情緒影響說話狀態 b. 情緒影響心情

c. 情緒影響身體健康 d. 情緒影響人際關係

3. 情緒智商包括五種能力是（ ）

a. 認識自己的情緒 b. 妥善管理情緒

c. 自我激勵 d. 認知他人的情緒，人際關係管理

4. 挫折內涵包括（ ）

a. 挫折心理 b. 挫折情境 c. 挫折反應 d. 挫折認知

5. 如何對待受挫折者？（ ）

a. 採取寬容的態度 b. 提高認識，分清是非

c. 改善環境 d. 精神發洩

6. 挫折產生的心理因素有（ ）

a. 個性完善程度 b. 身體健康

c. 動機衝突 d. 挫折容忍力

7. 挫折的行為表現有（ ）

a. 攻擊 b. 退化

c. 冷漠 d. 幻想，固執反應

8. 挫折的預防措施有（ ）

a. 消除產生挫折的原因 b. 改善人際關係

c. 改善管理制度和管理方法 d. 發揮心理治療作用

第六章 創業者的情緒與意志力管理

9. 壓力的類型有（ ）

a. 中性壓力 b. 環境壓力 c. 負面壓力 d. 積極壓力

10. 年輕創業者的壓力情緒症狀主要有（ ）

a. 去個性化 b. 情緒枯竭 c. 成就感低 d. 不良惡習

11. 從改善身體角度，如何實施壓力管理？（ ）

a. 加強有氧鍛鍊 b. 補充營養膳食

c. 保障睡眠充足 d. 培養自我對話

12. 從修煉內心角度，如何實施壓力管理？（ ）

a. 培養自我對話的意識 b. 學會換位思考

c. 重組創業信念 d. 加強社會責任感

13. 意志力的性質包括（ ）

a. 自覺性 b. 果斷性 c. 堅韌性 d. 自制性

14. 如何實施意志力管理？（ ）

a. 每日冥想十分鐘 b. 自我暗示

c. 自我控制 d. 情緒控制

第七章 創業中的激勵行為與決策行為

在創業過程中，激勵行為與決策行為甚為重要，有效的激勵會點燃創業者的激情，促使他們的工作動機更加強烈，讓他們產生超越自我和他人的慾望，並將潛在的巨大的內驅力釋放出來，為企業的遠景目標奉獻自己的熱情。決策是在一定的條件下，運用科學的方法對解決問題的方案進行研究和選擇的過程。它絕不能脫離開實際進行，必須依靠一些科學的工具和方法進行。創業者應該從哪些方面激勵自己，使自己更容易成功？本章主要從調高目標，離開舒適區，強化信念，學會堅持等四個方面具體講述創業者激勵自己行為的方法，並分析創業者的決策行為及其重要性。

一個人再有本事，也得透過所在社會的主流價值認同，才能有機會。

——任正非

第一節 激勵行為

一、激勵的一般概念與模式

什麼是激勵？美國管理學家貝雷爾森 (Berelson) 和斯坦尼爾 (Steiner) 給激勵下了如下定義：「一切內心要爭取的條件、希望、願望、動力都構成了對人的激勵——它是人類活動的一種內心狀態。」人的一切行動都是由某種動機引起的，動機是一種精神狀態，它對人的行動起激發、推動、加強的作用。

不同的激勵類型對行為過程會產生不同程度的影響，所以激勵類型的選擇是做好激勵工作的一項先決條件。

1・一般激勵模式

(1) 物質激勵與精神激勵

雖然二者的目標是一致的，但是它們的作用對象卻是不同的。前者作用於人的生理方面，是對人物質需要的滿足，後者作用於人的心理方面，是對

人精神需要的滿足。隨著人們物質生活水準的不斷提高,人們對精神與情感的需求越來越迫切。比如期望得到愛、得到尊重、得到認可、得到讚美、得到理解等。

(2) 正激勵與負激勵

所謂正激勵就是當一個人的行為符合組織的需要時,透過獎賞的方式來鼓勵這種行為,以達到持續和發揚這種行為的目的。所謂負激勵就是當一個人的行為不符合組織的需要時,透過制裁的方式來抑制這種行為,以達到減少或消除這種行為的目的。

正激勵與負激勵作為激勵的兩種不同類型,目的都是要對人的行為進行強化,不同之處在於二者的取向相反。正激勵起正強化的作用,是對行為的肯定;負激勵起負強化的作用,是對行為的否定。

(3) 內激勵與外激勵

所謂內激勵是指由內酬引發的、源自於工作人員內心的激勵;所謂外激勵是指由外酬引發的、與工作任務本身無直接關係的激勵。

內酬是指工作任務本身的刺激,即在工作進行過程中所獲得的滿足感,它與工作任務是同步的。追求成長、鍛鍊自己、獲得認可、自我實現、樂在其中等內酬所引發的內激勵,會產生一種持久性的作用。

外酬是指工作任務完成之後或在工作場所以外所獲得的滿足感,它與工作任務不是同步的。如果一項又髒又累、誰都不願做的工作有一個人做了,那可能是因為完成這項任務,將會得到一定的外酬——獎金及其他額外補貼,一旦外酬消失,他的積極性可能就不存在了。所以,由外酬引發的外激勵是難以持久的。

2．激勵過程

激勵的目標是使組織中的成員充分發揮出其潛在的能力。激勵是「需要 → 行為 →滿意」的一個連續過程。

一個人從有需要直到產生動機這是一個「心理過程」，比如當一個下屬做了一件自認為十分漂亮的事情後，他渴望得到上司或同事的讚賞、認可和肯定，這就是他渴望被上司激勵的心理「動機」。這時，如果上司及時而得體地用表揚「激勵」了他，他在今後的工作會更賣力，甚至做得更好，這就使他產生了努力工作的「行為」，而這種行為肯定會導致好的「結果」，最後達到下屬和上司都「滿意」的成效。

而對創業者而言，創業取得階段性的成功，獲得社會認可、朋友的肯定，即可對創業者自身產生激勵的成效。

3・激勵的影響因素

激勵機制就是在激勵中起關鍵性作用的一些因素，由時機、頻率、程度、方向等因素組成。它的功能集中表現在對激勵的效果有直接和顯著的影響，所以認識和瞭解激勵的機制，對搞好激勵工作是大有益處的。

(1) 激勵時機

激勵時機是激勵機制的一個重要因素。激勵在不同時間進行，其作用與效果是有很大差別的。打個比喻，廚師炒菜時，不同的時間放入調味料，菜的味道和質量是不一樣的。超前激勵和遲到的激勵可能會失去了激勵應有的意義。

激勵如同發酵劑，何時該用、何時不該用，都要根據具體情況進行具體分析。根據時間上快慢的差異，激勵時機可分為及時激勵與延時激勵；根據時間間隔是否規律，激勵時機可分為規則激勵與不規則激勵；根據工作的週期，激勵時機又可分為期前激勵、期中激勵和期末激勵。激勵時機既然存在多種形式，就不能機械地強調一種而忽視其他，而應該根據多種客觀條件，進行靈活的選擇，更多的時候還要加以綜合地運用。

(2) 激勵頻率

所謂激勵頻率是指在一定時間裡進行激勵的次數，它一般是以一個工作週期為時間單位的。激勵頻率的高低是由一個工作週期裡激勵次數的多少所決定的，激勵頻率與激勵效果之間並不完全是簡單的正相關關係。

激勵頻率的選擇受多種客觀因素的制約，這些客觀因素包括工作的內容和性質、任務目標的明確程度、激勵對象的素質情況、勞動條件和人事環境等等。一般來說有下列幾種情形：對於工作複雜性強，比較難以完成的任務，激勵頻率應當高，對於工作比較簡單、容易完成的任務，激勵頻率就應該低；對於任務目標不明確、較長時期才可見成果的工作，激勵頻率應該低；對於任務目標明確、短期可見成果的工作，激勵頻率應該高；對於各方面素質較差的工作人員，激勵頻率應該高，對於各方面素質較好的工作人員，激勵頻率應該低；在工作條件和環境較差的部門，激勵頻率應該高；在工作條件和環境較好的部門，激勵頻率應該低。當然，上述幾種情況，並不是絕對的劃分，通常情況下應該有機地聯繫起來，因人、因地而異。

(3) 激勵程度

所謂激勵程度是指激勵量的大小，即獎賞或懲罰標準的高低。它是激勵機制的重要因素之一，與激勵效果有著極為密切的聯繫。能否恰當地掌握激勵程度，直接影響激勵作用的發揮。超量激勵和欠量激勵不但起不到激勵的真正作用，有時甚至還會起反作用。比如，過分優厚的獎賞，會使人感到得來全不費功夫，喪失了發揮潛力的積極性；過分苛刻的懲罰，可能會導致人的摔破罐心理，挫傷下屬改善工作的信心；過於吝嗇的獎賞，會使人感到得不償失，多幹不如少幹；過於輕微的懲罰，可能導致人的無所謂心理，不但不改掉毛病，反而會變本加厲。

所以從量上把握激勵，一定要做到恰如其分，激勵程度不能過高也不能過低。激勵程度並不是越高越好，超出了這一限度，就無激勵作用可言了，正所謂「過猶不及」。

(4) 激勵方向

所謂激勵方向是指激勵的針對性，即針對什麼樣的內容來實施激勵，它對激勵效果也有顯著影響。馬斯洛的需要層次理論有力地表明，激勵方向的選擇與激勵作用的發揮有著非常密切的關係。當某一層次的優勢需要基本上得到滿足時，應該調整激勵方向，將其轉移到滿足更高層次的優先需要，這樣才能更有效地達到激勵的目的。比如對一個具有強烈自我表現慾望的員工

來說，如果要對他所取得的成績予以獎勵，獎給他獎金和實物不如為他創造一次能充分表現自己才能的機會，使他從中得到更大的鼓勵。還有一點需要指出的是，激勵方向的選擇是以優先需要的發現為其前提條件的，所以及時發現下屬的優先需要是經理人實施正確激勵的關鍵。

擴展閱讀

小遊戲

目的：透過給予和接受讚揚來熟悉別人，在較短的時間裡，這一方法就會取得效果，團隊的情緒也會變得高漲。

所需材料：紙、筆和一些獎品。

步驟：給每個人 5 分鐘的時間，讓他們如實地寫出對其他成員儘可能多的讚揚（糖果），這些讚揚可以是程度較淺的（你的領帶真不錯、你的衣服和你很相稱，等等），也可以是比較個人的（任何讚揚者樂意的東西）。唯一的原則是，在相互交換寫下的讚揚時，必須進行目光的交流。這些寫下來的讚揚可以是匿名或折起來的。但當把它們交給接受者的時候，給予的人必須注視著接受者。直到所有的成員把自己寫的讚揚（糖果）都給了別人，收到糖果的人才可以打開它們。每個人都坐下來後，同時打開他們收到的禮物。評價一下現場的氣氛。

在向成員發出信號讓他們看自己手中的「糖果」前，向他們提問：「你們中有多少人從某個你們從未給過他糖果的人那兒收到了至少一個糖果？」「你們對此感覺如何？」為什麼我們中有那麼多人忽視了真誠讚揚——因為我們只是透過做出另外一個讚揚來對得到讚揚做出回應。

每個人打開自己收到的糖果時，整個團隊的情緒不斷高漲。團隊內相互支持的風氣也會顯露出來。有些成員可能會感到有點窘迫，但毫無疑問，這樣的經歷是令人愉快的。

第七章 創業中的激勵行為與決策行為

討論題

1. 為什麼我們總是抑制自己如實讚揚我們所關心的人、一起工作的人、甚至是一直留心觀察的人呢？

2. 當你看到別人所寫的關於你的一些東西，你的感受如何？

3. 你能對這個練習進行改編，使這成為你生活的一部分，讓自己更加清醒、更善於接受他人嗎？

4. 糖果是匿名的，這樣做有什麼目的？為什麼？如果都署上真名，會不會更好？

5. 如果你要將收到的糖果與那些和你有過眼神接觸的人對應起來，你會怎麼做？這對促進雙方的關係有什麼幫助？

6. 你還要再送一些糖果給其他人嗎？當你想做的時候，為什麼自己不去做呢？

小提示：遊戲非常適合在休息的時候或是會議結束的時候進行。團隊領導者應當給每個人都準備一些糖果，以便在有人沒有收到糖果的情況下使用。

創業者激勵自己的主要方式有調高目標、離開舒適區、學會強化信念、學會運用效率與時間、學會堅持、學會做正確的決策、敢於犯錯、加強排練和迎接恐懼。這裡，我們將重點學習調高目標、離開舒適區、學會強化信念以及學會運用效率與時間。

二、創業者激勵自己的主要方式

1．調高目標

真正能激勵你奮發向上的是：確立一個既宏偉又具體的遠大目標。許多人驚奇地發現，他們之所以達不到自己孜孜以求的目標，是因為他們的主要目標太小，模糊，而使得自己失去了主動力。如果你的主要目標不能激發你的想像力，目標的實現就會遙遙無期。

(1) 目標的重要性以及如何調高目標

普通人要想成功，都需要訂立自己的短期目標，創業者更是如此。恰當的短期目標可以作為創業者的燈塔，引導創業者努力前行。

(2) 學會擬訂短期目標

每一步的前進，都是拓展更廣闊事業策略的重要部分。假設你已經訂好事業的最終目標，現在你需要足夠的理智和準確度，去把最終目的換成一個個具體的小目標。

短期目標應該代表你當前事業面臨的主要問題，一旦我們辨清主要問題，我們就能訂出優先順序，然後集中處理最嚴重、最迫切需要的一個。

目標應切實可行，由於會有很多無法預測的因素介入，制定短期事業目標並不容易。但是，儘可能明確而實際地去思考仍然是最重要的事情。

(3) 學會瞄準太陽

一個想當元帥的士兵，雖然不一定就能成為元帥；但一個不想當元帥的士兵，則永遠不可能成為元帥。目標遠大，才能充分發掘你的潛能。

高爾基說：「目標愈高遠，人的進步愈大。」人應該擁有一個高遠的目標，才能燃起極大的熱情，同時，由於有了遠大的目標，人生才能極大發展。我們都有這樣的體會，當確定只走 10 公里路程，走到七八公里處便會鬆懈而感到很累，因為目標快到了；但如果要求走 20 公里，那麼，在七八公里處正是鬥志昂揚之時。有經驗的射手都知道，要想射中靶心決不能瞄準靶心，而要瞄準靶心以上的位置。這就是「取法於上，僅得其中。取法於中，僅得其下」的道理。

就從高目標本身來說，即使沒有達到，也比那完全達到的較低的目標具有更大的價值。目標必須給心智留有較大的空間，我們才會擁有更大的熱情，才能追求更大的成功和幸福。

有一位哲學家到一個建築工地分別問 3 個正在砌磚的工人說：「你在幹什麼呢？」

第一個工人頭也不抬地說：「我在砌磚」。

第二個工人抬了抬頭說:「我在砌一堵牆」。

第三個工人熱情洋溢、滿懷憧憬地說:「我在建一座城市」。

聽完回答,哲學家馬上判斷了這三個人的未來:第一個人眼裡只有磚,可以肯定,他能把磚砌好,就很不錯了;第二個眼裡只有牆,心裡有牆,好好做或許當一位技術員;唯有第三位,必有大出息,因為他有「遠見」,他的心中有一座城市。

沒有遠見的人只看到眼前的、摸得著的手邊的東西;相反,有遠見的人心中裝著整個世界。世界上最貧窮的人並非是身無分文的人,而是沒有遠見的人。只有看到別人看不見的事物,才能做到別人做不到的事情。遠見,是看到並非擺在眼前的東西的能力。遠見,是看到別人未看到的有重大意義的能力,是看到機會的能力。

只有你心中有一幅宏圖,才能從一個成功走向另外一個成功,才能把身邊物質條件作為跳板,跳向更高、更好、更令人欣慰的境界。

人無遠慮,必有近憂。目標越遠大,意志才會越堅強,絕沒有無緣無故的堅韌不拔。「忍辱」必然是因為「負重」,忍的程度決定於目標的大小。沒有遠大的目標,一生都是別人的陪襯和附庸。沒有遠大的目標,就沒有動力。沒有長期的目標,便會有短期的挫折感。茫無目標的漂盪,終歸迷失航向而永遠達不到成功的彼岸。

請嚴肅看待短期的目標,確切作答,考慮幾天後,用鋼筆寫下你的這些目標,它們應該就是你個人的明確承諾。

(4) 明確目標的力量

從明確目標中會發展出自力更生、個人進取心、想像力、熱忱、自律和全力以赴,這些全是成功的必備條件。對於一個創業者而言,這些尤其重要,創業者應該學會激勵自己,使自己漸漸養成這些習慣。

一旦你確定了明確目標之後,就應開始預算你的時間和金錢,並安排每天應該付出的努力,以期達到這個目標。

(5) 學會訂立明確目標

成功的人能迅速地做出決定，並且不會經常變更；而失敗的人做決定時往往很慢，而且經常變更決定的內容。記住：有 98% 的人從來沒有為一生中的重要目標做過決定。他們就是無法自行做主，並且貫徹自己的決定。

大家試想一下，如果一個創業者無法為自己訂立明確的目標，甚至無法在關鍵的時刻做決定，那麼他成功的機率有多大？那麼，究竟該如何克服不願意做決定的習慣呢？你可以先找出你所面臨的最迫切的問題，並且對此問題做出決定，無論做出什麼的決定都可以，因為有決定總比沒有決定要好，即使開始時做了一些錯誤的決定也沒有關係，日後你做出正確決定的機率會愈來愈大。

當然，如果能夠事先確定你的目標，將有助於做出正確的決定，因為你可隨時判斷所做的決定是否有利於目標的達成。明確目標的最大優點就是使你具備成功意識，這個意識使你的腦海裡充滿了成功的信念，並使你努力為之奮鬥。

生活中的心理學

案例：舒樂博士的大教堂

1968 年的春天，羅伯·舒樂博士立志在加州用玻璃造一座水晶大教堂，他向著名的設計師菲力普·強生表達了自己的構想：「我要的不是一座普通的教堂，我要在人間建造一座伊甸園。」強生問他預算，博士堅定而明快地說：「我現在一分錢也沒有，所以 100 萬元和 400 萬元的預算對我而言沒有區別。要的是，這座教堂本身要具有足夠的魅力來吸引捐款。」教堂最終的預算為 700 萬美元。700 萬美元對當時的舒樂博士來說是一個甚至超出理解範圍的數字。

當天夜裡，舒樂博士拿出一張白紙，在上面寫上「700 萬美元」，然後又寫下 10 行字：

一、尋找 1 筆 700 萬美元的捐款；

第七章 創業中的激勵行為與決策行為

二、尋找 7 筆 100 萬美元的捐款；

三、尋找 14 筆 50 萬美元的捐款；

四、尋找 28 筆 25 萬美元的捐款；

五、尋找 70 筆 10 萬美元的捐款；

六、尋找 100 筆 7 萬美元的捐款；

七、尋找 140 筆 5 萬美元的捐款；

八、尋找 280 筆 25000 美元的捐款；

九、尋找 700 筆 1 萬美元的捐款；

十、賣掉 10000 扇窗，每扇 700 美元。

在 1980 年 9 月，歷時 12 年，可容納一萬多人的水晶大教堂竣工，成為世界建築史上的奇蹟與經典，也成為世界各地前往加州的人必去瞻仰的勝景。水晶大教堂最終的造價為 2000 萬美元，全部是舒樂博士一點一滴籌集而來的。

一座水晶大教堂：舒樂博士的目標堅定而清晰：「我要的不是一座普通的教堂，我要在人間建造一座伊甸園。」教堂的預算為 700 萬美元──一個天文數字，足以嚇退很多人。但是舒樂博士有自己的辦法。攤開一張白紙，將 700 萬美元進行細緻的分解，甚至可以分解成 10000 扇 700 美元的窗戶，將目標分解為一步步的可以落實為具體行動的計劃。開始行動，每天都要檢省自己的工作，有沒有完成今天的計劃，有沒有偏離方向？明天我應該做什麼？一座宏偉的水晶大教堂是可以這樣建成的。

2. 離開舒適圈

不斷尋求挑戰，體內就會發生奇妙的變化，從而獲得新的動力和力量。但是，不要總想在自身之外尋開心。令你開心的事不在別處，就在你身上。因此，應該找出自身的情緒高漲期用來不斷激勵自己。創業者需要不斷尋求挑戰，讓體內發生奇妙的變化，從而獲得新的動力和力量。

(1) 限期改正壞習慣，培養好習慣

創業者應該試著清理出那些制約自己走向成功的壞習慣，制定一個改正的時間表，限期改正，同時培養一些有益的好習慣。這樣，就可以把自己放置在一個良好的環境系統中。性格決定命運，這句話已經被大家普遍接受。那麼進一步推問：什麼決定性格呢？或者說性格是怎樣形成的呢？答案是：習慣養成了性格。所以，也可以說，習慣決定了命運。習慣的力量是巨大的，它是經過長時期不斷重複的行為而形成的一個模式。熟悉的地方沒有風景，一個行為或者思維方式經過長時期的沉澱後，在人的大腦裡會形成印刻效應，也可以說是動物性的條件反射，碰到給定的條件，就會產生既定的反應。形成一些習慣後，我們就如同有了一些固定的模式和軌道，自覺不自覺地按照它們的指引行動。這些習慣強化生根後，就表現為性格特徵。所以說，好的習慣讓人受益終生，而壞的習慣也會讓人終生受害。創業者只有養成好的習慣，才能形成良性循環，從而達到創業成功。

我們可能都聽過下面這個故事：有個小夥子到理髮店學手藝，師傅讓他在大冬瓜上練習剃頭技術。這個小夥子勤勤懇懇，苦練不輟，技術日漸熟練。在不知剃過了多少冬瓜皮後，終於有一天，師傅說：行了，不用剃冬瓜了，今天你給客人剃頭吧。小夥子高高興興地開始施展自己的手藝，三下五除二，一個大腦袋就剃完了，他隨手把剃刀往下一插，正想叫師傅來看他的手藝，卻只聽客人一聲慘叫。

原來，這個夥計每天練習剃冬瓜時養成了一個習慣：剃完冬瓜皮後，他總隨手把剃刀使勁地插在冬瓜上。習慣成自然，這一次，他把剃刀插到了客人的腦袋上。這就是習慣不利的一面。還有一些行為，我們剛開始沒有在意，覺得沒什麼大不了的，可是，時間長了，其中潛在的危險就會暴露出來。並且這些小問題一旦有了開頭，就會有持續下去的慣性，終究會給你釀成難以下嚥的苦果。一條寬闊的馬路，車來車往，川流不息。馬路中間的欄杆讓人弄了一個缺口，儘管往兩側走上二百公尺各有一座行人天橋，但許多人還是圖省事從缺口處穿越馬路。久而久之，大家都習慣了，甚至白髮蒼蒼的老頭

老太太拉著小孩的手，也堂而皇之地走過去。終於有一天，隨著一聲刺耳的剎車聲，一對挽著手的情侶倒在血泊中。

同樣，這些也許會發生在你的創業過程中，一些小問題說不定會成為將來阻礙你成功的絆腳石。許多創業成功者，都非常自律並且經常反省自己，勇於面對自己的壞習慣，並督促自己改正這些壞習慣。

(2) 改變舊習慣，邁向成功

習慣的作用不僅僅在於具體的行為，更為嚴重的是習慣性的心態。一個人去找算命先生為他算卦，算命先生說這個人 20 多歲時諸事不順。30 多歲時雖多方努力仍一事無成。那人焦急地問：那 40 歲呢？算命先生說：你就已經習慣了。記得當時看到這個故事時，我的心猛然一震，竟有種醍醐灌頂的感覺，或是一股從心底激起的寒意，經過生活一系列的磨難之後，難道我們真要接受一種無奈的現實，麻木不仁地走向人生的終點？絕不！我們的心境可以歸於平和，但是不能歸於死寂，我們可以給自己設定一些更加切實可行的目標，盡力幹好自己手頭的每一件事情，執著地突破習慣麻木的束縛，求新求變。只要開始行動，就不會太晚，只要去做，就有成功的可能。

作家葉天蔚曾經寫下這樣一段話：「在我看來，最糟糕的境遇不是貧困，不是厄運，而是精神心境處於一種無知無覺的疲憊狀態，感動過你的一切不能再感動你，吸引過你的一切不能再吸引你，甚至激怒過你的一切也不能再激怒你，即便是饑餓感與仇恨感，也是一種強烈讓人感到存在的東西，但那種疲憊會讓人止不住地滑向虛無。」

普通人尚且要努力改變麻木不仁的舊習慣，迎接挑戰，何況創業者呢？創業者需要認清現狀，改變一成不變的現狀，用嶄新的面貌走向創新創業的征途。

3．學會強化信念

創業者要想相信自己的能力，最有效的方法就是實際去做。如果你一次成功，就很容易建立會再成功的信念。如果你的自我意識非常強烈就容易獲

得成功，反之，當自我主張動搖時，若能把自己的外觀和意識都變得使自己滿意，即可恢復自我。

那麼創業者該如何強化信念激勵自己呢？首先你得有一個起碼的信念，並且不斷吸收新的有力的依據，以強化這個信念。如果你想戒煙，不妨去拜訪醫院的加護病房，觀察一下患了肺氣腫而躺在氧氣罩裡的病人，或者看一看「老煙槍」肺部的 X 光照片。諸如上述的經驗相信定然能使你建立起真正強烈的信念。

(1) 信念激發潛能

信念左右命運，創業者要想使自己成功，除了弄清自己成為成功者的才能外，最根本最重要的是毫無倦怠地持續工作。所有獲得成功的人從自己的切身感受中發現，唯有信念才能左右命運，因而他們只相信自己的信念。人的潛在意識一旦完全接受自己的要求之後，他的要求便會成為創造法則的一部分，並自動地運作起來。

創業者必須相信自己所想要開創的事。這樣，就會在自己的潛意識中得到真正的印象，而自己的潛意識也會因為印象的程度而適當地做出反應。普通人認為辦不成的事，若當事人確實能從潛在意識去認定可能辦成，事情就會按照當事人信念的程度如何，而從潛能中發揮出極大的力量來。此時，即使表面看來不可能辦成的事，也可能辦成。生活中，常有這樣的事：醫生已判定某個患者的病無法治癒或某人是癌症晚期，但是患者卻抱著「一定會好」或「我的病不像醫師說的那麼嚴重，我會好的」這種樂觀的信念，患者的病後來真的就完全治好了或癌症晚期的悲慘結局根本就沒有出現。

凡是想成功的人，凡是不甘現狀、希望進取的人，都要相信自己的力量，不為各種干擾所左右，朝著既定的大目標勇往直前。這對創業者尤為重要，創業者在創業途中，肯定會遇到極大的干擾與阻力，只有堅定了自己的信念，才能跨越那些阻礙，取得成功。

影響我們人生的絕不是環境，也不是遭遇，而是我們持有什麼樣的信念。之所以產生如此奇蹟般的結果，原因有兩個方面：

一是擁有絕對可能的信念，便會在心裡播下良好的種子，從心底引起良好的作用。

二是那個幾乎不可能的信唸到達潛能後，會從潛能那裡迸發出無限的力量來。

世上許多令人無法相信的偉大事業，卻有人去完成了，究其原因，無非是那些人具有不怕艱難險阻的堅強信念，堅信自己的力量。

(2) 信念指引人生

信念何以對我們的人生有這麼大的影響，事實上它可以算是我們人生的引導力量。當我們人生中發生任何事情時，腦海裡便自然會浮現出兩個問題：這件事對我是有益還是有弊的？此刻我得採取什麼行動才能獲得較好的結果？這兩個問題的答案是什麼，就全看我們所持的是哪種信念。

信念不是自然生成的，而是我們從過去的經驗中累積而學會的。它是我們生活中行動的指針，指出我們人生的方向、決定我們人生的品質。

人生十之八九是不如意的，其中甚至於有極為痛苦的遭遇，要想活下去非有積極信念不可，這是心理醫生維克多·佛朗凱從奧斯維辛集中營的種族屠殺事件中領悟出的道理。他注意到從這場慘絕人寰的浩劫中活過來的少數人都有一個共同的特徵，那就是他們不但能忍受百般的折磨，並且能以積極的信念去面對這些痛苦，他們希望有一天會成為活生生的見證，告訴世人不要再發生這樣的慘劇。

信念也像指南針和地圖，指引出我們要去的目標，並確信必能到達。然而沒有信念的人，就像少了馬達、缺了舵的汽艇，不能動彈一步。所以在人生中，必須要有信念，它會幫助你看到目標，鼓舞你去追求、創造你想要的人生。

擴展閱讀

案例：信念的力量

朗特絲已沮喪到不想起床的地步。她自從胖了50磅以來，每天要睡16小時。就在這時，收音機裡的一則廣告引起了她的興趣，她竟然搖搖晃晃地跑到那裡一探究竟。正是這第一步，朗特絲加入俱樂部，展開運動課程，經過一段時間，她的感覺及精神大幅度地轉變，於是她說服俱樂部給她一份推廣的工作。朗特絲向來對廣播推銷極為神往，有意朝這個方面發展，但她中意的電臺沒有職缺，也不願給她面試機會。

那時她已領會堅持到底的訣竅，便死守在總經理辦公室門口，直到他答應讓她面試為止。看到她顯露出來的信心、決心、毅力及衝勁，經理終於點頭，答應僱用她。她才剛開始工作就表現驚人，沒多久便遙遙領先於其他同伴。

如今，朗特絲已是全國知名的演說家、作家，也是她自己的公司——朗特絲推銷與激勵公司的董事長。她比以往更快樂、更健康、更富裕，也更穩定。她的朋友增多了，心態平和安寧，家庭關係融洽，對未來更是充滿希望。只要踏出第一步，每一扇門都會為你開啟。

信念加上訓練，可使你大幅度成長並最終成就非凡。信念使朗特絲付諸行動，並創造了另一番精彩的人生。

4·學會運用效率與時間

創業者要學著運用效率與時間來解決問題，創業者在創業過程中需要面對各種瑣碎的事情，只有高效率地解決這些事情，才有精力面對更嚴峻的挑戰。

你是不是覺得時間不夠用，並且經常做事心不在焉？其實有時候問題不在於時間夠不夠，而在於你會不會利用而已。

我們為了把聲音送到更遠的地方，費了很大的精力；為了讓汽車更有效率，研究了特別的裝置；為了光線的效率，發明了反射鏡。但我們卻幾乎不曾動動腦筋，來增加自己的效率。

那些會利用效率的人都認為，只有很清楚自己工作的內容，才能發揮出自己的能力。他們覺得需要瞭解自己工作的全貌。例如瞭解每種工作間的比

第七章 創業中的激勵行為與決策行為

重和差異,自己的工作和別人工作上相互的關係。我們要先評價自己使用時間的方法,這樣才能更有效地利用時間。我們要把每樣行為和事情累積起來,再從整體上查看,就能對自己活動的趨勢和類型一目瞭然。

針對創業者可以把所需要做的工作內容寫到紙上,這能使你瞭解到,你每天在做什麼事情。你可以明了自己可能正被瑣碎的事浪費掉許多時間。這樣就能把整個工作從更高的觀點看,就可明了工作的主要目標究竟在哪裡,而對過去那些占了你時間的各種工作可以重新再做調整。

創業者如能做到客觀、正確的分析,就可瞭解到接受下面哪一種訓練,具備什麼樣的經驗可以把工作處理得更好。

(1) 養成寫工作記事的習慣

這種習慣的用意,就在於它能糾正我們在不知不覺中發生的偏差。工作記事簿上,最重要的是應該把你做的事全部寫出來,不要遺漏。尤其對現在的工作,不要理會它的重要性或順序等,全部都要記下來。把記錄工作做好以後,下一步就把寫出來的東西,按照它的重要性以及順序排列。在做這些事情的同時,應該問問自己:「假如我在這個時間裡,只能做一樣工作,應該選哪一種工作?」這對你處理事情的程序很有幫助。

(2) 整理好你的桌面

整理工作也和整理桌子的道理相同──就是把所有東西擺在已決定好的地方,要做到所有東西放在應該放置的地方,第一步要把放在桌子上的資料,減少到真正需要的東西為止。甚至連一張小小的紙,也應該考慮是不是應該擺在桌上,決定不用的東西,就該拿到適當的地方去。

把不太需要使用的資料收放在書櫥或檔案保管箱中,再從保管箱或書櫥中取出來。由於不必要的東西都塞在保管箱或書櫥裡,積多了會忘掉,因此時常要清理裡邊的東西,不要把文件壓在桌上,應該利用以下說的兩種方法來處理,一種是事先做預備的審查,另一種是把手裡的文件按照重要性,以及先後順序分類,而且按照它們的性質分配時間,拿起應該要先看的東西,概念性地看看,以判定優先的順序,按照工作的需要排定順序。

(3) 預算你的時間

　　創業者要學會確定事情的優先次序，把必須做的事情列出清單，再依照它們的重要程度排列先後次序。創業者不僅要做長期計劃，也不能忽略日常生活中必須及時處理的一些細節。如果你正在計劃明天的事，可別忘了還有今天。有的時候，只要你把今天的小事情處理妥當，明日的長遠計劃就會更加順利地完成。面對每天大大小小、紛繁複雜的事情，如何分清主次，把時間用在最有生產力的地方，有兩個判斷標準：其一，我必須做什麼？這有兩層意思：是否必須做，是否必須由我做。非做不可，但並非一定要你親自做的事情，可以委派別人去做，自己只負責督促。其二，什麼能給我最高回報？什麼能給我最大的滿足感？應該用 80% 的時間做能帶來最高回報的事情，而用 20% 的時間做其他事情。創業者需要時刻牢記「時不我待」，時光像流水一樣匆匆過去，與其獨立江頭空嘆「逝者如斯夫」，不如從此刻發奮努力，珍惜分分秒秒。

　　羅馬不是一天建成的，任何一項偉大的事業，都會具體分解成每一件小事，在這些小事情上養成堅持的好習慣，認真地做下去，日積月累，誰能阻擋住你創業成功的步伐？對於能夠堅持的人來說，早一天、晚一天實現目標也許有偶然的因素，但成功終究是一種必然。

　　國外一位心理學家曾對 1528 名智力超常者進行了長達 20 年的追蹤研究。研究後期，將其中 300 名男性中成就最大的 20% 與成就最小的 20% 相比較，發現兩者最明顯的差異不在智力而在性格。最有成就的 20%，性格明顯帶著「傻勁」。這位心理學家的研究成果告訴我們：有卓絕的聰明才智者，不一定有傑出的成就。那麼有傑出成就者，就一定有卓絕的才智嗎？一生獲有 1300 多項專利的天才發明家愛迪生，曾說：天才是 1% 的靈感加 99% 的汗水。就是說，傑出的人聰明與否不重要，那 1% 的靈感份量太輕。現代人才學家也關注了這一問題，他們的研究結果是：一個人事業上的成功，其專業知識或技術只起 15% 的作用，而其他方面有 85% 的作用。其他方面具體是指：正義感、責任心、合作能力、毅力等，這些與「傻勁」即堅持有關。這個結論同樣把聰明才智放在第二位。

我們從小就聽說過「龜兔賽跑」的故事，講的也是這個道理，巧輸於拙，快輸於慢，差別在於是否堅持。一個本就具有一定聰明才智的人，選定了一個自己感興趣又很適合自己的方向，能有堅持到底的「傻勁」，他多半就會成為我們所說的天才或者成功人士。

在某種程度上，當今社會最大的特點就是快速的變化和激烈的競爭，每時每刻，世界都發生著令人瞠目結舌的變化，每時每刻都充滿著激烈的競爭，我們的周圍，有許許多多的對手，要生存，要成功，要有自己的一席之地，就要在適應變化和激烈競爭中超越他們，勝利的訣竅，同樣是堅持，要比他們多堅持一會兒，直到他們倒下之時你依然站立。

曾經有一位父親為了培養兒子的堅強意志，送孩子去跟一位拳擊教練學習拳擊。一段時間後，他去看孩子的訓練效果，教練安排了一場拳擊比賽來向這位父親展示這半年來的訓練成果。被安排與男孩對打的是另一名教練，沒有幾個回合，男孩便被擊倒在地，但是男孩很快便重新站起來繼續戰鬥，倒下去又站了起來。如此來來回回總共 20 多次。教練問父親對孩子有什麼新的評價。父親很傷心：「他怎麼這麼不中用啊？ 總是被打倒。」教練說：「你為什麼看不見他馬上就站起來了呢？ 你只看到了表面的勝負，但只要他能堅持，有這個毅力和決心，只要站起來的次數比倒下去的次數總是多一次，他就能取得勝利。」

5．學會堅持

世界上最難的事情是什麼？ 答案可能會出乎很多人的意料，是堅持！有了正確的目標與計劃，也開始了行動，問題在於：你能堅持多久？而且，越是接近成功的時候，越是最艱苦，最容易放棄的時候，創業更是如此。

這個充滿競爭的社會裡，來自對手的壓力始終存在。我們要提高自己的技巧，增強自己的力量，調整自己的策略，但最重要的還是要比別人更能堅持，創業尤其如此。

「二戰」時期，德國在戰爭初期橫掃歐洲，所向披靡。英國當時處於絕對的劣勢，倫敦被德國空軍轟炸得滿目瘡痍，但幸運的是，他們有具有非凡

意志的領導人——丘吉爾。他號召人民永不放棄，堅持到底。他的堅強意志幫助人民渡過了最困難的時期，並最終取得戰爭的勝利。當時流傳著這樣一個笑話，說「二戰」以前，丘吉爾有一次與希特勒會面。談話結束後，兩人在園中散步，看見一個池塘，裡面有很多魚。兩人打賭，看誰能不用釣具把魚捉起來。希特勒心想，這還不容易！他馬上拔出手槍，朝池中的魚射了幾下，可惜沒有一發擊中。希特勒只好無奈地說：「我放棄了，看你的吧！」

只見丘吉爾不慌不忙地從口袋裡掏出一把小湯匙，把魚池中的水一匙一匙地舀到溝裡。希特勒大喊道：「這要等到什麼時候啊！」丘吉爾笑嘻嘻地回答：「這方法雖然慢了點，但最後的勝利必然是屬於我的。」

「受苦的人，沒有悲觀的權利。」這是大哲學家尼采的話。已經受苦了，為什麼還要被剝奪悲觀的權利呢？道理很簡單，如果你不想再受苦，那就必須要克服困境，悲傷和哭泣只能加重傷痛而不能幫助你解決任何問題，所以不但不能悲觀，而且要比別人更積極。

在冰天雪地中歷險的人都知道，凡是在途中說「我撐不下去了，讓我躺下來喘口氣」的同伴，很快就會死亡，因為當他不再走、不再動時，他的體溫就會迅速地降低，接著很快就會被凍死。同樣，在人生的旅途中，如果失去了跌倒以後再爬起來的勇氣，我們就只能得到徹底的失敗。一時一地的失敗都沒有關係，只有堅持到最後，才能笑到最後。

另外要提醒創業者們注意的是，在最接近成功的時候，往往是最艱苦的時候，也是最容易放棄的時候，很可能功敗垂成，空留遺憾。這個時候的堅持，尤為重要。當年愛迪生在發明電燈時，實驗了很多種用來做燈絲的材料，都不成功。有人安慰愛迪生說：「失敗了那麼多次，算了吧。」愛迪生說：「不是你說的那麼回事，我已經成功地證明了那些材料不行，我很快就會找到合適的材料了。」運動學上有個名詞叫做生理極限，這個概念同樣可以用到成功學上，當困難看起來難以克服時，放棄似乎是最容易擺脫困境的出路。尤其是在面臨突破上一個瓶頸的時刻，往往總感覺長時間的徘徊不前讓人難以忍受。這是考驗我們承受能力的時候，也就是黎明前的黑暗，只要再咬牙堅持一下，勝利就是你的。

在生活中，很多人失敗了，不是因為他們缺少知識和才能，而是他們放棄了。成功並不遙遠，只不過你的耐性差了一點點。成功者可能僅僅比失敗者多忍耐了幾分鐘，他們就成功了。

6・學會做正確的決策

正確的決策是成功的開始，所有正確的決策都是在運用真實和全面訊息的基礎上做出的，如果你做出的決策建立在一種不全面的或者不真實的訊息基礎上，那就沒有什麼價值。當然，做出決策的過程是一個困難的過程。

7・敢於犯錯

有時候我們不做一件事，是因為我們沒有把握做好。我們感到自己「狀態不佳」或精力不足時，往往會把必須做的事放在一邊，或者等靈感的降臨。

8・加強排練

先「排演」一場比你要面對的局面更複雜的戰鬥。如果手上有棘手活而自己又猶豫不決，不妨挑件更難的事先做。生活挑戰你的事情，你定可以用來挑戰自己。這樣，你就可以開闢一條成功之路。成功的真諦是：對自己越苛刻，生活對你越寬容；對自己越寬容，生活對你越苛刻。

9・迎接恐懼

世上最秘而不宣的體驗是，戰勝恐懼後迎來的是某種安全有益的東西。哪怕克服的是小小的恐懼，也會增強你對創造自己生活能力的信心。如果一味想避開恐懼，它們就會像瘋狗一樣對你窮追不捨。此時，最可怕的莫過於雙眼一閉假裝它們不存在。

創業之路上，創業者必然會遇到許多的艱難險阻，這時候，保持前進的動力是十分必要的。學會激勵自己，不斷地給自己打氣，只有這樣，人們才會有不竭的前進動力，創業也才能夠真正成功。

生活中的心理學

案例：汽車大王

著名的汽車大王福特自幼幫父親在農場幹活,當他 12 歲時,就在頭腦中構想出一種能夠在路上行走的機器,這種機器可以代替牲口和人力。當時他的父親要求他在農場當助手,可是他堅信自己可以成為一名出色的機械工程師。終於,1892 年,福特 29 歲之時,他成功製造了第一部摩托車。而在 1896 年,也就是是福特 33 歲的時候,世界第一部汽車引擎便面世了。

信念是靈魂的工廠,人類所有的成就都是在這裡鑄造的。從 12 歲的構想,到 33 歲的實現,福特花了 21 年在這「信念的工廠」鑄造他的汽車。以後的日子,福特的信念便成為一個「金元的工廠」,替他與數以萬計的人「鑄造」了天文數字的財富。福特的堅定信念,努力不懈的精神,就是使他的汽車工場轉變為「金元工廠」的催化劑。

複習鞏固

1. 一般激勵模式是什麼?
2. 激勵的過程是怎樣的?
3. 激勵的因素有哪些?
4. 創業者應如何激勵自己?
5. 一般可以從哪幾個方面討論激勵的具體方法?

在創業過程中,如果說壓力,我認為選擇什麼不做是非常大的壓力。因為在這個過程中受到的誘惑太多了,每一個新的概念都可以做很大的東西。在商業上的策略不是決定做什麼,而是決定不做什麼。

——黃明明

第二節 決策行為

一、決策行為的概念

決策是人類社會自古就有的活動,決策科學化是在 20 世紀初開始形成的。二次世界大戰以後,決策研究在吸引了行為科學、系統理論、運籌學、

計算機科學等多門科學成果的基礎上，結合決策實踐，到 20 世紀 60 年代形成了一門專門研究和探索人們做出正確決策規律的科學決策學。決策學研究決策的範疇、概念、結構、決策原則、決策程序、決策方法、決策組織等等，並探索這些理論與方法的應用規律。隨著決策理論與方法研究的深入與發展，決策滲透到社會經濟、生活各個領域，尤其應用在企業經營活動中從而也就出現了經營管理決策。

「決策」一詞的英語表述為 Decision Making，意思就是做出決定或選擇。時至今日，對決策概念的界定不下上百種，但仍未形成統一的看法，諸多界定歸納起來，基本有以下三種理解：

1. 把決策看作是一個包括提出問題、確立目標、設計和選擇方案的過程。這是廣義的理解。

2. 把決策看作是從幾種備選的行動方案中做出最終抉擇，是決策者的拍板定案。這是狹義的理解。

3. 認為決策是對不確定條件下發生的偶發事件所做的處理決定。這類事件既無先例，又沒有可遵循的規律，做出選擇要冒一定的風險。也就是說，只有冒一定的風險的選擇才是決策。這是對決策概念最狹義的理解。

以上對決策概念的解釋是從不同的角度做出的，要科學地理解決策概念，有必要考察決策專家 Simon Herbert 在決策理論中對決策內涵的看法。一般理解，決策就是做出決定的意思，即對需要解決的事情做出決定。按漢語習慣，「決策」一詞被理解為「決定政策」，主要是對國家大政方針做出決定。但事實上，決策不僅指高層領導做出決定，也包括人們對日常問題做出決定。比如某企業要開發一個新產品，引進一條生產線，某人選購一種商品或選擇一種職業，都帶有決策的性質。可見，決策行為與人類活動是密切相關的。正確理解決策概念，應把握以下幾層意思：

1. 決策要有明確的目標，決策是為瞭解決某一問題，或是為了達到一定目標。確定目標是決策過程第一步。決策所要解決的問題必須十分明確，所要達到的目標也必須十分具體。沒有明確的目標，決策將是盲目的。

2. 決策要有兩個以上備案，決策實質上是選擇行動方案的過程。如果只有一個備選方案，就不存在決策的問題。因而，至少要有兩個或兩個以上方案，人們才能從中進行比較、選擇，最後選擇一個滿意方案作為行動方案。

3. 選擇後的行動方案必須付諸實施。如果選擇後的方案，束之高閣，不付諸實施，這樣的決策也等於沒有決策。決策不僅是一個認識過程，也是一個行動的過程。

綜合以上的描述，決策就是為了達到一定目標，採用一定的科學方法和手段，從兩個以上的方案中選擇一個滿意方案的分析判斷過程。從決策環境來劃分，我們可以把決策行為劃分為：未來環境完全可以預測的確定型；未來環境有多種可能的狀態和相應後果的風險型；未來環境出現某種狀態的機率難以估計的不確定型。

確定型決策行為的思考方法：對於結果有很大成功把握的決策行為，要全力以赴。風險型決策行為的思考方法：此類決策行為是要冒一定風險的決策，應該著重考慮；選擇最有希望的方案行動；準備好必要的應變方案，以便在可能的不測事件發生時得以應付自如；運用各種主觀條件，化解風險；留有餘地，不孤注一擲。不確定型決策行為的思考方法：這種情況下我們可以考慮摸著石頭過河，多方案並行，步子不要太快，把力量集中在訊息反饋上。

二、決策者應有的思維特徵

決策者亦稱決策主體，是指受社會、政治、經濟、文化和心理等諸多因素影響的決策主體。決策者可以是個體（例如某公司的總經理），也可以是群體（例如某公司的董事會）。決策活動就其全過程來說，必然是由社會上的許多人共同進行的，主體也應是社會的人。但相對於一個決策活動來說，決策活動的參與者並不等同於決策主體。一般地參與決策的準備活動，從事決策的輔助工作，或實施時的操作、管理人員，不能視為決策主體。可把參與決策的準備活動、從事決策的輔助工作的人員稱做決策參與者，把實施時的操作、管理人員稱作決策執行者。決策主體進行決策的客觀條件必須是具有職

位,職責、職權和權威。決策主體應具有的內在素質應包括政治素質、知識素養、能力素質、心理素質、身體素質等。

實際創業活動中往往需要決策領導者對經過論證的方案進行最後的抉擇,這是決策的核心和關鍵,也是領導部門、職能機構的職責所在。如何才能做出正確的決策,我們認為決策者應具備以下幾個思維特徵:

1.廣闊性的思維品質

具有廣闊的思維品質可以讓決策者能夠從不同的知識領域、時間範圍對事物進行綜合研究,並做出抉擇。具體表現在能運用有限的訊息並有效地處理不確定性 (uncertainty),較好地理解存在的風險及其後果。能應對複雜性 (complexity) 和不明確性 (ambiguity)。

2.善於深入思考的品質

善於深入思考可以讓決策者從他人「熟視無睹」或忽略的日常現象中發現事物的本質和規律,從而預見事物未來發展的進程。具體表現在能透過問題的表象 (symptoms) 區分出實際問題 (actual problem)。瞭解必須做出決策的時間及決策後果。能準確地評估實施決策所需的資源。

3.獨立決斷的能力

具備獨立決斷的能力可以保證決策者對複雜問題有獨立的見解,堅持自己的原則立場。具體表現在能有效地識別決策機會並生成決策方案。具有實施決策方案的執行力。

4.思維敏捷性

敏捷的思維能夠讓決策者在問題面前做到當機立斷,從而迅速正確地處理突發問題。具體表現在能夠清晰地向他人表述問題、抓住問題的實質,快捷高效地找到解決問題的可行方案。

三、決策行為的思考方法

所有正確的決策都是在運用真實和全面訊息的基礎上做出的，如果你做出的決策建立在一種不全面的或者不真實的訊息基礎上，那就沒有什麼價值。當然，做出決策的過程是一個困難的過程。在某種情況下，你不瞭解解決某一問題的慣用方法反而是有益的。因為這將迫使你摒棄別人傳下來的老方法。請記住，是你本人而不是其他任何人在做決策，不會有人告訴你該怎麼辦。在你做決策這一充滿艱難的過程中，你僅有的幫手是以往的經驗、你所存儲的訊息和你的理解力。

成熟的決策應源於真實的訊息。事實不以你自己的觀念為轉移，也不以某種情況或事物對你和對你必須解決的問題究竟是有利還是有害為轉移。在解決問題的過程中，一個常見的錯誤做法就是翻來覆去地思考問題。我們刻板地反覆思考同一問題，一再重複同樣的贊成或反對的理由。內心的矛盾搞得我們不知如何是好，直到我們變得麻木起來。要從這種思慮的圈子擺脫出來，我們必須在頭腦中對特定情況下所有事實勾畫出一幅清晰的圖畫。根據你所做出的邏輯推測，這些事實將會引導你做出自己的解釋。做出決策的一個有效程序包括：

1．如何限定問題

這個話題也許讓你覺得多餘，但是，你首先要決定的，是你究竟要決定些什麼，這一步並不像你想像的那麼容易。決策總要帶來變化，也總要把你推向一個不同的方向和境地。因此，你必須要瞭解你究竟想要得到什麼，除非你堅定地確定自己的目標，否則，你將一事無成。

對於模擬面臨的形勢和你要解決的問題，你的頭腦中應該有一幅清楚的圖畫，這一點至關重要。你必須能簡單闡述你的願望，你可以採用歸納法，例如：我想成功，我想致富等等。如果你能夠以具體的行動計畫來表述你將怎麼做，這就為下一步做好了準備。

如果描述你的願望不容易，那麼尋找出你討厭的事情則是一個好辦法。例如，如果你歸納的目標是我想成功，首先得找出你想成功的否定原因：我

討厭跟著年輕主管的指揮棒轉,或者我對現在的工作已經厭倦,如此等等。可以看出,指出我們不喜歡的事物往往很容易,這樣就可以輕易決定自己喜歡什麼。

　　成熟而有效的決策應該基於事實,發現對你重要的事實的唯一道路就是收集正確和全面的訊息。這種訊息必須是真實的,必須有一定的數量和質量。但是,也有人從訊息中讀出言外之意來,按照自己的希望與恐懼對一訊息加以潤色,以至於貿然得出結論。這種方式導致我們歪曲客觀事實,增加犯錯誤的機會。所以,我們在收集訊息時,一定要接觸到事情的核心。此外,我們應該從行家那裡瞭解情況,而不是道聽途說,人云亦云。

　　我們還要提防不要將你的感情和你掌握的事實混淆在一起。要清除自己僵化的思想。當你收集到真實的訊息時,你也應該意識到,對於任何客觀事物而言,都沒有定論,事情始終都可能發生變化。現在,你要從你掌握的事實中做出邏輯推測了,在進行下一步之前,你不妨考慮一下:

　　(1) 對於你不熟悉的或非常規性的推測,你應該毫不遲疑地加以進一步的思考。

　　(2) 在進行一個推測之前,你應該認識到,還有一些你未掌握的材料。

　　(3) 當你從整理好的材料中引出推測時,應該探尋既定事實與未瞭解的材料之間的聯繫。

　　(4) 在由推測做出結論的過程中,問問自己,我能否運用一些方法(增加因素,聯結因素,消除因素,分解因素和重新排列因素)得出令人滿意的結論?一旦收集到充足的材料,就應當以你從事實中得出的推測作為依據,力圖以前後連貫的方式做出邏輯推測,即一步步地以連貫思維的形式做出推測。

2．學會做有效決策

　　現在到了權衡利弊,制定決策的時候了。在這一時刻,如果我們暫時把問題擱置在一旁,問題或許會解決得更完美,做出的決策也會更有效力。我們若是被一種現象糾纏住,就不可能從實質上認識事實和推測,所以,此時最好的策略就是推遲做出決策,它對於個人生活問題和事業問題都是有效的。

許多問題，表面上看起來十分棘手，但在推遲的過程中往往變得容易，因為這種策略使我們能夠更加現實地認識事物。

我們在制定決策時，往往傾向於第一種解釋。然而，要制定一個有效決策，需要將各種相關因素都加以考慮。當我們權衡各種可能的答案時，要對各個因素的不同組合加以研究：

(1) 適應：過去出現過類似的情況嗎？有其他用途嗎？什麼與其相似？我能夠效仿什麼人？

(2) 修正：新的癥結？變動？

(3) 擴大：增加什麼？額外價值？

(4) 減少：壓縮？扣除？精簡？分裂？

(5) 替代：還有什麼可以替代？其他方法？其他途徑？

(6) 重新排列：互換要素？其他類型？互換因果？變通？

(7) 組合：合併要素？合併目標？合併動機？

以上這些要點意在激發人的理性以改進方式方法，修正目標，同時它們也可以對社交、教育以及個人本身等範圍內的現象做出解釋。當你力圖做出有效決策時，千萬不要侷限於一種解決辦法，而要探尋新的方法來檢驗你掌握的事實，特別要注意的是，要注意新的可能性。

用這種方法來解決問題，我們會更加準確地把握問題的要素構成。我們必須培養出自己處理各種可能性的能力，必須善於考慮各種要素的聯繫，甚至相互矛盾的要素。我們不要輕易放棄任何一種想法，要使自己的思維更加活躍。

3．決策行為的系統觀

如果沒有全局的把握，不瞭解問題在全局中的地位、上下左右的聯繫以及各方面的交叉效應，即使局部問題決策也不能達到科學的要求。所以決策行為必須要：

(1) 充分考慮到大系統、相關係統以及以往決策的系統，彼此協調適應。

(2) 要充分瞭解決策的後果將涉及哪些系統，從而引起哪些系統進行相應的變革和做出對策。

(3) 決策本身就要系統地展開。

(4) 從系統觀點出發，領導接受或決策的方案必須是一個完整的方案。

生活中的心理學

智奪冠軍

1984 年，在日本東京國際馬拉松邀請賽中，一位名叫山田本一的日本選手出人意料地奪得冠軍。記者採訪他，問他如何取得好成績，他說：用智慧戰勝對手。

當時許多人認為這個山田本一是在故弄玄虛，他獲得冠軍只是一個偶然。

馬拉松是體力和耐力的運動，智慧表現在什麼地方呢？沒想到的是兩年後在義大利米蘭，山田本一又一次奪冠。記者採訪，他仍是這樣一句話，不再多做解釋。大家雖不再看輕他，卻仍不明白他說的是什麼意思。直到山田本一退役後，他才揭開謎底。他在自傳中說：每次賽前，我都乘車先把比賽的線路仔細看一遍，並把沿途比較醒目的標誌畫下來比如第一個標誌是一家銀行，第二個標誌是一棵大樹等等，比較均勻地分成幾段一直到賽程終點。比賽一開始，我就奮力衝向第一個目標，接著再實現第二個目標，40 多公里的賽程，就這樣輕鬆地跑下來了。如果一開始就想著終點，跑不了多遠，就覺得累了，沒信心了。

複習鞏固

1. 什麼是決策？

2. 決策的分類是怎樣的？

3. 決策者應該具有的思維特徵有哪些？

要點小結

激勵行為

1. 一般激勵模式是物質激勵與精神激勵，正激勵與負激勵，內激勵與外激勵

2. 激勵的過程是「需要 → 行為 → 滿意」的一個連鎖過程。

3. 激勵機制是指激勵時機、激勵頻率、激勵程度和激勵方向。

決策行為

1. 決策是為了到達一定目標，採用一定的科學方法和手段，從兩個以上的方案中選擇一個滿意方案的分析判斷過程。

2. 決策的分類是：未來環境完全可以預測的確定型；未來環境有多種可能的狀態和相應後果的風險型；未來環境出現某種狀態的機率難以估計的不確定型。

3. 決策者應該具有廣闊的思維品質、善於深入思考的品質、獨立決斷的能力和思維的敏捷性等思維特徵。

關鍵術語

激勵 (Encouragement)

決策 (Decision-making)

選擇題

1. 正激勵與負激勵作為激勵的兩種不同類型，目的都是要對人的行為進行強化，下列定義正確的是（ ）

a. 正激勵起正強化的作用，是對行為的肯定；負激勵起負強化的作用，是對行為的否定

b. 正激勵起負強化的作用，是對行為的否定；負激勵起負強化的作用，是對行為的否定

第七章 創業中的激勵行為與決策行為

c. 正激勵起正強化的作用,是對行為的肯定;負激勵起正強化的作用,是對行為的肯定

d. 正激勵起負強化的作用,是對行為的否定;負激勵起正強化的作用,是對行為的肯定

2. 下列創業者激勵自己的主要方式,正確的有( )

a. 調高目標 b. 離開舒適圈

c. 學會強化信念 d. 學會堅持

3. 激勵的影響因素有哪些?( )

a. 激勵時機 b. 激勵頻率

c. 激勵程度 d. 激勵方向

4. 決策者應具備的思維特徵有( )

a. 應有廣闊的思維品質 b. 應有善於深入思考的品質

c. 應有獨立決斷的能力 d. 應有思維的敏捷性

第八章 創業的領導行為和群體心理

　　領導行為是創業過程中非常關鍵的核心部分。是管理學、心理學當中研究的熱點問題之一。影響創業領導者有效性的因素以及如何提高創業領導者的能力是當前眾多創業者急於解決的問題之一。群體心理是群體成員之間相互作用相互影響下形成的心理活動。所有複雜的管理活動都涉及群體，沒有群體成員的協同努力，組織的目標就難以實現。創業尤其如此。

　　本章從創業領導者的行為下手，分別就領導行為和創業領導者的管理建設等方面內容展開論述。對創業者的領導行為提出了具有可操作性和現實意義的闡述。之後對群體心理進行了分析研究。希望透過本章的學習，能夠使你對創業領導行為和創業的群體心理有更加清晰的認識，為創業之路打下紮實的基礎。

　　領導不是某個人坐在馬上指揮他的部隊，而是透過別人的成功來獲得自己的成功。

——韋爾奇 (Jack Welch)

第一節 創業領導行為

一、創業領導行為

　　領導 (leadership) 是一種普遍的社會現象，長期以來，吸引了來自社會學、管理學、心理學等不同領域的研究者們從未間斷的探討。組織中的領導問題更是管理學、組織行為學和工業心理學研究的重要領域。

　　對於創業領導的認識，一方面，創業領導是創業領域的，要不斷地識別與把握創業機會以開創新事業；另一方面，創業領導是對跟隨者實施具體影響的創業行為過程。因此創業領導就是帶領跟隨者識別與把握機會以開創新事業的行為過程。這是綜合了創業和領導二者的特點而定義的，比較全面。依此類推，創業領導人就是實施這一行為過程的人。他能覺察某種機遇，建立企業實體，並孜孜不倦地去經營。創業領導人是創業團隊的核心，是創業

的最初萌生者。其在創業之前，在工作、生活和學習中積澱了豐富的創業知識、技能和能力，有一套內隱而有效的甄選創業夥伴的本領，往往是初創團隊的人力資源甄別「專家」。因此，創業的領導行為對團隊的發展具有極為重要的實踐指導意義。

創業領導的行為對團隊的發展至關重要，其風格和方式在很大程度上決定了創業團隊的管理模式，甚至關乎一個創業團隊的生存和發展。所以，創業者的領導行為風格在「和諧組織」建設和發展過程中發揮著重要作用。

1・定義

創業者是創業企業的領導者，而創業的領導是創業過程的核心成分，是創業成功的關鍵。隨著創業熱潮在中國的興起，創業者領導行為對創業企業績效的影響就成了創業心理學研究領域和創業實踐領域最受關注的問題之一。創業者是創業企業的領導者，創業者的領導行為對創業企業組織績效的貢獻是人們關心的一個問題。巴隆 (R.A.Baron) 等認為，「創業是一個領域。這個領域中的商務活動試圖理解機會如何創造新事物，機會如何出現並為特定的人所發現或創造，然後以各種方法被利用或開發，產生廣泛的效果」。而領導是「一個影響他人以便使他人理解和認同什麼需要做，如何做才能有效開展的過程，是一個促進個體和集體努力完成共同目標的過程」。創業中機會的識別與創新往往是透過促進個體和群體的努力來實現的，創業者透過設定價值目標、制定藍圖、塑造文化來引領創業企業的成長，因此，領導者是創業過程的一個核心成分，是創業成功的關鍵。

2・創業領導行為的結構模式

管理心理學的理論認為，領導行為就是在一定條件下影響個人和群體完成一定目標的行動過程。領導行為有效性的關鍵不在於誰是領導者，不在於領導者個人級別的高低，也不在於個人擁有權力的大小，體現和反映領導者自身作用與水準的決定因素是個人對被領導者實際擁有的影響力。

現代組織理論認為，領導行為的結構模式用高等數學概念來表達，它應該是一個復合函數，即領導行為本身的作用價值是由外界環境、領導者特性及被領導者特性這三個因素的相互作用所決定的。用數學公式表示即：

「領導行為 =F (環境·領導者·被領導者)」

上述公式把領導行為描述為一個動態過程。領導的目的是實現組織的目標。領導者是領導活動的主體，他是集權、責、服務為一體的個人或集體；被領導者是領導活動的對象和基礎；環境是領導活動的客觀條件。這三個因素被稱為領導環境。有效的領導行為必須隨著環境變化、被領導者需求的變化以及領導者本身特性的變化而變化。對於創業領導者而言，其領導的目的是創造企業，並帶領創業團隊及整個企業走向蓬勃發展的道路。在經濟社會飛速發展、科學技術日新月異的今天，創業領導者所處的環境瞬息萬變，這就要求創業領導者必須隨時根據形勢發展的變化及被領導者需求的變化及時調整、改變自身的行為，以便充分滿足被領導者的需要及應對環境的變化。

關於人的行為模式，在心理學理論中的早期解釋是「S ─ R 模式」。這個模式是由行為主義心理學派代表人物華生 (J.B.Watson) 建立的。在上述模式中，「S」代表某種刺激；「─」代表神經系統的作用；「R」代表反應。現代心理學的理論認為，人的行為模式應為：「S ─ O ─ R 模式」。按照這個模式，創業者的行為 (R) 總是由於某種刺激 (S) 作用於創業者 (O) 而產生。其中刺激因素既包括客觀需要因素的變化，又包括主觀認識因素的變化。由於每個創業者的思想觀念、知識經驗、心理狀態的不同，創業者的領導行為必然會存在不同的模式和風格。

二、創業領導者與管理者的區別

創業活動中領導管理的重要組成部分是管理行為。從廣義上看，領導行為包含著一些管理活動，人們一般把組織中的中層和基層領導者稱為管理者，其領導行為稱為管理活動。從狹義上看，兩者有著本質的區別，領導不能代替管理。管理可以這樣來定義：它是透過計劃、組織、配備、命令和控制組

織資源，從而以一種有用的、高效的方法來實現組織目標，提高創業領導者的執行能力。創業領導者與管理者的區別具體體現在以下幾個方面：

1．目標不同

創業領導在注重願景和長遠未來中，需要創立一個可以激發組織和團隊士氣的未來願景，並制定長期的戰略規劃，為實現組織願景進行相應的變革。管理關注的是具體目標和短期結果，側重於為獲得特定的、具體的結果而制訂詳細的計劃和日程安排，然後分配資源以完成計劃。

2．任務不同

創業領導者是設計師，其主要任務是解決組織中帶有方向性、戰略性和全局性的問題，創業領導的過程是透過與員工交流和溝通組織的願景，發展出共同的組織文化和一套核心的價值觀，從而把組織引向渴望的未來。管理者是工程師，其主要任務是實現組織的效率和效益。管理過程是為了實現既定的目標，建立一定的管理框架，然後用員工來填充這個框架，制定相應的政策、程序和系統來指導員工並且監督計劃的實施。

3．角色差異

創業領導者一般居於組織或者創業團體的高層，具有相當的影響力，人數較少，一般稱領導者為「帥才」，即具有「運籌於帷幄之中，決勝於千里之外」的領導才能。帥才可以不必過問方案的實施細節，「能將將者，謂之帥才也」。管理者包括組織或團體的中低層管理人員和從事業務管理職能的一般管理人員，人數相對較多，如財務、營銷管理人員等，一般稱管理者為「將才」，「能領兵者謂之將才也」，將才必須重點考慮方案的實施細節。領導者與管理者的特徵比較如表 8-1 所示：

表8-1 領導者與管理者的特徵比較

管理者特徵	領導者特徵
管理	創新
維持	發展
集中於系統和結構	集中於人
信賴控制	激發信任
短視的	遠視的
詢問如何與何時	詢問什麼與為什麼
模仿	首創
接受地位	挑戰地位
正確地做事	做正確的事

4．職責有分

在創業領導執行指令時，職責是指由領導職位所確定的明確責任。一方面是貫徹執行上級的政策、法令、指示、決定。另一方面是維護下屬、員工的合法利益。領導者處在「上級」和「下級」的匯合點上，如何處理好這兩者之間的根本利益，是領導者最基本的責任。服務是領導者權責統一的基礎，「服務」是「權」、「責」統一的基礎。「權力」是為人民服務的工具，「責任」是為服務的體現。「權力」越大，為服務的「責任」越大，所以「權」、「責」都是建立在「服務」的基礎之上。服務的範圍和內容是由職位所確定的，為此領導者應當從單純權力型領導向服務型領導轉變。領導職責共有七大方面：制定戰略、目標建立、規章制度和諧人群關係、合理決策、不斷學習、創新思維、選賢人才。

三、創業領導行為的理論

1．交易型領導

許多理論研究認為領導行為是一種交易或成本——收益交換的過程。交易型領導是指領導者在獲知員工需求的基礎上，明晰員工的價值觀、角色和工作要求，使員工透過努力完成工作來滿足其需求的領導行為。巴斯

(B.M.Bass) 在 1985 年提出交易型領導具有四個維度,即:權變獎勵、積極的例外管理、消極的例外管理、放任管理。該理論的基本假設就是領導與下屬間的關係是以兩者一系列的交換和隱含的契約為基礎;是以獎賞的方式領導下屬,當下屬完成特定的任務後,便予以承諾的獎賞,整個過程就像一項交易。其主要特徵為領導者透過明確角色和任務要求,指導和激勵下屬向著既定目標活動,領導者向員工闡述績效的標準,意味著領導者希望從員工那裡得到什麼,如滿足了領導的要求,員工將得到相應的回報,依賴組織的獎懲來影響員工的績效。強調工作標準、任務的分派以及任務導向目標,傾向於重視任務的完成和員工的遵從。交易型領導行為主要包含權變獎勵、積極例外管理和消極例外管理三個方面。

(1) 從權變獎勵角度來看,包括明確期望、根據特定的績效標準進行獎勵和懲罰。

(2) 從積極例外管理角度看,是對下屬進行密切的監控以保證目標的達成,一旦發現偏離或者背棄目標,常以懲罰的形式給以快速糾正。

(3) 從消極例外管理角度看,是在例外已經發生之後才以相應的懲罰形式對偏離目標行為進行較正,缺乏主動監控,放任和被動反應明顯。

2．變革型領導

變革型領導是領導者透過改變下屬的價值觀與信念以提升其需求層次,清晰地表達組織的願景以激勵下屬,從而使下屬願意超越自己原來的努力程度去實現更高的目標。巴斯 (1990) 把「魅力──感召領導」分為兩個維度:領導魅力和感召力,明確了變革型領導的四維結構,即領導魅力、感召力、智慧激發和個性化關懷,並在此基礎上建立了相應的評價工具 MLQ (Multifactor Leadership Questionnaire)。變革型領導行為是一種領導向員工灌輸思想和道德價值觀,並激勵員工的過程。領導除了引導下屬完成各項工作外,常以領導者的個人魅力,透過對下屬的激勵,刺激下屬的思想,透過對他們的關懷去變革員工的工作態度、信念和價值觀,使他們為了組織的利益而超越自身利益,從而更加投入於工作中。該領導方式可以使下屬產生更大的歸屬感,滿足下屬高層次的需求,獲得高的生產率和低的離職率。

變革型領導行為的前提是領導者必須明確組織的發展前景和目標，下屬必須接受領導的信念。其主要特徵為超越了交換的誘因，透過對員工的開發、智力激勵，鼓勵員工為群體的目標、任務以及發展前景超越自我的利益，實現預期的績效目標並集中關注較為長期的目標。強調以發展的眼光，鼓勵員工發揮創新能力，並改變和調整整個組織系統，為實現預期目標創造良好的氛圍，以此引導員工不僅為了他人的發展，也為了自身的發展承擔更多的責任。變革型領導行為拓寬了領導行為的研究範圍。

3．特質論領導行為

領導特質論，也稱領導素質論。領導有效性的特質論是強調領導者自身一定數量的、獨特的並且能與他人區分開來的品質與特質對領導有效性的影響。它是描述領導者個人素質的一種理論。早在 20 世紀 30 年代，一些心理學家就把注意力集中到那些在一定程度上可以成為偉人的領導者身上，希望發現領導者與非領導者在個性、社會、生理或智力因素方面的差異。領導者在區別於非領導者的行為中有六項特質。

(1) 進取心：較高的成就渴望，高度的進取心，主動精神，勇往直前，堅持不懈。

(2) 領導願望：樂於承擔責任，以強烈的願望去影響和領導別人。

(3) 誠實與正直：透過真誠無欺、言行高度一致，在他們與下屬之間建立相互信賴的關係。

(4) 自信：為使自己的下屬相信他們的目標決策的正確性而表現出高度的自信。

(5) 智慧：有足夠的智慧占有大量準確的訊息，能夠確立目標、解決問題和做出正確的決策。

(6) 工作相關知識：廣博的管理和技術知識，能使其做出有遠見的決策並理解這種決策的意義。

4．四分圖理論

1945 年，美國俄亥俄州立大學首先開創領導行為理論的研究。他們從 1000 多個領導行為中，不斷地概括提煉，最後歸納為「關心人」和「管理工作組織」兩個行為綱領。他們研究發現，這兩種行為在不同的領導者身上所表現出來的強弱程度不盡一致，由此可以形成圖 8-1 所示的「領導行為四分圖」。

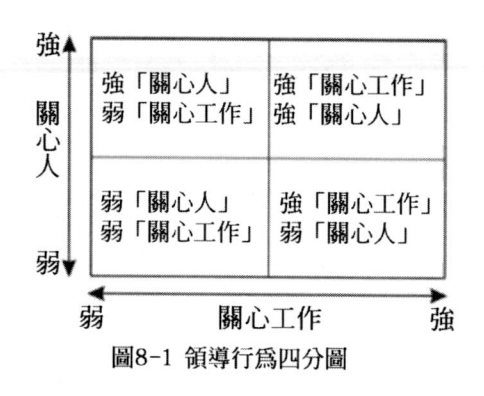

```
              強
              ↑
              │ ┌──────────┬──────────┐
          關  │ │強「關心人」│強「關心工作」│
          心  │ │弱「關心工作」│強「關心人」 │
          人  │ ├──────────┼──────────┤
              │ │弱「關心人」│強「關心工作」│
              │ │弱「關心工作」│弱「關心人」 │
              │ └──────────┴──────────┘
              弱←──────────────────────→
               弱      關心工作       強
```

圖8-1　領導行為四分圖

從這個四分圖中我們可以看出，「管理組織」，強調以工作為中心，是指領導者以完成工作任務為目的，為此只注意工作是否有效地完成，只重視組織設計、職權關係、工作效率，而忽視部屬本身的問題，對部屬嚴密監督控制。「關心人」，強調以人為中心，是指領導者強調建立領導者與部屬之間的互相尊重、互相信任的關係，傾聽下級意見和關心下級。調查結果證明，「管理組織」和「關心人」這兩類領導行為在同一個領導者身上有時一致，有時並不一致。因此，他們認為領導行為是兩類行為的具體結合，共四種情況。屬於低關心人、高組織的領導者，最關心的是工作任務；高關心人的、低組織的領導者大多數較為關心領導者與部屬之間的合作，重視互相信任和互相尊重的氣氛；低組織、低關心人的領導者，對組織對人都漠不關心，一般來說，這種領導方式效果較差；高組織、高關心人的領導者，對工作對人都較為關心，這種領導方式效果較好。

5．管理方格理論

管理方格理論是管理心理學家羅伯特·布萊克 (Robert R.Blake) 和簡·莫頓 (JaneS.Mouton) 提出來的，是研究企業的領導方式及其有效性的理論，

倡導用方格圖表示和研究領導方式。該理論認為，有效的領導者應該是一位既關心工作，又關心員工的人。關心工作是領導者更關注與工作過程相關的因素，如生產、產品質量、銷售以及服務質量等。關心員工包括對友誼、自尊以及公平的報酬等方面的關注。如圖8-2 的管理方格理論：

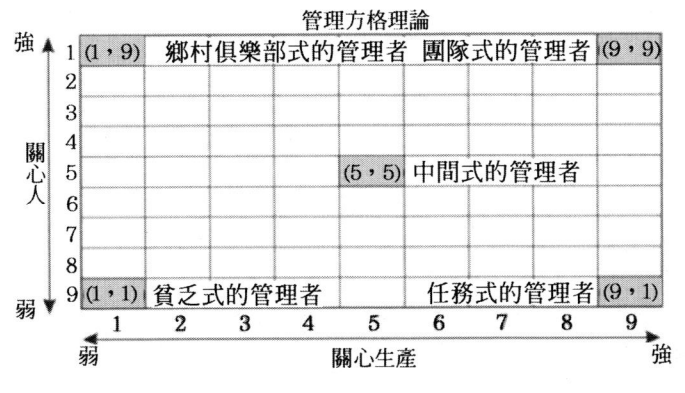

圖8-2 管理方格理論

從管理方格理論圖標上看，縱軸表示企業領導者對人的關心程度，橫軸表示企業領導者對業績的關心程度，第 1 格表示關心程度最小，第 9 格表示關心程度最大。

不難得出：1.1 方格表示對人和工作都很少關心，這種領導必然失敗。9.1 方格表示重點放在工作上，而對人很少關心。領導人員的權力很大，可以指揮和控制下屬的活動，而下屬只能奉命行事，不能發揮積極性和創造性。1.9 方格表示重點放在滿足職工的需要上，而對指揮監督、規章制度卻重視不夠。 5.5 方格表示領導者對人的關心和對工作的關心保持中間狀態，只求維持一般的工作效率與士氣，不積極促使下屬發揚創造革新的精神。只有 9.9 方格表示對人和工作都很關心，能使員工和生產兩個方面最理想、最有效地結合起來。這種領導方式要求創造出這樣一種管理狀況：職工能瞭解組織的目標並關心其結果，從而自我控制，自我指揮，充分發揮生產積極性，為實現組織目標而努力工作。

四、創業領導行為的表現形式

創業領導的行為是一個從內化到外化的直接表現。在這當中就具有六個關鍵的表現行為：敏銳洞察、自主創新、勇於競爭、承擔風險、遠景目標和激勵他人。一方面，創業領導者需要運用敏銳的洞察力去發現機遇或者依靠自主創新創造機遇，然後透過主動積極的競爭建立競爭優勢，在此過程中，創業領導者必須要勇敢地站出來承擔創業所帶來的風險，降低創業的不確定性；而另一方面，創業領導者要建立鼓舞人心的遠景目標，從而吸引一批具有創業意願的跟隨者到身邊，並且創業領導者要善於激勵跟隨者讓他們與創業者一起為共同的創業目標奮鬥。

1．敏銳洞察

創業領導者不僅要能夠洞察已有的創業機遇，還應當具有前瞻性的眼光，能夠把握市場的發展趨勢，預測未來可能出現的變化以及相關的機遇與挑戰，前瞻性涉及企業是如何進入新市場的，描述企業透過主動地影響市場趨勢、甚至創造需求的程度，同時涉及描述企業是如何退出市場的。

2．自主創新

建立與保持競爭優勢需要不斷地創新；創造機遇需要創新；發展也需要創新。創業領導者需要具有雄心勃勃的目標和商業模式識別能力，創新則是創業領導者實現其雄心勃勃的目標的基礎。創業領導者在創新中起著至關重要的作用，他們為創新掃清障礙，提供資源，承擔創新帶來的不確定性，並最終將創新的想法付諸實施。創業領導人還肩負著培養員工創新能力的重任，創新是可以訓練、可以學習和可以實地運作的一種獨特能力，創業領導者積極培養員工的創新行為，有益於提高組織的有效性。

3．適度競爭

創業是一個不斷開創新事業的過程，而新業務與已建立的業務相比往往顯得更加脆弱、更容易失敗，因此，創業領導者必須總攬全局，採用探索者戰略的集中評估和抓住商業機會，並採取有效的快速的行動。創業公司可以創新、前位地思考並且快速地採取行動，或許透過全面思考的快速進攻競爭

方式可以為企業建立獲勝和有更加安穩運行的優勢，但是並不意味著採取惡性競爭，這樣不僅不能幫助企業獲得客觀的收益和主觀的生存空間，反而可能會導致整個行業的沒落。

4．承擔風險

創業總是與風險相伴的，創業領導者作為創業的領導者，就應當勇於承擔風險，給支持者以信心，為創業許一個未來，穩中取勝，時刻面對市場風險，這是創業領導者應有的基本素質。成熟的創業企業家要敢於擔責任、敢於冒風險，由於市場具有很多不確定性，創業領導者的投資和運作總是與風險相伴的，如何面對風險，能夠承擔多大風險，既反映出創業領導者對投資風險的態度，也反映出創業者在面對風險時的心理素質。

5．遠景目標

遠景目標是創業領導者為組織創立一個清晰的發展方向，通常需要創業領導者以敏銳的眼光，比他人更早地發現機遇。在實際的創業過程中，領導者在企業戰略的形成中起著非常重要的作用，領導者始終圍繞著共同的遠景目標展開創業內容。而企業戰略的形成，又往往源自於組織內部個體的創業精神。這些內部的個體精神，不僅影響著企業戰略思路的形成和戰略定位的確定，也為企業進一步的發展提供遠景目標。同樣，創業領導者不僅需要積極地創立這樣一個宏偉的藍圖，更需要竭盡全力地去實現自己的創業遠景目標。這不僅需要創業領導者積極、主動、全面地建立戰略性的遠景目標，同樣需要獲得員工的信任與投入，從而影響跟隨者為了實現遠景目標而共同努力。

6．激勵他人

創業初期，創業領導者不單單需要那些富有激情，有極強責任心和極具特色的人才，更需要有一定工作經驗和豐富專業知識的人。當企業走上正軌後，領導者要肯定員工的工作成績和能力，充分激發員工熱情以及潛能，建立一套人性化、透明化、實效化的管理制度，讓員工根據制度來評價自己與他人，避免不公平現象的發生，保持員工的士氣。在創業中，領導者必須與

他人合作,善於激勵他人,促使他人和創業領導者一起為實現共同的目標而奮鬥。盡最大可能去培養員工的團隊精神,讓員工從僅僅是在一起工作的個體轉變為具有高度合作精神的團隊一員是創業領導者責無旁貸的使命,這不僅能激發團隊意識,也能夠讓員工都理解和支持組織的遠景目標,並最終為了實現這個目標而共同奮鬥。

五、創業領導行為的有效性

現代組織理論非常強調關於領導行為有效性的研究。領導行為的有效性,是指一個人在與他人交往中,影響和改變他人心理與行為的能力。按領導行為的最終效果不同可區分為:成功的領導與有效的領導兩種類型。成功的領導不等於有效的領導,這是兩個不同的概念。

所謂成功的領導,是以被領導者完成任務的程度來衡量,如果被領導者在正常情況下完成了領導者交給的任務,說明領導行為是成功的,否則是不成功的。

所謂有效的領導,是以被領導者對完成任務的態度以及對領導者的態度來衡量的。倘若被領導者是在對領導者十分信賴、十分擁護的情況下,並將領導者交給的任務當作自己的事情一樣重要而積極主動地完成,則說明這種領導行為真正有效。反之,如果被領導者對上司領導很不信賴,甚至很有成見並將領導者交給的任務看作是額外負擔,在這種情況下僅僅是出於懼怕領導者手中擁有的權力而勉強完成任務,則這種領導行為顯然是無效的。領導行為的有效性與領導者對被領導者所具有的影響力直接相關。

管理心理學家認為,領導行為的有效性,並不決定於組織上提供給領導者的權力大小,而是決定於領導者在下層群眾心目中的威望,以及同被領導者之間的關係。如果領導者在群眾中建立起崇高威望及和諧的上下級關係,則領導者對被領導者的影響力不僅強大,而且持久。這種領導行為才能贏得上級的信任和群眾的擁護並有力地促進組織目標的達成,因而這種行為才是真正的有效行為。

有效的創業領導，是創業領導者在創業過程中，創業團隊及被領導者對其領導的認可與追隨。有效的創業領導除了受到權力的影響外，更多的是受到非權力因素的影響，如創業領導者的品格、學識、領導風格等。

1．權力性因素

它包括由外界(組織或團體)賦予個人的職務、地位、權力及歷史上形成的資歷、資格等。這種影響力對人的心理和行為的作用主要表現為被動與服從。

2．非權力性因素

它是由領導者自身因素與行為造就的，包括個人擁有的品格、知識、才能、情感等。非權力性因素所形成的影響力是建立在群眾對領導者崇敬、依賴的基礎上的。它對人的心理與行為的作用是主動、自願的，因而非權力性影響力對人的影響作用將遠遠大於權力性影響力。

有效性是領導活動的主要衡量標誌，是領導水準的總體反映。一個組織或群體的領導是否有效，可以從以下方面反映出來：

(1) 主動支持。下級員工主動而非被迫地支持領導者，不論這種支持是出自感情或利益上的考慮。

(2) 相互關係。領導與下級員工之間保持密切、和諧的交往關係，並鼓勵群體成員之間發展親密的、相互滿意的關係，企業內部關係處於協調狀態。

(3) 激勵程度。員工因自身需要獲得滿足而煥發出較高的工作熱情和積極性，個人的潛能得到充分利用。

(4) 有效溝通。領導者與下級員工之間能夠及時、順暢地溝通訊息，並以此作為調整領導方式、協調相互關係的依據。

(5) 促進工作。在領導者的引導、指揮和率領下，組織的各項資源得到合理配置，活動得以高效率地進行。

(6) 實現目標。領導活動的效能或效果最終要透過是否實現組織的預定目標以及實現的程度反映出來。其中既包括經濟效益目標，也包括社會效益目標。

在創業中，創業領導行為能否產生預期的效能或效果，取決於如下三方面因素：首先，領導者本身的背景、經驗、知識、能力、個性、價值觀以及對下屬的看法等都會影響到組織目標的確定、領導方式的選擇和領導工作的效率；其次，被領導者的背景、經驗、知識、能力，他們的要求、責任心和個性等，都會對領導工作產生重大影響。被領導者的狀況不僅影響領導方式的選擇，也影響領導工作的有效性；最後，領導工作的情境。環境是指領導工作所面對的特定情境條件。與特定情境相適應的領導方式才是有效的，與情境不相適應的領導方式，則往往是無效的。

六、創業領導行為的處事原則

1．以人為本

創業的核心是人，應在企業整體合理性科學化的發展下，充分發展創業團隊成員們的各方面能力。所謂「人」就是處於領導系統中的人，中國傳統管理思想就是以「人」為核心的。孔子說：「仁者，人也。仁者，愛人。」孟子云：「民為貴。」這些古代先哲們很早就以自己的方式提出了以人為本的人本思想。從領導的角度來看，人本思想就是要領導者在領導過程中，充分認識和發揮人的作用。要以員工為工作導向，充分調動員工的積極性和主動性，並能激發員工的創造力，更要重視人際關係的融合，從而達到較高的領導能力。領導要實行相對穩定的人事政策，頻繁的裁人會使員工認為組織缺乏人情味，降低組織的凝聚力和員工對企業的忠誠度。

2．以德為先

一個領導者只有具有高尚的道德水準，才能造成表率作用，形成獨特的人格魅力，使得其追隨者心甘情願、心悅誠服地接受其領導，甚至有時願意為此犧牲部分個人利益。《禮記·大學》中提出「古之欲明德於天下者，先治其國；欲治其國者，先齊其家；欲齊其家者，先修其身；欲修其身者，先正其

心。」從中可以看出傳統文化認為，要領導一個家庭，乃至一個國家，其起點是「正心修身」，從自己的德行開始。傳統文化是「重德輕法」的，這對員工的工作態度和行為有著十分積極的作用，而權威領導則會對員工產生消極的影響。

3．以能為基

古語常說：「能者居之」，這是創業領導者自身的綜合能力和全面素質的最根本要求之一，也是有效實施創業領導過程的關鍵和基礎。主要包括卓越的洞察力、包容力和意志力三個方面。

(1) 洞察力

作為一個創業領導者，要具備對事物本質的認識能力和超前意識，能夠在短時間內就準確判斷一個人的特徵，從而做到慧眼識人、合理用人，還能夠在特定環境和複雜背景中準確地把握事物的本質和未來的趨勢，從而做到規避風險，抓住機遇。

(2) 包容力

作為一個創業領導者，要「以人為本，以德為先」，首先是要能「容」人。在慧眼識人後，也必須先能「容」那些與自己有爭議、有矛盾、有分歧，甚至有衝突的同事，才能真正地做到合理用人。

(3) 意志力

作為一個創業領導者，要具備行動的決心、毅力以及持之以恆、鍥而不捨和堅韌不拔的專一精神。在創業的道路上有很多困難，如變革中的巨大阻力，陳俗的觀念，固有的習慣，人際的複雜矛盾，市場的激烈競爭，都需要創業領導者用其堅定的意志力去克服，從而將群體的戰略付諸實施。

4．以身作則

創業領導者的一切行為都是在不斷地協調領導與被領導、控制與被控制、指揮與被指揮的各種關係中發生的。作為一個創業領導者，不管他自己是否

意識到，實際上其行為無時無刻不在影響著被領導者的行為。為此，創業領導者需要做到如下幾點：

(1) 保持大腦清醒、精明幹練，決不能渾渾噩噩，把自己混同於一般管理者。

(2) 對周圍人以誠相待，對屬下感情真摯、以誠待人，在員工中樹立威信。

(3) 生活上多照顧，政策上多關心，急屬下之所急，想屬下之所想。

(4) 處理問題時方法要得當，措施有力。

(5) 加強自身的修養素質、業務能力和紀律作風的管理。

作為創業團隊的核心人物，創業領導者必須處處嚴格要求自己，遵紀守法，不搞特殊。勤勤懇懇，扎紮實實地開展工作，做到不沾不貪、清正廉潔。在遇到棘手的問題時，領導者不能怕得罪人，更不能怕碰「釘子」，要做到「熱問題，冷處理」不失為領導藝術的最好詮釋。「其身正，不令而行；其身不正，雖令不從。」身教重於言教，在屬下心目中的威信和影響力自然逐漸提高，運用領導行為在工作中不斷帶領群體去實現創業中的目標和願景。

七、培養良好的創業領導行為

1．甄選人才

創業領導者要正確使用人才就必須更新觀念，轉變領導方式，這是新形勢下人才開發的基本要求。作為領導者，根據市場發展趨勢，靈活地轉變領導方式，正確甄選人才，才能積極帶動團隊進行更加順暢的創業工作，獲得預期的收穫。

(1) 充分認識人才工作的重要性。當今社會，市場競爭的實質，是信譽競爭，是管理競爭，歸根結底是人才競爭，是人才的智力及其組織和調動的競爭。創業領導者必須堅持以人為本的管理理念，尊重知識、尊重人才，關心人才成長，為人才自身發展創造良好的社會環境。

(2) 增強人才使用的市場觀念。領導者必須在人才工作中引入市場機制，把認識人才、開發人才、使用人才作為重要職責，發揮人才市場在人力資源配置中的基礎性作用，學會在人才市場中求得賢才。

(3) 加強人才使用的效益觀念。要處理好效益和人才關係，在人才使用上避免不切實際的高標準。既要注重人才引進的數量，又要注重引進人才的質量。

(4) 建立競爭擇優的用人機制。創業領導者應為下屬創造一個展現聰明才智，積極進取，奮發向上，求異創新的工作氛圍。在人才的選拔上，建立完善公開選拔，競爭上崗，人員聘用制等制度，為優秀人才脫穎而出創造條件，讓人才在競爭中創造輝煌業績，展示自身價值。

2．樹立威信

(1) 道德認知方面。創業領導者需要有崇高的人格和極強的品德覺悟。主要表現為大公無私、謙虛謹慎、寬容大度、自知自省等方面。領導者必須以健全崇高的人格，樹立較高的群眾威信，真正贏得員工的人心，在群眾中形成巨大的影響力。

(2) 職務權利方面。創業領導者在待人接物方面，應力求避免驕傲自滿、言過其實，也要防止畏首畏尾、自卑盲從。在成績面前不居功，在錯誤面前不文過飾非；要主動承擔責任，使下級大膽工作；要寬容大度，關懷愛護和體量員工；善於同別人實行「心理位置交換」，能站在對方立場上設身處地地考慮問題。要自知自省，有自知之明，不做自己能力達不到的事。要認真開展批評與自我批評，在重大原則是非面前應該旗幟鮮明，同時要虛心聽取各方面的批評意見，堅持真理、修正錯誤，這樣才能在創業的眾多企業和團隊中樹立較高的口碑和威信。

(3) 工作作風方面。創業的領導者要實事求是，一切從實際出發，平易近人、坦蕩大度。工作中，認真調查研究，摸清情況，做出正確估量；要多透過直接經驗獲得知識，多聽他人意見，擇其善者而從之；看問題不要從個人主觀猜測出發，要保持清醒頭腦，不做「一刀切」和「盲目的指揮」。現代

化大生產的複雜多變性以及知識經濟的到來，更需要領導傾聽群眾呼聲，一切同群眾商量，虛心聽取專家意見，發揚民主，從善如流，集思廣益；要有平易近人，善與人和的作風。要清醒地認識到領導者與員工的根本利益和工作目標是一致的，應該做到真正為群眾和員工服務。

3．堅持原則

一個優秀的創業領導者能否充分發揮人的能動性，決定於他是否能夠堅持正確的用人原則。這需要從以下幾點當中進行領導者的管理執行。

(1) 要堅持德才兼備的用人原則。缺德無才者當然不能用，有德無才者難以擔當重任，有才無德者其才足以濟其奸。所以，創業的領導者選用人才必須堅持德才兼備原則，必須既要有德又要有市場經濟之才的人。

(2) 要有愛才之心。愛才的關鍵是堅持任人唯賢原則，創業領導者以政績論英雄。

用情感感化的方式來影響一大批人，團結更多有才華的創業人才。

(3) 要有用才之能。一個優秀的創業領導者要敢於和善於使用能力強過自己的人。因此，一個領導者要想取得事業的成功，必善於用才。

(4) 要有容才之量。求才、用才難，容才更難。用人之長，則每個人都是人才，而看人之短，則天下無人才可用。創業領導者要虛懷若谷，具有包容性，不以個人恩怨好惡論親疏。同時也不能無原則地護短。

(5) 要有護才之勇。優秀的人才容易做出超群的成績，但也容易招惹種種非議。遇到這種情況，創業領導者必須從大局和幹部的主流出發，澄清是非，替屬下排憂解難。真誠地幫助他們分析原因，吸取教訓，給予充分的信任，使之樹立信心，經受住考驗，這樣的領導者會使人感到深厚的知遇之恩。

八、創業領導行為的建設核心

1．人才培訓制度

創業團隊的核心競爭力來源於全體員工的創新能力。員工創新能力的提高在於對知識的學習和運用。領導者要重視人才培訓工作，加大人才培訓和繼續教育的投入，本著「幹什麼學什麼，缺什麼補什麼」的原則，增強創業發展的針對性、適用性，在重點抓好創業團隊成員的崗前培訓，並形成多種形式的培訓，將理論學習和實踐鍛鍊相結合，將創業團隊內部培訓和走出去參觀學習相結合，完善創業團隊的人才培養制度，積極、不斷地提高創業團隊隊員的綜合素質，培養促進創業中有用之才，使創業團隊形成樂於學習、勤於學習、善於學習的文化氛圍，不斷提高創業團隊的業務能力和工作水準。

2．人才激勵機制

創業領導者在創業過程中要充分認識激勵機制在人才工作中的作用。認識到要調動和激發各類人才的創業熱情，必須要建立科學合理的薪酬制度。創業團隊可根據實際情況，逐步進行分配製度的改革。完善獎金、福利、股權、期權等一整套分配製度，採取工效掛鉤，實行職位薪資，也可以探索實行年薪制，將考核結果與分配制度包括獎懲、兌現掛鉤，逐漸打開分配層次，實現多勞多得、少勞少得、不勞不得，使做出一流貢獻的創業團隊人才獲得應有的獎勵和報酬。

3．人才流動制度

市場經濟條件下，創業團隊往往因為不穩定的創業環境，造成創業團隊中人才的流動，這樣的情況在所難免。要建立創業團隊的人才流動制度，鼓勵和引導創業人才的合理發展，減少人才的閒置浪費，無論是創業團隊內部人才的流動還是社會人才市場的流動，都是人才尋找機會發揮自身優勢的必然結果，只有這樣才能真正實現人盡其才，才盡其用。

生活中的心理學

案例：成功的管理者

近年來，我們大家所熟知的創業成功的諸如 Google 網站兩位創始人拉里·佩奇和賽吉·布林，雅虎的創業人楊致遠，還有亞馬遜網上書店的創始人貝佐斯，前通用電氣 CEO 傑克·韋爾奇都是一個個成功的管理者。

第八章 創業的領導行為和群體心理

柳傳志堪稱中國企業家中的教父級人物，他不僅締造了 PC 行業的傳奇，更以知人善用、胸懷寬廣的智慧而為人楷模。他把員工分為三個層面：普通員工認為應該要有責任心；到了中高層這個層面，要求還要有上進心；到了最高層，提出要有事業心。對於不同層面的員工在處於不同的情況下，柳傳志給予或是高關懷或是高指導。在業界內，柳傳志對愛將楊元慶、郭為的提攜被傳為佳話。1997 年，執掌聯想科技、在香港扭虧一戰中戰下戰功的郭為，開始與北京聯想崛起的楊元慶，為了市場份額而窩裡鬥。柳傳志經過再三考慮，「分拆」是最好的方法。指導楊元慶和郭為分別掌控聯想電腦和神州數碼，充分體現柳傳志惜才愛才及其作為一個領導者的職責是引導而非運營的授權理念。

作為中國企業的教父級人物，柳傳志可以說是具有轉換型的領導風格。雖然對他的一些做法，業內人士褒貶不一，如聯想分拆是為瞭解決人事爭端，但事後證明這種分拆造成了內耗；又如聯想在 IT 業陷入低潮時，開始了多元化投資，其賴以成名的 PC 領域也增長乏力，並採取快刀斬亂麻的大裁員，影響了品牌。但總的來說，柳傳志在處理企業問題時，不僅僅是從經營的角度去考慮，而更多地體現一種政治謀略。柳傳志的領導藝術同時也證明了中式的管理智慧融入領導行為學中具有科學依據的轉換型領導模型是和諧的。

複習鞏固

1. 什麼是創業領導行為？
2. 創業領導行為理論有哪些？
3. 什麼是領導管理？
4. 如何理解創業領導行為的有效性？
5. 創業領導行為的核心建設有哪些？

未來真正出色的企業，將是能夠設法使各階層人員全心投入，並有能力不斷學習的組織。

——彼得·聖吉 (Peter M. Senge)

第二節 創業群體心理

一、群體心理的定義

群體是人們以一定方式的共同活動為中介而組合成的人群集合體。群體心理是群體成員之間相互作用相互影響下形成的心理活動。所有複雜的管理活動都涉及群體，沒有群體成員的協同努力，組織的目標就難以實現，所以在創業階段若能協調好群體心理，使群體成員同心協力，組織的目標才有更大的機會實現。

群體心理分為小群體心理和大眾心理。作為社會的人，彼此之間必然要發生一定的關係，進行社會交往，從而產生交往心理。交往心理既存在於個人與他人之間，也存在於群體之間，同時群體心理包括三大類型，分別是交往心理、小群體心理和大眾心理。

二、創業群體心理的特徵

1．認同意識

不管是正式群體的成員還是非正式群體的成員，他們都有認同群體的共同心理特徵，也即不否認自己是該群體的成員。他們對自己群體的目標有一致的認識，認同群體的規範，並在此基礎上產生自覺自願的行動，並且對重大事件和原則問題保持共同的認識和評價。當然，每個群體內部的認同程度是不一樣的，一般對創業的群體來說，大創業群體內部的認同程度要相對低一些，而小創業群體內部的認同程度相對要高一些。

2．歸屬意識

不管是正式群體的成員還是非正式群體的成員，他們都有歸屬於群體的共同心理特徵，也即具有依賴群體的要求。但是，歸屬意識裡面有個自願感和被迫感的問題。非正式群體成員的歸屬意識是自願的歸屬意識，而正式群體成員的歸屬意識則不確定，可能是自願的，也可能是被迫的。比如在創業群體中，個人的優勢在創業群體中得不到充分的發揮，就可能對歸屬於該群體產生被迫感。這是一種和被迫感並存的歸屬意識。在這種情況下，該成員

首先考慮的不是我應該為群體做些什麼，而是考慮我歸屬於這個群體了，群體應該為我負責。所以同樣是歸屬意識，自願的歸屬增強凝聚，而被迫的歸屬增強離散性。

3．整體意識

由於認同群體，歸屬於群體，不管是正式群體的成員還是非正式群體的成員都有或深或淺、或強或弱的整體意識，即意識到群體有其群體的整體性。但是這種整體因意識程度不同，行為表現也就不同。一般說來，創業的整體意識越強，維護群體的意識也越強，行為具有和群體其他成員的一致性；反之，創業整體意識越弱，維護群體的意識也越弱，行為則會具有或強或弱的獨立性。但是也有相反的情況。正因為整體意識強，所以在發現群體其他成員的行為有害於整體時採取反對態度，和其他群體成員的行為不一致；正因為整體意識弱，所以採取不負責任的態度，和群體其他成員的行為保持一致。所以整體意識和行為一致是兩個互相聯繫的問題，但不是同一個問題。不能簡單地把行為獨立性強等同於沒有整體意識或整體意識不強。

4．排外意識

所謂排外意識，是指排斥其他群體的意識。群體具有相對獨立性，群體成員具有整體意識，這就必然在不同程度上產生排外意識。排外意識是和群體成員把自己看作哪一個群體的成員，或者說更傾向於把自己看作哪一個群體的成員相聯繫的。傾向於把自己看作班組群體的成員，他就排斥車間以上的群體；傾向於把自己看作車間群體的成員，他就排斥企業以上的群體，同時他更橫向地排斥同級的其他群體。越是把自己看作小群體的成員，排外的意識就越是強烈。因此，「外人」也就更難進入小群體。這反過來也說明，人們往往更重視小群體的利益。

三、創業群體心理的類型

在不同的群體中會產生不同的群體心理，比如，家庭心理、工作群體心理、集體心理、階級心理、民族心理等都是不盡相同的。而在創業階段主要是兩種心理起主導作用，分別是工作群體心理和集體心理。

1．工作群體心理

除家庭外，工作群體是極其重要的。由於工作群體的目的是生產和協作，所以也就形成了一些不同於其他群體的心理特點：

(1) 工作群體不是以情感，而是靠群體目標來維繫的，每個成員的目標和群體目標是一致的。沒有群體目標，就不可能組成工作群體。在工作群體中，人際關係雖然不是主要的，但它對工作目標的實現有著重要的影響，人際關係密切，成員工作就愉快，工作效率就高；而人際關係緊張，就容易使成員協作失調，降低工作效率，從而干擾目標的實現。

(2) 工作群體的等級體系和權力，不是自然形成的，而往往是由組織規定的。能力強，威信高，就容易被任命為群體的領導者，居群體的最高地位。然而，這種體系和權力是可以變化的，它完全排除了家庭的固定性。

(3) 工作群體是個人自願加入的，並不是強制規定的。正因為如此，如果個體在工作群體中感到人際關係良好，心情愉快，工作富有挑戰性，各種需要能得到滿足，並且能獲得較高的報酬和獎勵，那麼他就繼續參加這個群體。相反，他就有可能脫離這個群體，而去參加其他的群體。總之，工作群體對人的吸引力不如家庭那麼大，歸屬感也不如家庭那麼強烈。人們之所以加入這一群體，主要是為了滿足物質利益的需要。它帶有強烈的動機性。

(4) 工作群體的互動遠不如家庭那麼深刻。工作群體中成員的互動，主要發生在工作和生產中。人們在互動中，往往不把自己的內心世界全部暴露出來，所以，這種互動是淺表的，對人的瞭解是不全面的，往往只知其一，不知其二。總之，工作群體的互動，由於情感投入的比較少，所以只能是一種表面性的，它很少深入到更深的層次。

2．集體心理

集體成員是由符合社會利益而又具有個人意義的共同活動聯結起來的。集體是群體發展的最高層次，具有自己的獨特特徵。首先，集體成員之間的關係是平等的。

因為集體是指擺脫了人剝削人、人壓迫人的人們的共同體。其次，集體是為了達到社會所贊同的目的的人們聯合體。它透過具有普遍社會意義的共同目的把人們聯結在一起，正是這一點，把集體同其他類型的群體區別開來。集體透過共同活動的過程直接把人們聯繫起來了。在集體中，個人之間的聯繫是以有個人意義和社會價值的共同勞動內容為中介的。集體具有完整性，即集體是共同活動的系統，它具有自己的組織、職能和分工，有一定的領導和管理機構。集體能保證個人精神需要的滿足和才能的全面發展。在這裡，個性的發展與集體的發展是一致的。

四、創業群體心理的形態

1．群體歸屬心理

這是個體自覺地歸屬於所參加的創業群體的一種情感。有了這種情感，個體就會以這個群體為準則，進行自己的活動、認知和評價，自覺地維護這個群體的利益，並與群體內的其他成員在情感上發生共鳴，表現出相同的情感、一致的行為以及所屬群體的特點和準則。例如，一個大學生在社會上表明自己身份時，總是說我是某個學校的，到了學校，則強調是某個系的，到了系裡，又表明是某個班的。這種表現校、系、班身份的意識，就是歸屬感的一種具體表現。群體的歸屬感，由於群體凝聚力的高低不同，其表現的程度也就不同。群體凝聚力越高，取得的成績越大，其成員的歸屬感也就越強烈，並以自己是這個群體的成員而自豪。所以，先進群體成員的歸屬感比落後群體成員的歸屬感要強烈。另外，一個人在一生中可以同時或先後參加幾個不同的群體，他對這些群體都產生歸屬感，而最強烈的歸屬感是對他生活、工作和其他方面影響最大的那個群體。一般來講，人們對家庭的歸屬感要比對工作群體的歸屬感強烈得多。

2．群體認同心理

群體認同感，即創業群體中的成員在認知和評價上保持一致的情感。由於群體中的各個成員有著共同的興趣和目的，有著共同的利益，同屬於一個群體，於是在對群體外部的一些重大事件和原則上，都自覺保持一致的看法

和情感，自覺地使群體成員的意見統一起來，即使這種看法和評價是錯誤的，不符合客觀事實，群體成員也會保持一致，毫不懷疑。例如，某個成員與群體外的他人發生意見衝突，那麼群體內的其他成員就會與本群體的這個成員的意見保持一致，認為他說的對而批駁對方。

一般來講，群體中會發生兩種情況的認同，一是由於群體內人際關係密切，群體對個人的吸引力大，在群體中能實現個人的價值，使各種需要得到滿足，於是成員會主動地與群體發生認同，這種認同是自覺的。另一種認同是被動性的，是在群體壓力下，為避免被群體拋棄或受到冷遇而產生的從眾行為。後一種認同是模仿他人，受到他人的暗示影響而產生的，尤其是在外界情況不明，是非標準模糊不清，又缺乏必要的訊息時，個人與群體的認同會更加容易。

3．群體促進心理

在現實生活中，我們常常可以看到，個人單獨不敢表現的行為，在群體中則敢於表現，或者一個人單獨很少做的事情，在群體中卻可能做到了。這就是說，個人在群體中變得膽大起來。這是由於歸屬感和認同感使個體把群體看作是強大的後盾，在群體中無形地得到了一種支持力量，從而鼓舞了個人的信心和勇氣，喚醒了個人的內在潛力，做出了獨處時不敢做的事情。並且當群體成員表現出與群體規範的一致行為，做出符合群體期待的事情時，就會受到群體的讚揚，從而就使個體感到其行為受到群體的支持。這種讚揚和支持，主要體現在個人心裡的感受上，一個動作，一個眼神，一種表情，甚至僅僅是同伴在場，都可以成為促進作用而被個體體會到，從而強化其行為。

然而，群體的這種鼓勵作用並不是等同地發生在每個成員身上，有的受到的支持力量較大，有的則較小，還有的則感受不到支持，甚至還會產生干擾作用。因此，一個群體能否對其成員產生促進作用，受到成員個人的制約。這些條件表現為：

第一，群體成員必須服務本群體的規則，熱愛自己的群體，為群體的利益服務，而不能成為群體的出軌者；

第二，個人與群體認同，並希望得到群體的保護和支持，成為個人利益的維護者。如果缺乏這兩個條件，這種作用就不會發生，有時反而會產生阻礙作用，使個人在群體中降低活動效率。

複習鞏固

1. 創業群體心理的特徵有哪些？
2. 工作群體心理的特點有哪些？
3. 創業群體心理的形態包括哪幾方面？

一個人圍著一件事轉，最後全世界可能都會圍著你轉；一個人圍著全世界轉，最後全世界可能都會拋棄你。

——劉東華

第三節 有效人際關係的建立

一、人際關係的一般概念及其分類

創業群體內人與人之間的心理關係，通常以直接交往關係為主。它是社會關係的一種具體體現。透過人際關係，反映人與人之間的心理距離以及個體或群體尋求需要滿足的心理狀態。人際關係的變化與發展決定於雙方之間需要滿足的程度。人際關係是組織環境中人與人之間的交往和聯繫，它既包括心理關係，也包括行為關係，它是一群互相認同、情感互相包容、行為相互近似的人與人之間結成的關係。

人際關係的形成包含認知、情感、行為三方面心理因素的作用。其中，認知因素是人際知覺的結果，是個體對人際關係狀態的瞭解；情感因素指交往雙方相互間在情感上的好惡程度及對交往現狀的滿意程度；行為因素則是指具體的人際交往行為。在這三個因素中，情感因素起主導作用，制約著人際關係的親疏、深淺及穩定程度。彼此間情感上的聯繫是人際關係的主要特徵。一定的人際關係表現出一定的人際行為模式，其中一方的行為會引起對方相應的行為。一般而言，正確的行為會引起積極的行為反應，錯誤的行為

會引起消極的行為反應。當然,對於什麼是「正確」,什麼是「錯誤」的判斷,往往因人而異,它與個體對他人行為認知時持有的各種主客觀因素有關。

人際關係可以從不同的角度進行分類:

1. 按性質劃分:自然性人際關係和社會性人際關係等。

2. 按形式劃分:合作型人際關係和競爭型人際關係等。

3. 按效果劃分:良好的人際關係和不良的人際關係等。

4. 按公私關係分:公務關係和私人關係等。

5. 按組織形式分:正式群體中的人際關係和非正式群體中的人際關係等。

6. 按個體扮演的不同角色分:夫妻關係、親子關係、師生關係、同學關係、朋友關係等。

7. 按關係的情感表現性質的不同分:親密關係、疏遠關係、敵對關係等。

8. 按關係中所包含的需求性質的不同分:工具性關係和情感性關係等。

9. 按關係持續時間長短的不同分:長期關係和臨時關係等。

二、人際關係的重要作用

1.人際關係影響個人身心健康

良好的人際關係,能夠使個人的心情舒暢,工作、生活愉快;惡劣的人際關係,則使人際交往受到阻撓,使溝通不順暢,影響人的身心健康。

2.人際關係影響群體士氣和凝聚力

良好的人際關係是群體保持高昂士氣和高凝聚力的前提和保證。在群體中人際關係越融洽,則該群體的凝聚力就越強,士氣越高昂;反之,人際關係緊張的群體,必然士氣低落、凝聚力低。

3.人際關係引導群體和組織的工作效率

有良好的人際關係的群體，成員之間的感情必然融洽，心情也必然舒暢，有利於發揮各成員的工作積極性、主動性和創造性，大大提高工作效率；反之，則降低成員的工作熱情，影響工作效率。

三、影響人際關係的因素

人們在社會生活中，為了使活動順利地進行，會結成某種人際關係，這種人際關係在不同條件下、不同的人身上，表現出各種各樣的方式。有的人左右逢源，如魚得水，與群體中每個成員的關係都很和睦；有的人在群體內形單影隻，但在群體外倍受歡迎；有的人在「夾縫」中無法生存，但換個環境，卻能一呼百應等。這說明人際關係的建立，受很多因素的制約。

1．主觀因素

人際關係的建立，首先受自身因素的影響。自身的性格、氣質、主觀印象及道德品質，影響著人際關係形成的快慢及所能達到的程度。

(1) 性格和氣質的因素

這兩種因素是屬於個性中的成分，它往往影響人際交往的數量和質量。在群體中，一個性情寬厚、能體諒他人的人，易為其他成員所歡迎，成為眾人交往的對象，因而，也很容易同其他人建立良好的人際關係；相反，一個性格孤傲、態度冷漠的人，既不願主動去瞭解人，也不願意被人們所理解，孤芳自賞，很難與人形成和諧的人際關係。

一個謙虛、和氣的人，能獲得別人的好感；而一個自負、目中無人的人，則令人厭惡。就氣質而言，一個熱情奔放、活潑好動、善於言辭、樂於社交的人，往往易與他人建立關係；而一個古板、遲鈍、多愁善感、古怪刁鑽的人，則會使人望而卻步，不易形成良好的人際關係。

(2) 主觀印象

主觀印像是指人們在接觸時各自對對方進行的評價傾向。在主觀印象中，有一種成分稱為第一印象。第一印像往往決定著人在與他人接觸時的態度傾

向和行為特徵。因而在初次交往時，人的儀表、衣著、言談舉止、神態風度等外觀因素起著重要作用，切不可忽視。

(3) 道德品質

道德品質屬於個人的內在規範，它決定著個人的內外活動。一個具有高尚品德的人，往往能嚴於律己、寬以待人，在工作中關心同志、樂於助人，為人熱情誠實，感情出自內心，不僅為形成良好的人際關係提供了條件，還對整個社會風氣的改善帶來了積極的影響。

2．客觀因素

人際關係的形成，除了自身的主觀原因外，還有許多客觀因素制約其形成。客觀因素主要包括：

(1) 空間距離

在社會生活中，人們在地理位置上越接近，彼此接觸的機會越多，相互依賴、相互幫助的時候就越多，就越容易形成良好的人際關係。因此，同班同學之間、同一工廠的工人之間、同一連隊的同袍之間、同一辦公室的同事之間以及街坊鄰居之間，在一般情況下，都易於結成良好的人際關係。當然，空間距離對於人際關係的形成並不起決定性的作用，但在其他條件相同的情況下，卻是一個有利條件。國外在管理中很重視這一外部因素的作用，在對工作場所進行設計時，常常將人際交往的因素也考慮進去，這樣，既便於工作人員之間的相互往來，有利於盡快協調關係，又可以防止因為空間上的距離而產生與整體利益不一致的小群體。

(2) 交往次數

除了空間距離因素之外，交往次數也是建立人際關係的一個重要客觀因素。在群體中，成員之間接觸越多、交往時間越長，越容易形成良好的人際關係。而且一般來說交往次數的多少，和交往水準的高低也直接相關，交往次數越多，交往的水準也就越高。但也有例外，如果兩個人接觸，只是彼此寒暄，應酬幾句，那麼，即使交往次數再多，也不能建立良好的人際關係。次數加真誠，才可能形成良好的人際關係。

(3) 群體的社會地位和社會影響

一個群體在整個社會中所處的地位如何,社會影響怎樣,也是建立良好人際關係的客觀因素。一個群體的成就高、在社會上影響大,就容易使成員在相互交往時產生心理相容和情感共鳴,結成良好的人際關係,產生集體榮譽感;相反,一個失敗的群體,在社會上沒有什麼地位,名聲又很壞,群體中的成員就會搞分裂,形成各種不同的非正式群體,使群體中缺乏統一的氣氛,也就很難建立良好的人際關係。

3.人際關係障礙

人際關係障礙指妨礙正常、良好人際關係建立和維持的一切因素。其中主要有:

(1) 個體的某些人格特徵

有社會心理學家指出,在人際關係中,最不受歡迎的 10 項人格特質依次為:狡詐、欺騙、自私、殘忍、不誠實、不真誠、做作、不可靠、不忠誠、貪婪。此外,自我中心,過於自卑、敏感、自大狂傲或乖僻、孤獨等會妨礙建立良好的人際關係。

(2) 競爭

競爭與合作相反,是在某種程度上動搖共同活動的一種互動形式。有研究者報告,競爭具有和合作相反的心理效果。在競爭中,從事同一活動的人們彼此單獨行動,其活動不可互換,他們之間不存在肯定的精神宣洩和肯定性誘導,即個人對活動的貢獻只會招來對方的嫉妒,不會有肯定的反饋和嘉獎,從而難以建立良好的人際關係。此外,相互競爭的個體之間極少有溝通,經常產生誤解,並表現出憂心忡忡,也不利於建立良好的人際關係。

四、改善創業群體人際關係的方法

1.情感投資法

情感投資是指對人傾注真摯、熾烈的感情,捨得在密切情感方面花本錢、下功夫,以爭取人心,更好發揮群體成員的積極性。

2．心理吸引法

心理吸引法是創設一種「心理磁力場」，設立吸引中心，從而吸引群體成員團結一致，共同努力。

3．深層瞭解法

人們的交往都是由淺入深。禮儀交往，相互關照；功利交往，促進事情辦成；感情交往，建立一定友誼；思想交往，成為知己。心理動力學認為，深入瞭解別人是要經過一定層次的。

4．中和互補法

人們自己互有差別，互有需求，互有補償，互有接近，逐漸中和，成為好朋友，使群體達到和諧的狀態。

5．求同存異法

人們交朋結友，只要政治原則、基本傾向相同，至於個性特點、習慣愛好、生活情趣等有差異，不妨求大同，存小異，做到大事講原則、小事講風格，在枝節問題上不苛求於人，同樣可以成為好朋友。

6．排難解紛法

朋友遇到了困難，在其最需要幫助的時候，伸出手來幫助他排難解紛，表示同情和支持，最能獲得對方的感激，最容易結成親密的友誼。

複習鞏固

1. 人際交往的基本概念？

2. 人際交往的分類？

3. 影響人際關係的因素？

4. 改善創業群體人際關係的方法？

創業心理學

第八章 創業的領導行為和群體心理

　　創業之初，無法給職工像樣的待遇，設備又差，也沒有什麼得意的技術。在這樣一種什麼物質條件都不具備的條件下，要讓大家一起去拚命地幹活，必須以創業時的「血盟」精神作為企業經營的基礎。

——邱永漢

第四節 創業團隊精神

一、創業團隊精神的概念

　　創業團隊精神，簡單來說就是大局意識、協作精神和服務精神的集中體現。因為團隊精神的基礎是尊重個人的興趣和成就。核心是協同合作，最高境界是全體成員的向心力、凝聚力，反映的是個體利益和整體利益的統一，並進而保證組織的高效率運轉。揮灑個性、表現特長保證了成員共同完成任務目標，而明確的協作意願和協作方式則產生了真正的內心動力。同時團隊精神也是組織文化的一部分。

　　團隊精神的形成並不要求創業團隊成員犧牲自我，相反，揮灑個性、表現特長保證了成員共同完成任務目標，而明確的協作意願和協作方式則會產生真正的內心動力。團隊精神是組織文化的一部分，良好的管理可以透過合適的組織形態將每個人安排至合適的崗位，充分發揮集體的潛能。如果沒有正確的管理文化，沒有良好的從業心態和奉獻精神，就不會有團隊精神。

二、創業團隊精神的作用

1．目標導向功能

　　團隊精神能夠使團隊成員齊心協力，擰成一股繩，朝著一個目標努力。對團隊內個人來說，團隊要達到的目標即是自己必須努力的方向，從而使團隊的整體目標分解成各個小目標，在每個隊員身上都得到落實。

2．團結凝聚功能

　　任何組織群體都需要一種凝聚力，傳統的管理方法是透過組織系統自上而下的行政指令，淡化了個人感情和社會心理等方面的需求，團隊精神則透

過對群體意識的培養，透過隊員在長期的實踐中形成的習慣、信仰、動機、興趣等文化心理，來溝通人們的思想，引導人們產生共同的使命感、歸屬感和認同感，逐漸強化團隊精神，產生一種強大的凝聚力。

3．促進激勵功能

團隊精神要靠每一個隊員自覺地向團隊中最優秀的員工看齊，透過隊員之間正常的競爭達到實現激勵功能的目的。這種激勵不是單純停留在物質的基礎上，而是要能得到團隊的認可，獲得團隊中其他隊員的認可。

4．實現控制功能

在團隊裡，不僅隊員的個體行為需要控制，群體行為也需要協調。團隊精神所產生的控制功能，是透過團隊內部所形成的一種觀念的力量、氛圍的影響，去約束、規範、控制團隊的個體行為。這種控制不是自上而下的硬性強制力量，而是由硬性控制向軟性內化控制；由控制個人行為，轉向控制個人的意識；由控制個人的短期行為，轉向對其價值觀和長期目標的控制。因此，這種控制更為持久且更有意義，而且容易深入人心。

三、創業團隊精神的重要性

1．團隊精神推動創業團隊的運作和發展

在團隊精神的作用下，團隊成員產生了互相關心、互相幫助的交互行為，顯示出關心團隊的主人翁責任感，並努力自覺地維護團隊的集體榮譽，自覺地以團隊的整體聲譽為重來約束自己的行為，從而使團隊精神成為公司自由而全面發展的動力。

2．團隊精神培養創業團隊成員之間的親和力

一個具有團隊精神的團隊，能使每個團隊成員顯示出高漲的士氣，有利於激發成員工作的主動性，由此而形成集體意識、共同的價值觀、高漲的士氣、團結友愛，團隊成員才會自願地將自己的聰明才智貢獻給團隊，同時也使自己得到更全面的發展。

3．團隊精神有利於提高創業組織的整體效能

透過發揚團隊精神，加強建設能進一步節省內耗。如果總是把時間花在怎樣界定責任應該找誰處理，讓客戶、員工團團轉，這樣就會減少企業成員的親和力，損傷企業的凝聚力。

四、創業團隊精神的建設

或許許多人小時候猜過這樣一個謎語：兄弟六七個，圍著柱子坐；長大分了家，衣服全撕破。謎底是：大蒜。在那個時候只是感覺好玩、形象，等到長大了才悟出，其實人有時候也和大蒜一樣。

以創立企業為例，創業伊始，大都是兄弟幾個「揭竿而起」。在最初的歲月裡，住宿共打地鋪，餓了吃冷飯，渴了喝涼水，但卻毫無怨言，緊緊圍繞著「柱子」——共同的奮鬥目標而不懈地努力。然而，當企業度過了生存期，公司和個人家底逐漸殷實之後，當年共苦的兄弟，卻通常難以繼續同甘。於是，在矛盾、猜忌與爭吵後，最終「撕破衣服」分崩離析，甚至反目成仇。結果，本應成為「萬噸輪」的企業被拆分成若干個「小舢板」，在市場經濟的海洋中，不僅各自要經歷狂風暴雨的衝擊，還要提防當年創業兄弟的偷襲。

為什麼會產生上述現象呢？因為這樣的創業團隊沒有形成創業的團隊精神。一個人的才智是有限的，而集體的力量才是無窮的。團隊精神是現代企業精神的重要組成部分，是使得企業競爭力、凝聚力不斷增強的精神力量。面對激烈的市場競爭和嚴峻的宏觀調控政策環境，每個處在創業時期的企業都必須依靠團隊的力量，充分發揮創業團隊精神，才能在激烈的市場競爭環境中取勝。

創業團隊精神通常包括以下幾點：

1. 團隊精神的核心——協同合作

團隊內所有成員的向心力、凝聚力是從鬆散的個人集合走向團隊最重要的標誌。在這裡，有著一個共同的目標並鼓勵所有成員為之而奮鬥固然很重要，但是向心力、凝聚力來自於團隊成員自覺的內心動力，來自有共識的價值觀。很難想像，在沒有展示自我機會的團隊裡能形成真正的向心力；同樣也很難想像，在沒有明了的協作意願和協作方式下能形成真正的凝聚力。那

麼，確保沒有信任危機就成為問題的關鍵所在，而損害最大的莫過於團隊成員對組織信任的喪失。

企業最重要的是團隊精神的形成，其基礎是尊重個人的興趣和成就。設置不同的崗位，選拔不同的人才，給予不同的待遇、培養和肯定，讓每一個成員都擁有特長，都表現特長。

2. 團隊精神的制度保證——建立有效的溝通機制

在我們的日常工作中要保持團隊精神與凝聚力，溝通是一個重要環節，比較暢通的溝通渠道、頻繁的訊息交流，使團隊的每個成員間不會有壓抑的感覺，工作就容易出成效，目標就能順利實現。當然這裡還包含一個好的統帥和準確的目標或法制方向的問題。當個人的目標和團隊目標一致的時候，員工就容易產生對公司的信任，士氣才會提高，凝聚力才能更深刻地體現出來。所以高層要把確定的長遠發展戰略和近期目標下達給下屬，並保持溝通和協調。這時，企業團隊成員都有較強的事業心和責任感，對團隊的業績表現出一種榮譽感和驕傲，樂意積極承擔團隊的任務，工作氛圍也處於最佳狀態。

3. 團隊精神的靈魂——全局意識、大局觀念

團隊精神並不反對張揚個性，而是要求個性必須與團隊的行動一致，要有整體意識和全局觀念，考慮團隊的需要。團隊成員要互相幫助、互相照顧、互相配合，為集體的目標而共同努力。

曾經有這樣兩個大學生，他們共同承擔一個項目，但各自分工。其中一位在完成任務的過程中遇到了技術上的難題，此時他只會自己冥思苦想亂查資料，卻不向坐在旁邊的高手請教。而這位高手此時也沒有把他當成是榮辱與共的合作夥伴，而是躲在旁邊等著看笑話。他們共同承擔的項目其結果可想而知，這是我們應該吸取的教訓。所以在工作中，有意識地培養全局觀念極其重要。

但培養團隊精神，也不是無原則地一團和氣，原則、感情與共同的利益和目標，是維繫一個團隊的紐帶，少了哪一條都不行。團隊精神，是在原則

的基礎上產生的，放棄原則遷就個別，雖然滿足了個別人的利益需要，但卻造成了誤導作用，由此必然導致人心渙散，從而失去團隊的凝聚力。沒有了凝聚力還有什麼團隊精神呢？團隊精神是一個成功團隊建設的血脈。團隊精神有凝聚團隊成員的作用，團隊的目標和理想把團隊成員聯結在一起。團隊精神不僅能激發個人的能力，而且能激勵團隊中的其他人，激勵團隊中的所有成員發揮潛力、探索和創新。對於創建學習型組織來說，團隊精神的影響力是深遠的。

五、學會在團隊中分享和分擔

團隊協作是團隊精神的核心。團隊的根本功能或作用在於提高組織整體的業務表現。我們說強化個人的工作標準也好，幫助每一個團隊成員更好地實現目標也好，目的就是為了使團隊的工作業績超過成員個人的業績，讓團隊業績由各部分組成而又大於各部分之和。團隊的所有工作成效最終會在一個點上得到檢驗，這就是協作精神。團隊成員之間只有很好地協作才能真正發揮團隊的作用。

要在創業團隊中建立起這種和諧的關係，就必須學會分享與分擔。為此，創業者作為團隊的領導者要做到以下幾點：

1．珍視每一位團隊成員

讓每一位團隊成員都極大地發揮其積極性和特長，創業者作為團隊的領導者要學會善於用人，知道每個人都是獨一無二的。大家都知道這樣一個原理：1：100 和 100：1 的關係。如果你領導 100 個人，那麼這 100 個人都清楚你對每個人的重視程度；但是反過來，每個人對你的看法你卻很模糊。什麼意思呢？ 就是在你領導你的團隊成員、你的下屬時，尤其是你輕視他的時候，他非常清楚；你對他的重視程度，他也是非常敏感的。大家知道，你的團隊成員可以批評甚至訓斥，但是你不能看不起任何人。很多員工認為，最大的恩典莫過於知遇之恩，如果你真正地看得起他、重視他，他會奮力相報的。

2．分擔員工的成功，更要分擔他們的艱辛

一名成功的創業領導者要做到「勤勞之師，將必先己」。作為一名創業領導者，你必須要讓你的員工知道，你不僅會分享他們的成功，還更樂於分擔他們的艱辛。如果你希望你的團隊加班，你就必須跟他們一起加班。如果你要凍結他們的工資，那你也必須凍結自己的工資。你不能也不應該期望你的員工去做你不願意做的事情。要向你的員工表明，你在和他們一起戰鬥，在支持他們、幫助他們、帶領他們。要向他們證明你不認為自己比他們特殊、比他們優越。這樣，你就可以與員工之間建立起能提高團隊業績、使你渡過最困難期間的關鍵。

3．建立有效的分享機制

有七個人組成了一個小團隊，他們每個人都是平等的，但同時又都是自私自利的。他們想透過制度創新來解決每天的吃飯問題——要在沒有計量工具或沒有刻度的容器的狀況下分食一鍋粥。大家發揮聰明才智，試驗了很多種辦法，多次博弈後形成如下一系列規則。

規則一：指定一個人專門負責分粥事宜，很快大家發現，這個人為自己分的粥最多，於是又換一個人。結果，總是分粥的人碗裡的粥最多、最好。權力導致腐敗，絕對的權利導致絕對的腐敗，在這碗稀粥中體現得一覽無餘。

規則二：指定一個分粥的人和一名監督人員，剛開始較為公正，但到最後分粥人和監督人分到的粥最多。這種制度又失敗了。

規則三：誰也信不過誰，乾脆大家每個人一天輪流主持分粥。這樣等於承認了個人為自己多分粥的權利，同時又給予了每個人為自己多分粥的機會。雖然看起來平等了，但是每個人在一週中只有一天吃得飽且有剩餘，其餘六天都饑餓難挨。大家認為這一制度造成了資源浪費。

規則四：大家民主選舉出一個信得過的人主持分粥。這位品德尚屬上乘的人開始還能公平分粥，但不久以後他就有意識地為自己和溜鬚拍馬的人多分。大家一致認為，不能放任其腐化和風氣的敗壞，還得尋找新制度。

規則五：民主選舉一個分粥委員會和一個監督委員會經常提出各種議案，分粥委員會又據理力爭，等分粥完畢時，粥早就涼了。此制度效率低。

第八章 創業的領導行為和群體心理

規則六：對於分粥，每人均有一票否決權。這有了公平，但恐怕最後誰也喝不上粥。

規則七：每個人輪流值日分粥，但分粥的那個人要最後一個領粥。令人驚奇的是，在這一制度下，七個人碗裡的粥每次都是一樣多，就像用科學儀器量過一樣。每個支持分粥的人都認識到，如果七個碗裡的粥不相同時，他確定無疑將享用那碗最少的。

我們從這個小故事中可以看出機制的重要性，它比技術更重要；規則是人選擇的，它是不斷博弈與交易的結果。影響團隊成員協作能力的因素有很多，其中最重要的一點是如何分享團隊的成果，如果分享不好，會在很大程度上影響團隊的進一步協作，所以作為團隊的領導者一定要建立好分享機制。

4．培養團隊成員間寬容與合作的品質

事業是集體的事業，競爭也是集體的競爭，一個人的價值只有在集體中才能得到體現。成功的潛在危機是忽視了與人合作或不會與人合作。有些人的動手能力強，點子也不錯，但當他的想法與別人的不一致時，就固執己見，不知如何求同存異；有的團隊成員，在家裡都是被照顧、被包容的寶貝，特別有一些家庭環境比較好的，由於有優越感，更不容易做到寬容待人和與人合作；有的團隊成員，在團隊中是業務骨幹、技術能手，高高在上，對其他人不屑一顧，不懂得尊重和遷就別人。

實際上，團隊中的每個人各有長處和短處，關鍵是成員之間以怎樣的態度去看待，能夠在平常之中發現對方的美，而不是挑他的毛病。培養自己求同存異的素質，對培養團隊精神尤為重要。這需要我們在日常生活中，培養良好的與人相處的心態，並在日常生活中運用。這不僅是培養團隊精神的需要，而且也是獲得人生快樂的重要方面。要使團隊成員具有這樣的心態，作為一名領導者要對每個成員的優點經常進行表揚，而不是挑剔其缺點，並且能夠聽取團隊成員的意見和批評。

綜上所述，假如你把快樂跟別人分享，你就擁有了雙倍的快樂，如果你把痛苦跟別人分擔的話，你就只有一半的痛苦。在商場打拚的創業者無論什麼時候都應當記住這句話。

如何保持創業團隊的團隊精神？從人力資源管理的角度來看，建立優勢互補的創業團隊是保持創業團隊穩定的關鍵。在創建一個團隊的時候，不僅僅要考慮相互之間的關係，最重要的是考慮成員之間的能力或技術上的互補性。太陽微系統公司就是一個非常值得借鑑的例子，創業初期維諾德·科斯拉找來的三個人分別是軟體專家、硬體專家和管理專家，團隊非常穩定，因此為太陽微系統公司帶來了穩定的發展。

創業團隊是任何一個公司人力資源的核心，在建立創業團隊的時候，「主內」與「主外」的不同人才，耐心的「總管」和具有戰略眼光的「領袖」，技術與市場等方面的人才都應該儘可能地考慮進來，保證團隊成員的異質性。創業團隊的組織還要注意個人的性格與看問題的角度。如果一個團隊裡有總能提出可行性建議的和能不斷地發現問題的批判性的成員，對於創業過程將大有裨益。作為創業企業核心成員的領導者還有一點需要特別注意，那就是一定要選擇對團隊項目有熱情的人加入團隊，並且要使所有人在企業初創期就做好每天長時間工作的準備。任何人才，不管他(她)的專業水準多麼高，如果對創業事業的信心不足，將無法適應創業的需求。孫子曰：「上下同欲者，勝」。只有真正目標一致，齊心協力的創業團隊才會取得最終的勝利。

擴展閱讀

領導者應具備的品德

香港金利來公司遠東局主席曾憲梓先生講，他一生奉行「誠、信、勤、儉」四個字。這反映了「金利來」經久不衰的行為風格。

日本企業界要求領導者具有 10 項品德和 10 項能力。

這 10 項品德分別是使命感、責任感、信賴感、積極感、忠誠老實、進取心、忍耐性、公平、熱情、勇氣；

10 項能力是：思維決策能力、規劃能力、判斷能力、創造能力、洞察能力、勸說能力、對人理解能力、解決問題能力、培養下屬能力、激發積極性能力。

複習鞏固

1. 團隊精神的作用有哪些？

2. 如何建設團隊精神？

要點小結

創業領導行為

1. 領導行為的定義，結構模式：「領導行為＝f（環境領導者被領導者）」。

2. 領導行為的理論：交易型、變革型、特質論、四分圖和管理方格。

3. 領導行為的有效性：權利性因素和非權利性因素理論。

4. 領導行為的表現：a. 敏銳洞察；b. 自主創新；c. 適度競爭；d. 承擔風險；e. 遠景目標；

f. 激勵他人。

5. 領導行為的處事原則：a. 以人為本；b. 以德為先；c. 以能為基；d. 以身作則。

6. 領導行為的核心建設：a. 人才培訓制度；b. 人才激勵機制；c. 人才流動制度。

7. 良好領導行為的有效建設：a. 甄選人才；b. 樹立威信；c. 堅持原則。

創業群體心理

1. 群體心理是群體成員之間相互作用相互影響下形成的心理活動。所有複雜的管理活動都涉及群體，沒有群體成員的協同努力，組織的目標就難以實現。群體心理的顯著特徵是共有性、界限性和動態性。

2. 群體心理的形態包括：

(1) 群體歸屬心理；

(2) 群體認同心理；

(3) 群體促進心理。

有效人際關係的建立

1. 人際交往的基本概念：群體內人與人之間的心理關係，通常以直接交往關係為主。它是社會關係的一種具體體現。透過人際關係，反映人與人之間的心理距離，以及個體或群體尋求需要滿足的心理狀態。人際關係的變化與發展決定於雙方之間需要滿足的程度。人際關係是組織環境中人與人之間的交往和聯繫，它既包括心理關係，也包括行為關係，它是一群互相認同、情感互相包容、行為相互近似的人與人之間結成的關係。

2. 影響人際關係的因素：

(1) 個體的某些人格特徵；

(2) 競爭；

(3) 人際溝通網絡特徵。

3. 改善人際關係的方法：

(1) 情感投資法；

(2) 心理吸引法；

(3) 深層瞭解法；

(4) 中和互補法；

(5) 求同存異法；

(6) 排難解紛法。

創業團隊精神

1. 團隊精神，簡單來說就是大局意識、協作精神和服務精神的集中體現。團隊精神的基礎是尊重個人的興趣和成就。核心是協同合作，最高境界是全

體成員的向心力、凝聚力，反映的是個體利益和整體利益的統一，並進而保證組織的高效率運轉。揮灑個性、表現特長保證了成員共同完成任務目標，而明確的協作意願和協作方式則產生了真正的內心動力。團隊精神是組織文化的一部分。

2. 團隊精神的作用：

(1) 目標導向功能；

(2) 團結凝聚功能；

(3) 促進激勵功能；

(4) 實現控制功能。

3. 如何建設創業團隊精神：

(1) 團隊精神的核心——協同合作；

(2) 團隊精神的制度保證——建立有效的溝通機制；

(3) 團隊精神的靈魂——全局意識、大局觀念；

(4) 珍視每一位團隊成員；

(5) 分擔員工的成功，更要分擔他們的艱辛；

(6) 建立有效的分享機制；

(7) 培養團隊成員間寬容與合作的品質。

關鍵術語

領導 (Leadership)

領導行為 (Leadership Behavior)

協調 (Coordination)

群體心理 (Group Psychology)

人際關係 (Interpersonal Relationship)

團隊精神 (Team Spirit)

選擇題

1.「領導者」指的是那些能夠影響他人並擁有怎樣權限的人（ ）。

a. 技術 b. 能力

c. 管理 d. 數據

2. 評價領導行為的有效性，除了自我應變力和個人影響力之外，還有（ ）。

a. 群眾的公信力 b. 群體的感召力

c. 群體的應變力 d. 群體的獨特性

3. 變革型領導的四維結構，即感召力、智慧激發、個性化關懷和以下哪一結構形式（ ）。

a. 領導活力 b. 領導魅力

c. 領導熱情 d. 領導能力

4. 創業領導管理核心的區別具體體現在任務不同、目標不同、角色差異和以下哪一體現形式？（ ）

a. 職責有分 b. 管理區分

c. 思維之分 d. 能力區分

5. 創業領導者必須堅持以人為本的管理理念，需要尊重知識、尊重人才，關心人才成長，為人才自身發展創造良好的什麼環境？（ ）

a. 工作 b. 家庭

c. 企業 d. 社會

6. 在群體壓力下，成員有可能放棄自己的意見而採取與大多數人一致的行為，這就是（ ）

a. 集體觀念 b. 從眾

第八章 創業的領導行為和群體心理

c. 服從大局 d. 集體凝聚

7. 集體是群體發展的（ ）

a. 最終結果 b. 中間環節

c. 目標 d. 最高階段

8. 影響著群體與每個成員行為發展變化的力量的總和就是（ ）

a. 群體壓力 b. 群體動力

c. 群體凝聚力 d. 群體規範

9. 約束群體內成員的行為準則稱之為（ ）

a. 群體氣氛 b. 群體壓力

c. 群體凝聚力 d. 群體規範

10. 一般說來，群體間競爭的效果取決於（ ）

a. 群體內的合作 b. 群體內的競爭

c. 群體間的合作 d. 個體的能力

11. 人際關係是人與人之間在相互交往過程中所形成的比較穩定的心理關係或（ ）

a. 感情關係 b. 心理距離

c. 友誼關係 d. 互助關係

12. 人際吸引的特徵表現為認知協調、情感和諧和（ ）

a. 態度一致 b. 行動一致

c. 觀點趨同 d. 相互理解與扶持

13. 人際關係的形成與變化，取決於交往雙方（ ）

a. 修養和處世方法 b. 身份和地位

c. 交往方式與方法 d. 需要滿足的程度

14. 人際關係的形成與變化,取決於交往雙方( )

a. 修養和處世方法 b. 身份和地位

c. 交往方式與方法 d. 需要滿足的程度

15. 人際關係心理學研究的實踐任務中最根本的任務是( )

a. 正確地處理人際關係 b. 有效地調整人際關係

c. 不斷地改善人際關係 d. 發展新型有人際關係

16. 建設和推進企業文化,要基於( )

a. 現代精神 b. 組織精神

c. 團隊精神 d. 傳統精神

17. 一個企業門檻最低的時候是( )

a. 創業階段 b. 成長階段

c. 成熟階段 d. 壯大階段

18. 關於合作重要性的理解錯誤的是( )

a. 一定程度上說,合作關係到每個人的生存之道

b. 合作精神應該是老總和主管們關注的事

c. 合作精神是一種團隊精神

d. 有沒有團隊精神是關係著自己生存與榮辱的,應該是每個人的命題

19. 不合作的後果由輕到重,依次呈現的是( )

a. 缺乏成就感——怕擔責任,愛發牢騷——會對團隊和自己都缺少承諾——從業狀態——怠工的狀態——自我價值得不到淋漓盡致的發揮

b. 怕擔責任,愛發牢騷——會對團隊和自己都缺少承諾——缺乏成就感——從業狀態——怠工的狀態——自我價值得不到淋漓盡致的發揮

第八章 創業的領導行為和群體心理

　　c. 怕擔責任，愛發牢騷——缺乏成就感——會對團隊和自己都缺少承諾——怠工的狀態——從業狀態——自我價值得不到淋漓盡致的發揮

　　d. 怕擔責任，愛發牢騷——缺乏成就感——會對團隊和自己都缺少承諾——從業狀態 ——怠工的狀態——自我價值得不到淋漓盡致的發揮

附錄一 參考答案

第一章 複習鞏固題

第一節

1. 答：心理學是研究人和動物心理活動和行為表現的一門科學。

2. 答：感覺、知覺、思維、記憶、想像等，都是人們認識事物過程中所產生的心理活動，統稱認識活動或認識過程。感知覺是簡單的初級認識過程；思維、想像則是人的複雜的高級認識過程。

3. 答：心理過程指一個人心理現象的動態過程。包括認識過程、情感過程和意志過程，反映正常個體心理現象的共同性一面。

4. 答：個性傾向性和個性心理特徵兩個方面。個性傾向性是指一個人所具有的意識傾向，也就是人對客觀事物的穩定的態度。它是個人在從事活動的基本動力，決定著一個人的行為的方向。個性心理特徵是一個人身上經常表現出來的本質的、穩定的心理特點。

第二節

1. 答：創業是創業者對自己擁有的資源或透過努力能夠擁有的資源進行優化整合，從而創造出更大經濟或社會價值的過程。同時，個人雖沒有創建企業，但為了獲取利潤而承擔風險，利用現有知識技能、能力、資源從事商業經營的組織活動，本書將其界定為「準創業」。眾所周知，創業是一種勞動方式，是一種需要創業者運營、組織、運用服務、技術、器物作業的思考、推理和判斷的行為。

2. 答：創業活動是一個複雜的社會現象。創業本身是心理學、社會學、管理學、經濟學等眾多學科的交叉領域，不同領域的學者都能夠借助其特有的學術視角來考察創業過程。從初始的識別機會到企業的成長管理，其間所涉及的管理技能和專業知識繁雜多樣。綜觀管理領域的眾多分支，很難再找得到像創業這麼一個具備高度多樣性和綜合性的領域。

第三節

1. 答：(1) 客觀性原則；(2) 聯繫性原則；(3) 發展性原則；(4) 分析與綜合的原則。

2. 答：創業心理學研究方法是研究創業心理學問題所採用的各種具體途徑和手段，包括儀器和工具的利用。創業心理學的研究方法很多，大體分為以下幾種方法：

(1) 觀察法，是研究者有目的、有計劃地在自然條件下，透過感官或借助於一定的科學儀器，對社會生活中人們行為的各種資料的蒐集過程；

(2) 調查法是一類方法的總稱，可以分為書面調查和口頭調查兩種。又叫談話法、問卷法；

(3) 測驗法，即心理測驗法，就是採用標準化的心理測驗量表或精密的測驗儀器，來測量被試有關的心理品質的研究方法；

(4) 案例分析法，就是對某一個體或群體組織在較長時間內連續進行調查、瞭解、收集全面的資料，從而研究其創業心理發展變化的全過程的方法。

選擇題答案

1. a 2. abcd 3. abc 4. abcd 5. abcd

第二章 複習鞏固題

第一節

1. 答：創業意識是創業的先導，它構成創業者的創業動力，由創業需要、動機、意向、志願、抱負、信念、價值觀、世界觀等幾方面組成，是人們從事創業活動的強大內驅力，也是人進行活動的能動性的源泉。創業意識是人們從事創業活動的出發點與內驅力，是創業思維和創業行為的前提。需要和衝動構成創業意識的基本要素。

2. 答：創業意識的特徵有可強化性、綜合效應性、協調性、社會歷史制約性。

第二節

1. 答：創業意識的內容有確定的人生目標、敏銳的商業意識、科學的經濟頭腦。

2. 答：培養商業意識要用心鑽研有關知識、要善於觀察和思考、要積極主動地尋找和創造商業機會。

選擇題答案：

1. abcd 2. abcd 3. abc 4. abc 5. ac

第三章 複習鞏固題

第一節

1. 答：健康的心理模式來自於個體正確的價值觀、積極的認知評價、尋找有利的社會支持以及掌握與運用心理調節技術等。

2. 答：神經類型、性格特徵、生活態度、社會適應性等。

3. 答：認知是指認識活動或認識過程，即個體接受和評估訊息的過錯，產生應對和處理問題方法的過程，預測和估計結果的過程。

第二節

1. 答：心理學中的自我有兩個單詞即 self 和 ego。自我是指個人的反身意識或自我意識。

2. 答：

(1) 詹姆斯的理論：將自我分為經驗自我和純粹自我；

(2) 弗洛伊德的理論：本我、超我、自我；

(3) 羅杰斯的理論：自我包括主格我和賓格我；

(4) 米德的理論：客我和主我；

(5) 馬卡斯的理論：自我圖式和可能自我。

附錄一 參考答案

選擇題答案

1. abcd 2. abcd 3. abc 4. a 5. abcd 6. abcd

第四章 複習鞏固題

第一節

1. 答：

第一，列舉個人特徵的定義，認為個性是個人品格的各個方面，如智慧、氣質、技能和德行。

第二，強調個性總體性的定義，認為個性可以解釋為一個特殊個體對其所作所為的總和。

第三，強調對社會適應、保持平衡的定義，認為個性是個體與環境發生關係時身心屬性的緊急綜合。

第四，強調個人獨特性的定義，認為個性是個人所以有別於他人的行為。

第五，對個人行為系列的整個機能的定義，這個定義是由美國著名的個性心理學家阿爾波特提出來的，認為個性是決定人的獨特的行為和思想的個人內部的身心繫統的動力組織。

2. 答：個性貫穿著人的一生，能影響創業者的一生。正是創業者個性傾向性中所包含的需要、動機和理想、信念、世界觀，指引著人生的方向、人生的目標和人生的道路；正是創業者的個性特徵中所包含的氣質、性格和能力，影響著和決定著人生的風貌、人生的事業和人生的命運。

第二節

1. 答：氣質是個人心理活動穩定的動力特徵，是根據人的姿態、長相、穿著、性格、行為等元素結合起來給別人的一種心理感覺。

2. 答：多血質；膽汁質；黏液質；抑鬱質。

第三節

1. 答：性格是人在對現實現象的態度以及對此做出的相應的行為表現方式的綜合體現。

2. 答：機能類型說；內外傾向說；獨立—順從說；社會文化價值觀說。

3. 答：堅韌不拔、持之以恆；有信心，自我肯定；誠實守信；樂觀，積極向上；吃苦耐勞；富於冒險精神；勤儉，熱愛公益事業，懷有一顆感恩的心；善良正直、謙虛好學；自主、自律、自強、自立。

第四節

1. 答：創業能力是一種特殊的能力，這種特殊能力往往影響創業活動的效率和創業的成功。創業能力包括決策能力、經營管理能力、專業技術能力、交往協調能力和創新能力。

2. 答：創業前有意識做好準備，創業中進行過程調整，注意心理變化。

選擇題答案

1. abcd 2.abcd 3.abcde 4.abcd 5.abcd 6.abcd 7.abc 8.abcd 9.a 10.abcd

第五章 複習鞏固題

第一節

1. 答：需要有三個特徵，即對象性、動力性和社會性。

2. 答：需要分為生物需要與社會需要、物質需要與精神需要。

3. 答：有關需要的理論有馬斯洛的需要層次理論、成就需要理論、莫瑞 (H.A.Murray) 的需要理論、奧爾德弗 (C.P.Alderfer) 的 ERG 需要、赫茲伯格 (F.Herzbery) 的雙因素理論、勒溫 (K.Lewin) 的需要理論和弗洛姆 (E.Fromm) 的需要理論。

第二節

1. 答：動機的功能有：激活功能、引導功能以及維持與調整功能。

附錄一 參考答案

2. 答：動機的種類可以分為內在動機和外在動機、主導性動機和輔助性動機、生理性動機和社會性動機、近景動機和遠景動機、以及成就動機、權利動機和親和動機。

3. 答：有關動機的理論有：動機的驅力理論、莫里的需要 - 壓力理論、動機的強化理論、目標設置理論、動機的歸因理論、自我功效論、自我決定理論和動機的成就理論。

4. 答：動機強度與工作效率之間的關係不是一種線性關係，而是倒 U 形曲線。動機強度處於中等水準時，工作效率最高。

第三節

1. 答：期望指一個人根據以往的能力和經驗，在一定的時間裡希望達到目標或滿足需要的一種心理活動。

2. 答：激勵力與效價和期望值的關係是：激勵力 = 效價 × 期望值。

3. 答：創業者成長期望是指新生創業者對未來新企業的預期價值，成長期望反映了創業者對待生存與成長的態度。

第四節

1. 答：創業者的其他個性傾向有興趣、信念、理想、世界觀及價值觀。

2. 答：興趣是指一個人積極探究某種事物及愛好某種活動的心理傾向。它是人認識需要的情緒表現，反映了人對客觀事物的選擇性態度。它是需要的一種表現方式，人們的興趣往往與他們的直接或間接需要有關。

3. 答：樹立一個正確的價值觀是十分重要的，它可以使創業者走在正確的創業之路上。

選擇題答案：

1. abcde 2. abc 3. bcd 4. abcd 5. abc 6. abcd 7. abcde

第六章 複習鞏固題

第一節

1. 答：(1) 情緒影響生理健康；(2) 情緒影響人際關係。

2. 答：

(1) 認識自己的情緒；(2) 妥善管理情緒；(3) 自我激勵；(4) 認知他人的情緒；(5) 人際關係管理。

3. 答：

(1) 團隊成員的個體情商；(2) 團隊的目標集聚；(3) 團隊的角色管理；

4. 團隊的溝通機制。

第二節

1. 答：

(1) 挫折情境；(2) 挫折反應；(3) 挫折認知。

2. 答：

(1) 自然因素；(2) 社會因素；(3) 生理因素；(4) 心理因素。

3. 答：

(1) 攻擊；(2) 退化；(3) 冷漠；(4) 幻想；(5) 固執反應。

4. 答：

(1) 合理化作用；(2) 逃避作用；(3) 壓抑作用；(4) 替代作用；(5) 表同作用；(6) 投射作用；(7) 反向作用；(8) 否認作用。

第三節

1. 答：(1) 焦慮；(2) 抑鬱；(3) 憤怒；(4) 恐懼；(5) 悲傷；(6) 挫折感；(7) 內疚；(8) 羞恥感。

2. 答：(1) 創業捲入度；(2) 競爭強度；(3) 資源需求；(4) 知識儲備；(5) 管理責任。

3. 答：

(1) 塑身。要加強鍛鍊，補充營養，保障睡眠。

(2) 塑心。培養自我對話的意識，學會換位思考，重組創業信念，加強社會責任感。

第四節

1. 答：

(1) 自覺性，即目標明確，一切行動都為了目的的實現而積極地學習工作，甘願吃苦耐勞，勇於自我犧牲；

(2) 果斷性，即遇到事情不優柔寡斷，善於迅速地明辨是非利害，在適當的時候堅決地採取決定和執行決定；

(3) 堅韌性，即無論遇到多大的困難與挫折都能堅持到底，不半途而廢；

(4) 自制性，即在意志行動過程中能夠駕馭自我，克制自己的慾望和情感，控制自己的語言和行為，不感情用事。

2. 答：(1) 每日十分鐘冥想練習；(2) 進行自我暗示；(3) 加強自我控制。

選擇題答案：

1. ab 2. cd 3. abcd 4. bcd 5. abcd 6. acd 7. abcd 8. abc 9. acd 10. abc 11. abc 12. abcd 13. abcd

第七章 複習鞏固題

第一節

1. 答：a. 物質激勵與精神激勵；b. 正激勵與負激勵；c. 內激勵與外激勵。

2. 答：激勵是「需要 → 行為 → 滿意」的一個連續過程。

3. 答：a. 激勵時機；b. 激勵頻率；c. 激勵程度；d. 激勵方向。

4. 答：a. 調高目標；b. 離開舒適區；c. 學會強化信念；d. 學會堅持；e. 學會做正確的決策；f. 敢於犯錯；g. 加強排練；h. 迎接恐懼；i. 把握好情緒。

5. 答：調高目標，離開舒適區，強化信念，學會運用效率與時間，學會堅持等五個方面分別闡述。

第二節

1. 答：簡單來說決策就是為了到達一定目標，採用一定的科學方法和手段，從兩個以上的方案中選擇一個滿意方案的分析判斷過程。

2. 答：未來環境完全可以預測的確定型；未來環境有多種可能的狀態和相應後果的風險型；未來環境出現某種狀態的機率難以估計的不確定型。

3. 答：應有廣闊的思維品質，應有善於深入思考的品質，應有獨立決斷的能力，應有思維的敏捷性。

選擇題答案：

1. a 2. abcd 3. abcd 4. abcd

第八章 複習鞏固題

第一節

1. 答：創業領導就是帶領跟隨者識別與把握機會以開創新事業的行為過程。一方面，創業領導是創業的，要不斷地識別與把握機會以開創新事業；另一方面，創業領導是對跟隨者實施影響的行為過程。

2. 答：創業領導的行為可從以下幾點概括、提煉出。

(1) 交易型領導。是領導者在獲知員工需求的基礎上，明晰員工的價值觀、角色和工作要求，使員工透過努力完成工作來滿足其需求的領導行為。其主要包含權變獎勵、積極例外管理和消極例外管理三個方面。

(2) 變革型領導。是領導者透過改變下屬的價值觀與信念以提升其需求層次，清晰地表達組織的願景以激勵下屬，從而使下屬願意超越自己原來的努力程度去實現更高的目標。

(3) 領導有效性的特質論。是強調領導者自身一定數量的、獨特的、並且能與他人區分開來的品質與特質對領導有效性的影響。它是描述領導者個人素質的一種理論。

(4) 四分圖理論。強調以工作為中心，是指領導者以完成工作任務為目的，為此只注意工作是否有效地完成，只重視組織設計、職權關係、工作效率，而忽視部屬本身的問題，對部屬嚴密監督控制。

(5) 管理方格論。有效的領導者應該是一位既關心工作，有關心員工的人。關心工作是領導者更關注與工作過程相關的因素。

3. 答：創業活動中領導管理的重要組成部分是管理行為。它透過計劃、組織、配備、命令和控制組織資源，從而以一種有用的、高效的方法來實現組織目標，提高創業領導者的執行能力。

4. 答：管理心理學家認為，領導行為的有效性，並不決定於組織上提供給領導者的權力大小，而是決定於領導者在下層群眾心目中的威望，以及同被領導者之間的關係。如果領導者在群眾中建立起崇高威望及和諧的上下級關係，則領導者對被領導者的影響力不僅強大，而且持久。這種領導行為才能贏得上級的信任和群眾的擁護並有力地促進組織目標的達成，因而這種行為才是真正的有效行為。

5. 答：領導行為的核心建設可以從三方面來看待。首當其衝作為第一位的是人才培訓制度制定、建立和實施；其次是創業團隊人才激勵機制；最後，是創業活動中最為重要的人才流動制度監管。

第二節

答：(1) 認同意識；(2) 歸屬意識；(3) 整體意識；(4) 排外意識。

答：

(1) 工作群體不是以情感，而是靠群體目標來維系的，每個成員的目標和群體目標是一致的；

(2) 工作群體的等級體系和權力，不是自然形成的，而往往是由組織規定的；

(3) 工作群體是個人自願加入的，並不是強制規定的；

(4) 工作群體的互動遠不如家庭那麼深刻。工作群體中成員的互動，主要發生在工作和生產中。

3. 答：(1) 群體歸屬心理；(2) 群體認同心理；(3) 群體促進心理。

第三節

1. 答：群體內人與人之間的心理關係，通常以直接交往關係為主。它是社會關係的一種具體體現。透過人際關係，反映人與人之間的心理距離，以及個體或群體尋求需要滿足的心理狀態。人際關係的變化與發展決定於雙方之間需要滿足的程度。人際關係是組織環境中人與人之間的交往和聯繫，它既包括心理關係，也包括行為關係，它是一群互相認同、情感互相包容、行為相互近似的人與人之間結成的關係。

2. 答：

(1) 按性質劃分：自然性人際關係和社會性人際關係等。

(2) 按形式劃分：合作型人際關係和競爭型人際關係等。

(3) 按效果劃分：良好的人際關係和不良的人際關係等。

(4) 按公私關係分：公務關係和私人關係等。

(5) 按組織形式分：正式群體中的人際關係和非正式群體中的人際關係等。

(6) 依個體扮演的不同角色分：夫妻關係、親子關係、師生關係、同學關係、朋友關係等。

(7) 依關係的情感表現性質的不同分：親密關係、疏遠關係、敵對關係等。

(8) 依關係中所包含的需求性質的不同分：工具性關係和情感性關係等。

(9) 按關係持續時間長短的不同分：長期關係和臨時關係等。

3. 答：(1) 個體的某些人格特徵；(2) 競爭；(3) 人際溝通網絡特徵。

4. 答：(1) 情感投資法；(2) 心理吸引法；(3) 深層瞭解法；(4) 中和互補法；(5) 求同存異法；(6) 排難解紛法。

第四節

1. 答：(1) 目標導向功能；(2) 團結凝聚功能；(3) 促進激勵功能；(4) 實現控制功能。

2.(1) 團隊精神的核心——協同合作；

(2) 團隊精神的制度保證——建立有效的溝通機制；

(3) 團隊精神的靈魂——全局意識、大局觀念；

(4) 珍視每一位團隊成員；

(5) 分擔員工的成功，更要分擔他們的艱辛；

(6) 建立有效的分享機制；

(7) 培養團隊成員間寬容與合作的品質。

選擇題答案：

1. c 2. a 3. b 4. a 5. d 6. b 7. d 8. b 9. d 10. a 11. b 12. b 13. d 14. d 15. d 16. c 17. a 18. b 19. d

附錄二

附錄二

附一：氣質類型測試

序號	問題	符合	比較符合	不能確定	不太符合	完全不符
		\multicolumn{5}{c}{與你的情況}				
1	做事力求穩妥，不做無把握之事。					
2	遇到生氣的事就怒不可遏，想把心裡話全說出來才痛快。					
3	寧肯一個人做事，不願很多人再一起做。					
4	到一個新環境很快就能適應。					
5	厭惡那些強烈的刺激，如尖叫、危險鏡頭等。					
6	和人爭吵時，總是先發制人，喜歡挑釁。					
7	喜歡安靜的環境。					
8	善於和人交往。					
9	羨慕那種克制自己感情的人。					
10	生活有規律，很少違反作息制度。					
11	在多數情況下情緒是樂觀的。					
12	碰到陌生人覺得很拘束。					
13	遇到令人氣憤的事，能很好地自我克制。					
14	做事總是有旺盛的精力。					
15	遇到問題常常舉棋不定，優柔寡斷。					
16	在人群中從不覺得過分拘束。					
17	情緒高昂時，覺得幹什麼都有趣，情緒低落時，又覺得什麼都沒意思。					
18	當注意力集中於一事物時，別的事很難使我分心。					
19	理解問題總比別人快。					

續表

序號	問題	符合	比較符合	不能確定	不太符合	完全不符
		\multicolumn{5}{c}{與你的情況}
20	碰到危險情景，常有一種極度恐怖感。					
21	對學習工作和事業懷有很高的熱情。					
22	能夠長時間做枯燥單調的工作。					
23	對符合興趣的事情，幹起來勁頭十足，否則就不想做。					
24	一點小事就能引起情緒波動。					
25	討厭做那些需要耐心細緻的工作。					
26	與人交往不卑不亢。					
27	喜歡參加熱烈的活動。					
28	愛看感情細膩、描寫人物內心活動的文學作品。					
29	工作學習時間長了，會感到厭倦。					
30	不喜歡長時間談一個問題，而願意實際動手幹。					
31	寧願侃侃而談，不願竊竊私語。					
32	別人說我，總是悶悶不樂。					
33	理解問題比別人慢些。					
34	疲倦時只要經短暫休息就能精神抖擻起來，重新投入工作。					
35	心裡有話寧願自己想，不願說出來。					
36	認準一個目標就希望盡快實現，不達目的的誓不罷休。					
37	與別人同樣學習或工作同樣一段時間後，常比別人更疲倦。					
38	做事有些莽撞，常常不考慮後果。					
39	老師講授新知識時，總希望她講得慢些，多重複幾遍。					
40	能夠很快地忘記那些不愉快的事情。					

續表

序號	問題	符合	比較符合	不能確定	不太符合	完全不符
41	做作業或完成一件工作總比別人花的時間多。					
42	喜歡運動量大的體育活動或各種文藝活動。					
43	不能很快地把注意力從一件事轉到另一件事上去。					
44	接受一個任務後，就希望迅速解決它。					
45	認為墨守成規比冒風險強些。					
46	能夠同時注意幾件事物。					
47	當我煩悶的時候，別人很難使我高興起來。					
48	愛看情節起伏跌宕、激動人心的小說。					
49	工作始終認真嚴謹。					
50	和周圍人們的關係總是相處不好。					
51	喜歡複習學過的知識，重複做已掌握的工作。					
52	喜歡做變化大、花樣多的工作。					
53	小時候會背的詩歌，我似乎比別人記得清楚。					
54	別人出語傷人，可我並不覺得怎麼樣。					
55	在體育活動中，常因反應慢而落後。					
56	反應敏捷，頭腦機靈。					
57	喜歡有條理而不甚麻煩的工作。					
58	興奮的事常使我失眠。					
59	老師講新概念我常常聽不懂，但是弄清楚後就很難忘記。					
60	假如工作枯燥無味，馬上就會情緒低落。					

評分方法：

在回答時，若自己的情況「符合」記 2 分，「比較符合」記 1 分，「不能確定」記 0 分，「不太符合」記 -1 分，「完全不符合」記 -2 分。

多血質	題號	4	8	11	16	19	23	25	29	34	40	44	46	52	56	60	總分
	得分														
膽汁質	題號	2	6	9	14	17	21	27	31	36	38	42	48	50	54	58	總分
	得分														
黏液質	題號	1	7	10	13	18	22	26	30	33	39	43	45	49	55	57	總分
	得分														
抑鬱質	題號	3	5	12	15	20	28	28	32	35	37	41	47	51	53	59	總分
	得分														

如果某一項或兩項的得分超過 20，則為典型的該氣質。

如果某一項或兩項以上得分在 20 分以下，10 分以上，其他各項得分較低，則為該項一般氣質。

若各項得分均在 10 分以下，但某項或幾項得分較其餘項分高 (相差 5 分以上)，則略傾向於該項氣質 (或幾項的混合)。

附二：向性檢查卡

本量表把一個人對別人的態度、交友的情況、對新環境的興趣和適應以及自我主張的強烈程度等作為判斷內外向性的重要徵候。該量表共 50 個測題，每題做「是」、「否」或「不定」的回答。

說明：請回答下列問題。如果問題內容適合於您的情況，就在「是」上畫 ○；如果不適合，就在「否」上畫 ○；如果介於適合和不適合之間，就在「不定」上畫 ○。回答時不要考慮應該怎樣，而只回答你平時是怎樣的。每個答案無所謂正確與錯誤，因而沒有對你不利的題目。請盡快回答，不要在每道題目上太多思考。

附錄二

1. 對細小的事情也憂慮不已嗎？

是 不定 否

2. 能當機立斷嗎？

是 不定 否

3. 處理重大的事情囉唆費時嗎？

是 不定 否

4. 能中途改變決心嗎？

是 不定 否

5. 比起想，更喜歡做嗎？

是 不定 否

6. 憂鬱嗎？

是 不定 否

7. 對失敗耿耿於懷嗎？

是 不定 否

8. 從容不迫嗎？

是 不定 否

9. 不愛說話嗎？

是 不定 否

10. 好動感情嗎？

是 不定 否

11. 喜歡熱鬧嗎？

是 不定 否

12. 情緒容易變化嗎？

是 不定 否

13. 熱衷於事情嗎？

是 不定 否

14. 忍耐力強嗎？

是 不定 否

15. 愛講小道理嗎？

是 不定 否

16. 議論問題容易過激嗎？

是 不定 否

17. 小心謹慎嗎？

是 不定 否

18. 動作敏捷嗎？

是 不定 否

19. 工作細緻嗎？

是 不定 否

20. 喜歡干引人注目的事嗎？

是 不定 否

21. 不顧一切地工作嗎？(對工作入迷嗎？)

是 不定 否

22. 是空想家嗎？

是 不定 否

23. 過於潔癖嗎？

是 不定 否

24. 亂扔物品嗎？

是 不定 否

25. 浪費多嗎？

是 不定 否

26. 說話過多嗎？

是 不定 否

27. 性情不隨和嗎？

是 不定 否

28. 喜歡開玩笑嗎？

是 不定 否

29. 容易受慫恿嗎？

是 不定 否

30. 固執嗎？

是 不定 否

31. 經常感到不滿嗎？

是 不定 否

32. 擔心對自己的評論嗎？

是 不定 否

33. 敢於批評別人嗎？

是 不定 否

34. 自己的事情能放心托別人辦嗎？

是 不定 否

35. 不願接受別人指導嗎？

是 不定 否

36. 居於人上能很好管理嗎？

是 不定 否

37. 老老實實地聽取別人的意見嗎？

是 不定 否

38. 機靈嗎？

是 不定 否

39. 好隱瞞嗎？

是 不定 否

40. 同情別人嗎？

是 不定 否

41. 過於信任別人嗎？

是 不定 否

42. 不忘記怨恨嗎？

是 不定 否

43. 腼腆羞怯嗎？

是 不定 否

44. 喜歡孤獨嗎？

是 不定 否

45. 交朋友盡心盡力嗎？

是 不定 否

46. 在別人面前能隨便地說話嗎？

是 不定 否

47. 在惹人注目的地方退縮不前嗎？

是 不定 否

48. 和意見不同的人也能隨便地交往嗎？

是 不定 否

49. 好管閒事嗎？

是 不定 否

50. 慷慨地給別人東西嗎？

是 不定 否

根據被試回答結果，可求出外向性指數 (V.Q)，其公式為

V.Q= (外向性反應總數 +1 / 2 回答不定的總數)/ 25×100

公式中「外向性反應總數」是指所有作外向反應的題數。該量表外向性題的編號是：2、4、5、8、10、11、12、18、20、21、24、25、26、28、29、34、36、37、38、40、41、46、48、49、505，其餘 25 道題屬於內向性題。外向性指數大於 115，則性格類型屬於外向型；外向性指數小於 95，則性格類型屬於內向型；外向性指數在 95～115 之間，則屬於中間型。

附三：創新思維測試

創新思維測試題 (一)

下面是 10 個題目，如果符合你的情況，則回答「是」，不符合則回答「否」，拿不準則回答「不確定」。

1. 你認為那些使用古怪和生僻詞語的作家，純粹是為了炫耀。

2. 無論什麼問題，要讓你產生興趣，總比讓別人產生興趣要困難得多。

3. 對那些經常做沒把握事情的人，你不看好他們。

4. 你常常憑直覺來判斷問題的正確與錯誤。

5. 你善於分析問題，但不擅長對分析結果進行綜合、提煉。

6. 你審美能力較強。

7. 你的興趣在於不斷提出新的建議，而不在於說服別人去接受這些建議。

8. 你喜歡那些一門心思埋頭苦幹的人。

9. 你不喜歡提那些顯得無知的問題。

10. 你做事總是有的放矢，不盲目行事。

創新思維測試題（二）

下面是 20 個問題，要求應聘者回答。如符合他的情況，則讓他在 () 裡打上「√」，不符合的則打「×」。

1. 聽別人說話時，你總能專心傾聽。()

2. 完成了上級佈置的某項工作，你總有一種興奮感。()

3. 觀察事物向來很精細。()

4. 你在說話以及寫文章時經常採用類比的方法。()

5. 你總能全神貫注地讀書、書寫或者繪畫。()

6. 你從來不迷信權威。()

7. 對事物的各種原因喜歡尋根問底。()

8. 平時喜歡學習或思索問題。()

9. 經常思考事物的新答案和新結果。()

10. 能夠經常從別人的談話中發現問題。()

11. 從事帶有創造性的工作時，經常忘記時間的推移。()

12. 能夠主動發現問題以及和問題有關的各種聯繫。()

13. 總是對周圍的事物保持好奇心。()

14. 能夠經常預測事情的結果，並正確地驗證這一結果。()

15. 總是有些新設想在腦子裡湧現。()

16. 有很敏感的觀察力和提出問題的能力。()

17. 遇到困難和挫折時，從不氣餒。()

18. 在工作遇到困難時，常能採用自己獨特的方法去解決。()

19. 在問題解決過程中找到新發現時，你總會感到十分興奮。()

20. 遇到問題，能從多方面多途徑探索解決它的可能性。()

創新思維測試題（三）

下面是10個題目，請從「是」或「否」中的答案中選擇其中一個。

1. 你在接到任務時，是否會問一大堆關於如何完成任務的問題？

2. 你在完成任務過程中，是否不善於思考，而習慣於找他人幫忙，或者不斷來問別人有關完成任務的問題？

3. 在任務完成得不好時，你是否會找出一大堆理由來證明任務太難？

4. 對待多數人認為很難的任務，你是否有勇氣和信心主動承擔？

5. 當別人說不可能時，你是否就放棄？

6. 你完成任務的方法是否與他人不一樣？

7. 在你完成任務時，領導針對任務問一些相關的訊息，你是否總能回答上來？

8. 你是否能夠立即行動，並且工作質量總能讓領導滿意？

9. 工作完成得好與不好，你是否很在意？

10. 對於做好了的工作，你能否很有條理地分析成功的原因和不足？

測試(一)評分標準

題號	「是」評分	「否」評分	「不確定」評分
1	－1	2	0
2	0	4	1
3	0	2	1
4	4	－2	0
5	－1	2	0
6	3	－1	0
7	2	0	1
8	0	2	1
9	0	3	1
10	0	2	1

得分 22 分以上，則說明被測試者有較高的創造思維能力，適合從事環境較為自由，沒有太多約束，對創新性有較高要求的職位，如美編、裝潢設計、工程設計、軟件編程人員等。

得分 21～11 分，則說明被測試者善於在創造性與習慣做法之間找出均衡，具有一定的創新意識，適合從事管理工作、也適合從事其他許多與人打交道的工作，如市場營銷。

得分 10 分以下，則說明被測試者缺乏創新思維能力，屬於循規蹈矩的人，做人總是有板有眼，一絲不苟，適合從事對紀律性要求較高的職位，如會計、質量監督員等職位。

測試（二）評分標準

如果 20 道題答案都是打「√」的，則證明創造力很強；如果 16 道題答案是打「√」的，則證明創造力良好；如果有 10～13 題答案是打「√」的，

附錄二

則證明創造力一般；如果低於 10 道題答案是打「√」的，則證明創造力較差。

測試 (三) 評分標準

測試(三)評分標準

題號	「是」評分	「否」評分
1	0	1
2	0	1
3	0	1
4	1	0
5	0	1
6	1	0
7	1	0
8	1	0
9	1	0
10	1	0

如果受測試者能夠得 10 分，就很棒了，能夠得 7 分以上則過得去，如果低於 7 分，就不盡人意了，如是低於 5 分，受測試者可能就像是一個木頭人。

第四節 創業團隊精神

國家圖書館出版品預行編目（CIP）資料

創業心理學 / 車麗萍 編著 . -- 第一版 .
-- 臺北市：崧燁文化，2019.06
　　面；　公分
POD 版

ISBN 978-957-681-864-6(平裝)

1. 創業 2. 應用心理學

494.014　　　　　　　　　　　　　108009071

書　　名：創業心理學
作　　者：車麗萍 編著
發 行 人：黃振庭
出 版 者：崧燁文化事業有限公司
發 行 者：崧燁文化事業有限公司
E - m a i l：sonbookservice@gmail.com
粉 絲 頁：　　　　　網　址：
地　　址：台北市中正區重慶南路一段六十一號八樓 815 室
8F.-815, No.61, Sec. 1, Chongqing S. Rd., Zhongzheng Dist., Taipei City 100, Taiwan (R.O.C.)
電　　話：(02)2370-3310 傳　真：(02) 2370-3210
總 經 銷：紅螞蟻圖書有限公司
地　　址：台北市內湖區舊宗路二段 121 巷 19 號
電　　話:02-2795-3656 傳真:02-2795-4100　網址：
印　　刷：京峯彩色印刷有限公司（京峰數位）

　　本書版權為西南師範大學出版社所有授權崧博出版事業股份有限公司獨家發行電子書及繁體書繁體字版。若有其他相關權利及授權需求請與本公司聯繫。

定　　價：550 元
發行日期：2019 年 06 月第一版
◎ 本書以 POD 印製發行